Physikalische Aufgaben

von
Prof. Dr. Friedrich Dörr
Diplomphysiker

14., verbesserte Auflage

Mit 75 Abbildungen

R. Oldenbourg Verlag München Wien 1994

Die Deutsche Bibliothek — CIP-Einheitsaufnahme

Dörr, Friedrich:
Physikalische Aufgaben / von Friedrich Dörr. — 14., verb. Aufl.
— München ; Wien : Oldenbourg, 1994
    ISBN 3-486-22778-5

Gesamtherstellung: Hofmann-Druck, Augsburg

ISBN 3-486-22778-5

Aus dem Vorwort zu früheren Auflagen

Diese Aufgaben sollen dem Studenten helfen, sein Verständnis elementarer physikalischer Beziehungen zu vertiefen und zu kontrollieren. Zu diesem Zweck wurden auch Fragen nach Definitionen und qualitativen Zusammenhängen aufgenommen. Die Anforderungen entsprechen etwa dem Lehrstoff an Gymnasien und Fachoberschulen sowie in Studiengängen mit Physik als Nebenfach. Es sind keine Rechenübungen, meist kommt man mit dem Taschenrechner aus. Nur im Abschnitt 2.1 (Mechanik fester Körper) sind Aufgaben enthalten, die die Anwendung der Infinitesimalrechnung erfordern. Sie sind durch ** gekennzeichnet.

Trotz konsequenter Verwendung des SI-Systems wird der landläufige Begriff „Gewicht" nicht völlig vermieden; er wird, wie in den meisten neueren Lehrbüchern, entsprechend DIN 1305 im Sinne von „Gewichtskraft" gebraucht.

Die benötigten Zahlenwerte findet man in Abschnitt 8. Um den Gebrauch älterer Tabellen zu erleichtern, sind dort auch Umrechnungsfaktoren für Einheiten des Technischen Maßsystems angegeben.

Abschnitt 9 enthält die Lösungen zu allen Aufgaben und Fragen, soweit sie in knapper Form gegeben werden können. Zu den Aufgaben mit * und ** ist auch der Lösungsweg gezeigt. Der Gebrauch einer Formelsammlung wird empfohlen, z. B. A. Hammer, K. Hammer: Taschenbuch der Physik, J. Lindauer Verlag.

Anspruchsvollere Aufgaben finden sich u. a. in den Hochschultaschenbüchern Nr. 32, 33, 34 (P. Scherrer, P. Stoll) des Bibliographischen Instituts Mannheim sowie – an praktischen Beispielen orientiert, amüsant formuliert und gründlich diskutiert – bei H. Vogel: Probleme aus der Physik, Springer-Verlag.

Vorwort zur 14. Auflage

In dieser Auflage wurden einige Aufgaben und Zahlenangaben aktualisiert und Lösungen mit Bemerkungen bzw. Hinweisen versehen.

München   F. Dörr

INHALTSVERZEICHNIS

1. *Allgemeines*

1.1 Messen, Maßsysteme, Skalare und Vektoren   7
1.2 Einfache Beispiele   8
1.3 Meßfehler   9
1.4 Aggregatszustände und atomarer Aufbau der Materie   10

2. *Mechanik, Akustik*

2.1   Mechanik fester Körper   12
2.11   Zusammensetzung ebener Kräfte; Drehmoment, Hebel,
        Schwerpunkt, Gleichgewicht   12
2.12   Kinematik   15
2.121 Fortschreitende Bewegung, freier Fall   15
2.122 Drehbewegung   19
2.13   Dynamisches Grundgesetz   21
2.131 Fortschreitende Bewegung   21
2.132 Drehbewegung   25
2.133 Reibung fester Körper   28
2.14   Arbeit, Energie, Leistung; Energiesatz   30
2.15   Kraftstoß und Bewegungsgröße; Impulssatz   36
2.151 Bahnimpuls   36
2.152 Drehimpuls   42
2.16   Gravitation   43
2.17   Mechanische Schwingungen; Resonanz   47
2.18   Elastizität   52
2.2   Mechanik der Flüssigkeiten und Gase   53
2.21   Oberflächenspannung   53
2.22   Druckausbreitung   54
2.23   Auftrieb in Flüssigkeiten und Gasen   55
2.24   Luftdruck   57
2.25   Reibungsfreie Strömung   59
2.26   Strömung mit Reibung; Reynoldssche Zahl   60
2.3   Mechanische Wellen   63
2.31   Ausbreitungsgesetze; Polarisation, Brechung, Überlagerung,
        Interferenz, Beugung   63
2.32   Akustik; Erzeugung und Ausbreitung von Schallwellen;
        Dopplereffekt   65

3. Wärmelehre

3.1 Temperatur; Dampfdruck; Siedepunkt 70
3.2 Wärmeausdehnung fester und flüssiger Stoffe 71
3.3 Gase 73
3.31 Normalzustand; Partialdruck; Satz von Avogadro 73
3.32 Verhalten des idealen Gases; Gesetze von Boyle-Mariotte und Gay-Lussac; Gasgesetz 74
3.4 Wärme als Energieform 78
3.41 Erster Hauptsatz; Kalorimetrie; spezifische Wärme; latente Wärme 78
3.42 Wärmetransport 82
3.43 Kinetische Theorie 83
3.44 Zustandsänderungen idealer und realer Gase 85
3.45 Thermodynamischer Wirkungsgrad; Zweiter Hauptsatz; Entropie 88

4. Elektrizität und Magnetismus

4.1 Ruhende Ladungen; Kraft, Feld, Kondensator, Potential, Arbeit 90
4.2 Elektrischer Strom; Gleichstrom 97
4.21 Bewegte Ladungen 97
4.22 Widerstand; Ohmsches Gesetz 98
4.23 Leistung; Stromwärme 101
4.24 Elektrolyse 104
4.25 Chemische Stromerzeugung; Polarisation; Akkumulator . . 105
4.26 Elektronenemission; Elektronenröhren; Braunsche Röhre . 107
4.27 Gasentladung; Zählrohr 108
4.28 Thermoelement; Photoelement; Photowiderstand 109
4.3 Magnetismus 110
4.31 Erdmagnetisches Feld; Magnetfeld von Strömen 110
4.32 Kraftwirkung auf bewegte Ladungen; Meßinstrumente auf magnetischer Grundlage 111
4.33 Induktion; Permeabilität; Ferromagnetismus; Hysterese . 113
4.34 Induktivität; Energie des Magnetfeldes 115
4.4 Wechselstrom; elektrische Schwingungen und Wellen 116
4.41 Erzeugung von Wechselstrom; Transformator 116
4.42 Wechselstromwiderstand 119
4.43 Elektrische Schwingungen und Wellen 119

5. *Optik*

5.1 Geometrische Optik 122
5.11 Reflexion; Brechung; Dispersion 122
5.12 Linsenformel; Bildkonstruktion 123
5.2 Wellenoptik; Interferenz und Beugung; Polarisation;
optischer Dopplereffekt 125
5.3 Photometrie 129

6. *Atomphysik*

6.1 Lichtquanten; Temperaturstrahlung; Materiewellen; Comptoneffekt 131
6.2 Spektrum; Bohrsches Atommodell; Bindungskräfte zwischen
Atomen 133

7. *Kernphysik*

7.1 Natürliche und künstliche Radioaktivität; Kernreaktionen . 136
7.2 Kernenergie; Masse-Energie-Äquivalenz; Dosimetrie 138

8. *Tabelle benötigter Zahlenwerte* 141

9. *Lösungen der Aufgaben* 144

1. ALLGEMEINES

1.1 Messen; Maßsysteme; Skalare und Vektoren

1 Könnte man ohne Beobachtung und Experiment die Physik begründen und entwickeln?

2 Was bedeutet: eine physikalische Größe „messen"?

3 Was ist zur Kennzeichnung einer physikalischen Größe anzugeben?

4 Wie entsteht ein physikalisches Gesetz?

5 Es gibt verschiedene Maßsysteme.
   a) Worin unterscheiden sie sich?
   b) Welches sind die Grundgrößen und -Einheiten im SI-System?
   c) Welche weiteren Grundgrößen und -Einheiten werden im SI-System verwendet?

6 Sind bestimmte Grundgrößen und Einheiten durch die Natur ausgezeichnet oder ist deren Wahl willkürlich?

7 Welche Gesichtspunkte sind für die Wahl von Grundgrößen und Einheiten maßgebend?

8 Wie sind die Einheiten der 3 Grundgrößen Länge, Masse und Zeit im SI-System definiert?

9 Nennen Sie 5 verschiedene abgeleitete Größen und ihre Einheit!

10 Womit kann man Längen folgender Größenordnungen messen:
   a) Haaresbreite,
   b) Durchmesser einer Kugellagerkugel,
   c) Länge einer Motorwelle,
   d) Breite einer Straße,
   e) Entfernung München—Hamburg,
   f) Höhe der Zugspitze,
   g) Tiefe eines Sees,
   h) Entfernung eines Planeten?

11 Skizzieren Sie ein Pyknometer! Welche Eigenschaft einer Flüssigkeit mißt man mit seiner Hilfe?

12 a) Wie ist die Dichte eines Stoffes definiert?

b) Geben Sie einige Zahlenbeispiele für feste, flüssige und gasförmige Stoffe (ungefähre Werte)!

c) In welchem dieser Aggregatszustände ist die Dichte stark druckabhängig?

13 Was ist der Unterschied zwischen einem Skalar und einem Vektor?

14 Welche der folgenden physikalischen Größen sind Vektoren: Temperatur, Weg, Masse, Volumen, Geschwindigkeit, Kraft, Zeit?

1.2 Einfache Beispiele

15 Bei einem ausgedehnten Wolkenbruch regnet es 10 l je m².

a) Wie hoch steht danach das Wasser auf einem ebenen Hof ohne Ablauf?

b) Wieviel kg Wasser fallen in einen See mit 10 km² Oberfläche?

16 Die Erde hat einen Radius von ca. 6000 km; die Ozeane bedecken 80% der Oberfläche. In der Arktis sind ca. $2 \cdot 10^6$ km³ Wasser über dem jetzigen Meeresniveau als Eis gebunden. Wieviel würde das Meer steigen, wenn es gelänge, dieses Eis zu schmelzen (z.B. durch Atomenergie)?

17 Wie groß ist der Druck unter einem Damenabsatz von 3,0 cm² Fläche, wenn die Trägerin während des Gehens mit ihrer ganzen Masse von 50 kg darauf steht? Wie groß ist vergleichsweise der Druck unter dem Fuß eines Elefanten von 3 t, der mit seinem halben Gewicht auf einer (ungefähr) runden Fußfläche von 30 cm Durchmesser steht?

18 Ein angeblich aus Gold bestehender, 1 m langer und 5 mm dicker, runder Stab „wiegt" rund 175 g. Woraus besteht er wirklich, wenn folgende Metalle in Frage kommen: Gold (Dichte 19,3 g/cm³), Kupfer (8,93), Messing (8,3), Bronze (8,7), Blei (11,34)?

19 Zeichnen Sie in einem rechtwinkligen Koordinatensystem auf kariertem Papier (Einheit für x- und y-Achse je 0,5 cm) die 3 Vektoren $\vec{a}_1$ vom Punkt ($x = 1$; $y = 1$) nach Punkt (2; 3); $\vec{a}_2$ von (2; 3) nach (10; -2); $\vec{a}_3$ von (10; -2) nach (9; 3)! Tragen Sie ihre Summe $\vec{A}$ ein sowie deren Komponenten A_x auf der x-Achse und A_y auf der y-Achse!

a) Wie setzen sich A_x bzw. A_y aus dem Komponenten a_{1x}, a_{2x}, a_{3x} bzw. a_{1y}, a_{2y}, a_{3y} der Vektoren $\vec{a}_1$, $\vec{a}_2$ und $\vec{a}_3$ zusammen?

b) Welchen Winkel α bildet $\vec{A}$ mit der x-Richtung? (Winkel rechnen!)

20 Zum Zweck einer Landvermessung gehen 2 Feldmesser von einem Punkt aus in verschiedene Richtungen: der eine (A) 500 m weit in der Richtung 60° östlich von Norden, der andere (B) 800 m nach Nordwesten.

a) Wie weit sind A und B schließlich voneinander entfernt?

b) In welcher Richtung sieht A den B? (Zeichnung und Rechnung!)

21 Ein Boot wird über einen 2,2 km breiten Strom gerudert und dabei 7 km abgetrieben. Wie weit ist es vom Ausgangspunkt entfernt?

22 Ein Fluß strömt mit der Geschwindigkeit $v_1 = 5$ km/h. Welche Geschwindigkeit v_2 und welche Richtung gegenüber dem strömenden Wasser muß ein Boot halten, damit es mit einer Geschwindigkeit $v_3 = 7$ km/h genau quer über den Strom fährt? (Zeichnung und Rechnung!)

23 Ein Keil zum Holzspalten hat einen Querschnitt von der Form eines gleichschenkeligen Dreiecks, Basis $b = 4$ cm, Schenkellängen $s = 10$ cm. Er steckt so in einem Holzpflock, daß die schmale Fläche waagrecht liegt. Welche Kraft N wirkt von jeder Seitenfläche auf das Holz, wenn sich ein Mann mit 78 kg auf die Basisfläche stellt? Der Keil hat eine Masse von 2 kg.

1.3 Meßfehler

24 a) Was versteht man unter dem absoluten Fehler ΔE einer Messung der Größe E oder der Anzeige E eines Meßgerätes,

b) was unter dem relativen Fehler eines Meßwertes E?

c) Wie genau soll man ein Ergebnis angeben?

25 a) Welches ist die hauptsächliche Fehlerquelle beim Ablesen von Zeigerinstrumenten?

b) Wie kann man sie verkleinern?

26 Neben dem Ablesefehler gibt es den Anzeigefehler des Instruments. Wie kann man den erkennen und dadurch ausschalten oder verkleinern?

27 Wie genau kann man mit einem mm-Maßstab Bruchteile von 1 mm schätzen?

28 Nennen Sie einige Meßgeräte zur Längenmessung bis ca. 1 cm, 10 m, 1 km Länge und ihre ungefähren relativen Fehler!

29 Welchen relativen Gangfehler hat eine Uhr, die am Tag 43 s falsch geht?

30 Mit besonderen Uhren erreicht man äußerst kleine relative Gangfehler; mit einer Quarzuhr z. B. 10^{-7} über längere Zeit, mit einer sog.
Atom- oder Moleküluhr $3 \cdot 10^{-14}$. Wieviel Sekunden geht diese im Jahr
höchstens falsch, wenn man das Jahr zu 365 ganzen Tagen rechnet?

31 a) Wie groß ist der relative Meßfehler in %, wenn man eine Masse von
10 g durch Wägen auf $\pm$ 0,5 mg genau bestimmt?
b) Auf wie viele cm genau muß man eine Strecke von 1 km Länge
ausmessen, wenn der relative Fehler höchstens gleich groß wie bei
a) sein soll?
c) Wenn man die Messung b) mit einem Maßstab von ,,genau'' 1 m
Länge (d.h. mit dem Urmeter) ausführen wollte, welchen mittleren
absoluten Fehler dürfte man bei jedem Anlegen höchstens machen?

32 Mittels Laufzeitmessungen an kurzen Lichtimpulsen läßt sich der Abstand
Sender (Laser) auf der Erde – Reflektor auf dem Mond mit einer relativen Un-
sicherheit von $3 \cdot 10^{-10}$ bestimmen. a) Welchem absoluten Fehler entspricht
dies? Auf wieviel s genau ist die Zeit gemessen?

1.4 Aggregatzustände und atomarer Aufbau der Materie

33 Welche Merkmale haben alle Körper gemeinsam?

34 Wie nennt man die kleinsten, mit chemischen Methoden erkennbaren
Bausteine der Materie?

35 Wie nennt man chemisch einheitliche, nicht weiter zerlegbare Stoffe?

36 Was bezeichnet man als Molekül?

37 a) Was bedeutet das Wort Atom wörtlich?
b) Hat diese Bedeutung heute noch den ursprünglichen Sinn?
(Begründung!)

38 Warum hat man erst verhältnismäßig spät die Existenz der Atome experimentell nachweisen können?

39 a) Was ist das Atomgewicht A eines Elements?
b) In welchen Einheiten wird es angegeben?
c) Was ist das Molekulargewicht M einer Verbindung?

40 a) Wie nennt man in der Chemie die Menge von M g einer einheitlichen
Verbindung mit dem Molekulargewicht M?

b) Wieviel Moleküle sind in M g enthalten?

c) Ist diese Zahl bei verschiedenen Verbindungen verschieden?

41 a) Wie groß ist das Molekulargewicht M von Wasser (Begründung)?

b) Wieviel Moleküle enthalten M kg Wasser?

c) Wieviel Moleküle enthält dann ein Wassertröpfchen von der Größe eines Stecknadelkopfes (Volumen 1 mm^3)?

d) Wieviel mal mehr ist dies als die Zahl der Menschen auf der Erde ($\approx 5,3 \cdot 10^9$)? Nur Zehnerpotenzen angeben!

42 Was versteht man unter den Aggregatszuständen eines Stoffes?

43 Wie groß ist die Zusammendrückbarkeit von Flüssigkeiten und festen Körpern im Vergleich zu der von Gasen? (Nur in Worten beantworten.)

44 a) Warum sind Gase und Flüssigkeiten ohne feste Form?

b) Warum sind Gase leicht, Flüssigkeiten praktisch nicht zusammendrückbar?

45 a) Wie stellen Sie sich den Aufbau eines kristallinen, festen Körpers aus Atomen vor? Skizzieren Sie ein Beispiel!

b) Was ist das besondere Kennzeichen von Kristallen?

46 Was ist der Unterschied zwischen kristallin und amorph? Nennen Sie ein Beispiel eines amorphen Körpers!

47 a) Ist ein Kupferdraht ein kristalliner oder amorpher Körper?

b) Ist ein Prisma aus geschliffenem sog. Kristallglas („Bleikristall") ein kristalliner Körper?

c) Sind Schneeflocken und Eisblumen kristallin?

2. MECHANIK

2.1 Mechanik fester Körper

2.11 Zusammensetzung ebener Kräfte; Drehmoment, Hebel, Schwerpunkt, Gleichgewicht

48 Eine Masse $m = 20$ kg hängt an einem Seil.
  a) Wie groß muß eine waagrecht an der Masse angreifende Kraft sein, damit das Seil einen Winkel von 30° mit dem Lot bildet?
  b) Wie groß wird der Winkel, wenn man diese Kraft verdoppelt?
  c) Welchen Zug muß in beiden Fällen das Seil aushalten?

49 5 Seile (Nr. 1–5) sind an einen Pfahl gebunden. Es wird in verschiedenen Richtungen und mit verschieden großen Kräften ($F_1 - F_5$) an ihnen gezogen. $F_1 = 8$ N; $F_2 = 50$ N; $F_3 = 17$ N; $F_4 = 4$ N; $F_5 = 7,2$ N. Die Seile schließen, von Seil 1 aus im Uhrzeigersinn gemessen, folgende Winkel miteinander ein:
Winkel zwischen Seil 1 und Seil 2: $\sphericalangle$ (1,2) = 30°; $\sphericalangle$ (2,3) = 105°; $\sphericalangle$ (3,4) = 65°; $\sphericalangle$ (4,5) = 70°; $\sphericalangle$ (5,1) = ?
  a) Zeichnen Sie auf mm-Papier ein rechtwinkeliges Koordinatensystem mit dem Pfahl als Ursprung; legen Sie F_1 in die + x-Richtung und zeichnen Sie die übrigen Kräfte ein (1 cm $\triangleq$ 5 N); bestimmen Sie durch Zeichnung die auf den Pfahl wirkende resultierende Kraft F, ihre Komponenten F_x und F_y und ihren $\sphericalangle \alpha$ gegen die + x-Achse!
  b) Berechnen Sie die x- und y-Komponenten von F_1 bis F_5, daraus F_x, F_y und α!

50 Zwei Jungen binden einen Stein von 250 N Gewicht in die Mitte eines Bindfadens, der eine Reißfestigkeit von 200 N hat. Dann heben sie den Stein hoch, indem sie an den beiden Enden des Bindfadens mit gleichen Kräften F_1 und F_2 anziehen.
  a) Bei welchem Winkel α ist die Spannung im Faden am geringsten und wie groß ist sie dann?
  b) Bei welchem α bricht die Schnur? (Vgl. Skizze.)

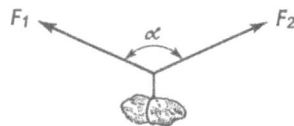

51 Eine 3 m lange Leiter lehnt unter einem Winkel von 30° gegen die Senkrechte an einem Schaufenster. Auf halber Höhe steht ein Mann von 80 kg. Mit welcher Kraft drückt die Leiter horizontal gegen das Fenster?

52 Wann sind die n verschieden großen und verschieden gerichteten Kräfte $\vec{F_1}, \vec{F_2} \ldots \vec{F_n}$ im Gleichgewicht?

53 a) Wann tritt ein Drehmoment auf?
b) Wie lautet die Gleichgewichtsbedingung für einen Hebel?
c) Skizzieren Sie einen einfachen Hebel zum Lastenheben und erläutern Sie daran die Gleichgewichtsbedingung b)!

54 Wie verhalten sich die Drehmomente M_1 und M_2 beim Ineinandergreifen zweier Zahnräder mit den Durchmessern d_1 und d_2 (Skizze)?

55 a) Wie verhalten sich die Drehmomente M_1 bzw. M_2 bezüglich der beiden Wellen eines Riemenantriebs mit den Scheibendurchmessern d_1 und d_2 (Skizze)?
b) Welche Kraft tritt im Treibriemen auf?

56 a) Erläutern Sie das Hebelgesetz an einer gleicharmigen Balkenwaage (Skizze)!
b) Wovon hängt die Empfindlichkeit einer solchen Waage ab?

57 a) Wie ist der Schwerpunkt eines Körpers definiert?
b) Unter welcher Bedingung kann man die Bewegung eines Körpers durch diejenige seines Schwerpunkts beschreiben?

58 Wie lauten die beiden Gleichgewichtsbedingungen der Statik?

59 a) Berechnen Sie die Spannung im Draht D und die Kraft im Gelenk G (s. Abb.)! (Homogene Platte.)
b) Dasselbe, wenn G in halber Höhe des Schildes (bei A) angebracht ist! (Maße in mm.)

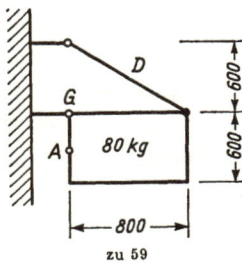

zu 59

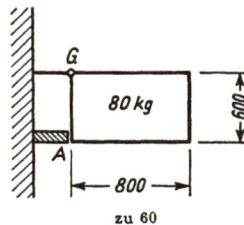

zu 60

60 Berechnen Sie die Kräfte im Gelenk G und am Auflager A! (Abb. S. 13, Maße in mm.)

61 Drei Arbeiter tragen eine dreieckige Steinplatte gleichmäßiger Dicke (Seitenlänge $a = 0,7$; $b = 1,0$ und $c = 1,3$ m; Masse $m = 150$ kg) an den Ecken.

a) Wo liegt der Schwerpunkt der Platte?

b) Wieviel hat jeder zu tragen?

c) Hängt das Ergebnis von der Form des Dreiecks (d. h. von den Seitenlängen) ab? (Skizze!)

62 Ein Junge läuft über ein Brett der Länge L, das nur mit beiden Enden (a bzw. b) aufliegt. A sei die Auflagekraft beim Ende a. Für welchen Abstand x des Jungen von a hat das Biegemoment M_x, das im Brett auftritt, ein Maximum?
Hinweis: $M_x = A \cdot x$; A hängt von x ab!   ******

63 Ein homogener Drehkörper aus Eisen hat zwei kreisrunde Stirnflächen mit den Radien r_0 bzw. r_1. Längs der Achse (z) ändert sich der Radius nach der Funktion $r = \dfrac{a}{z}$.
Welche Masse hat der Körper? $a = 6$ cm²; $r_0 = 1$ cm, $r_1 = 3$ cm.   ******

64 Ein Teil eines „Mobile" (homogene Platte, Gewicht/Fläche $= \sigma$) hat die nebenstehende Form. Wenn man es an der Öse $\acute{O}$ frei aufhängt, bleibt die lange Kante waagrecht. Drücken Sie den Abstand x_0 der Öse von der senkrechten Kante durch a aus! Hinweis: erst die Konstante m bestimmen.   ******

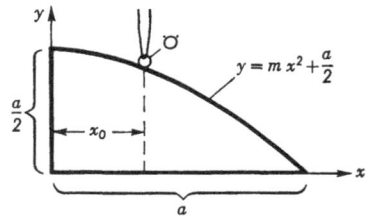

$$y = m x^2 + \frac{a}{2}$$

65 Eine homogene Platte (Gewicht/Fläche $= \sigma$) hat eine gerade Kante (x) und eine krummlinige Kante, die der Kurve $y = \cos x$ zwischen den Grenzen $x = -\dfrac{\pi}{2}$ und $x = +\dfrac{\pi}{2}$ ähnlich ist. Geben Sie in einem geeignet gewählten, rechtwinkligen Koordinatensystem (Skizze!) die Koordinaten x_0 und y_0 desjenigen Punktes an, in dem man die Platte unterstützen muß, um sie waagrecht zu balancieren!   ******

2.12 Kinematik

2.121 Fortschreitende Bewegung, freier Fall

66 Was bedeutet ,,gleichförmige Bewegung''?

67 a) Wo werden Weg-Zeit-Diagramme in der Praxis verwendet?

b) Wodurch wird darin eine gleichförmige Bewegung dargestellt?

c) Was bedeutet die Steilheit einer Geraden im Diagramm?

68 Bei einem Autorennen über einen Kurs von 8,5 km Länge erreicht ein Fahrer auf den ersten 8 Runden eine Durchschnittsgeschwindigkeit von 192 km/h. Die restlichen 4 Runden muß er wegen eines Schadens langsamer fahren, mit 171 km/h Durchschnitt. Hat er den Streckenrekord von 180 km/h für 12 Runden überboten?

69 Zwei Jungen laufen in geraden Richtungen unter rechtem Winkel auseinander, der eine mit einer Geschwindigkeit $v_1 = 3$ m/s, der andere mit $v_2 = 4$ m/s.

a) Wie groß ist ihre Relativgeschwindigkeit kurz nach dem Start?

b) Wie groß ist ihr gegenseitiger Abstand nach 5 s?

c) In beiden Richtungen sind 30 m vom Start entfernt Male. Jeder Junge läuft zuerst zum einen, von dort auf dem nächsten Weg zum anderen Mal. In welchem Abstand vom Startpunkt treffen sie sich? (Skizze!)

70 Ein Auto überholt mit einer Geschwindigkeit von 110 km/h ein anderes, das mit 90 km/h fährt. Während die zwei Wagen nebeneinander fahren, beschleunigt der langsamere auf 100 km/h.

a) Wie lange braucht der erste Wagen vom Zeitpunkt des Überholens ab, um einen Vorsprung von 100 m zu erzielen?

b) Welche Strecke legt er dabei vom Ort des Überholens aus zurück? (Folgerung für das Verhalten im Verkehr?)

71 Ein Frachtschiff (A) fährt beladen mit einer Geschwindigkeit von 20 km/h 6000 km weit. Auf dem Rückweg erreicht es leer 40 km/h. Ein anderes (B) Schiff fährt die gleiche Strecke hin und zurück mit je 30 km/h. *

a) Welches ist bei gleichzeitiger Abfahrt zuerst zurück und mit wieviel Stunden Vorsprung, wenn der Aufenthalt am Ziel je 24 Stunden dauert?

b) Wie groß ist, ohne Aufenthalt gerechnet, die Durchschnittsgeschwindigkeit des ersten Schiffes?

72 a) Was versteht man unter „Beschleunigung"?

b) Ist „Bremsung" etwas davon wesentlich verschiedenes?

c) Was bedeutet „gleichmäßige Beschleunigung"?

73 Ist es möglich, daß ein Körper nach einer erlittenen Beschleunigung die gleiche Bahngeschwindigkeit hat wie vorher? (Begründung!)

74 Ein Auto erreicht vom Stand aus nach 12,5 s die Geschwindigkeit $v = 100$ km/h. Wie groß ist seine (mittlere) Beschleunigung?

75 Zeichnen Sie ein rechtwinkeliges Koordinatensystem! Im Punkt a (4; 0) befindet sich ein Fahrzeug, das sich mit einer Geschwindigkeit $v = 20$ m/s in Richtung der + x-Achse bewegt. In Punkt b (0; 2) steht ein Beobachter. Legen Sie einen Kreis um b durch a und zerlegen Sie die Geschwindigkeit v in eine Komponente v_r in Richtung des Radius von b nach a (Radialkomponente) und in eine Komponente v_t in Richtung der Tangente an den Kreis in a (Tangentialkomponente)! Wie groß sind v_r und v_t?

76 Wie werden in einem Geschwindigkeits-Zeit-Diagramm (v-t-Diagramm)

a) eine Bewegung mit konstanter Geschwindigkeit,

b) eine gleichmäßig beschleunigte Bewegung,

c) eine gleichmäßig verzögerte Bewegung dargestellt?

77 Die Geschwindigkeit eines Lastautos, das aus der Ruhe anfährt, wird alle 10 s am genügend genau geeichten Tachometer abgelesen. Es ergeben sich folgende Werte:

Zeit	0	10	20	30	40	50	60	70	80	s
Geschwindigkeit	0	15	30	44	52,5	58	60	60	60	km/h

a) Zeichnen Sie ein v-t-Diagramm der Bewegung!

Wie groß sind

b) die mittlere Beschleunigung in der ersten Minute und

c) die momentane Beschleunigung nach 40 s?

78 Ein Sportler läuft bei fliegendem Start und konstanter Geschwindigkeit 100 m in 10,2 s; bei Start aus dem Stand braucht er 10,8 s.

a) Berechnen Sie unter der Annahme konstanter Beschleunigung und gleicher Endgeschwindigkeit in beiden Fällen die anfängliche Beschleunigung im zweiten Fall!

b) Wie lange ist sein Lauf beschleunigt?

c) Zeichnen Sie beide Fälle in ein v-t-Diagramm!

79 Ein Bus fährt mit einer Beschleunigung 1,0 m/s² an, hat eine Zeit lang die Geschwindigkeit 12 m/s, bremst dann mit einer Verzögerung − 1,5 m/s², so daß er nach 300 m Fahrt zum Stehen kommt.

a) Wie groß ist die Fahrzeit für die ganze Strecke?

b) Zeichnen Sie das v-t-Diagramm und darunter mit gleichem Zeitmaßstab das s-t-Diagramm der Bewegung! (Skizze mit Maßangabe für wichtige Punkte!)

80 Ein Radfahrer mit $v = 14,4$ km/h Geschwindigkeit überholt ein parkendes Auto. 15 s später fährt das Auto mit einer Beschleunigung 0,7 m/s² an. Nach wieviel m Fahrt und mit welcher Geschwindigkeit überholt es den Radfahrer?   *

81 Ein Funkmeßgerät (Radar) sendet elektrische Signale aus, die sich mit Lichtgeschwindigkeit ($3 \cdot 10^8$ m/s) ausbreiten. Von Metall (Flugzeug, Schiff) werden sie reflektiert; die Zeit bis zu ihrer Rückkehr zum Sender wird elektrisch gemessen.

a) Wie weit ist ein Flugzeug entfernt, wenn die Laufzeit des Signals 100 μs beträgt (1 μs $= 10^{-6}$ s)?

b) Welche Radialgeschwindigkeit hat das Flugzeug bezüglich des Meßgerätes, wenn 0,75 s später die Laufzeit mit 101,5 μs gemessen wird?

82 Auf wieviel mm bzw. s genau muß man den gesamten Laufweg $s = 90$ m bzw. die Laufzeit t eines Funkmeßsignals messen, wenn man seine Geschwindigkeit bis auf einen maximalen relativen Fehler von 10^{-3} erhalten will und beide Messungen gleichen relativen Fehler haben sollen? (Verwenden Sie die Näherungsformel für den maximalen relativen Fehler eines Produkts!) $v \approx 3 \cdot 10^8$ m/s.   *

83 (Messung der Lichtgeschwindigkeit nach Fizeau.)
Ein schlankes Lichtbündel („Lichtstrahl") fällt durch die Lücke zwischen 2 Zähnen eines Zahnrades und trifft nach 10,46 km auf einen Spiegel, der es denselben Weg zurückwirft. Wird nun das Rad immer rascher gedreht, so erreicht es schließlich eine Geschwindigkeit, bei der das zurückkehrende Licht auf den inzwischen vorgerückten nächsten Zahn trifft; bei noch höherer Winkelgeschwindigkeit tritt einmal der Fall ein, daß es durch die nächste Lücke der Zahnfolge hindurchfallen kann. Wie groß ergibt sich die Lichtgeschwindigkeit, wenn dies bei einer Drehzahl von 112 ± 1 Umdrehungen je Sekunde stattfindet und das Rad 128 Zähne hat?

84 Ist die Fallbeschleunigung überall auf der Erde gleich groß? Grund?

85 Beschreiben Sie einen einfachen Demonstrationsversuch zur Bestimmung der Fallbeschleunigung! Formeln angeben!

86 Ein Fallschirmspringer kommt mit einer Geschwindigkeit am Boden an, die einem freien Sprung aus 3 m Höhe entspricht.

a) Wie groß ist sie?

b) Wie lange braucht er, um aus 1500 m Höhe (Fallschirm bereits geöffnet) zu Boden zu kommen (v = const annehmen)?

87 Scherzfrage: Wie kann man mit einem Thermometer und einer Stoppuhr die Höhe eines Turms bestimmen?

88 Auf einen mit der Anfangsgeschwindigkeit $v_0 = 20$ m/s senkrecht nach oben geworfenen Stein wirkt die konstante Fallbeschleunigung $g = 9,81$ m/s².

a) Wie hoch steigt er?

b) Mit welcher Geschwindigkeit und nach welcher Zeit kommt er wieder auf die Erde zurück?

89 Eine Kugel rollt mit der Geschwindigkeit $v_0 = 2$ m/s über eine Tischkante und fällt im (direkten) Abstand $s = 1,35$ m von der Kante auf den Boden. Wie hoch ist der Tisch? (Luftreibung vernachlässigen.)

90 Ein Junge wirft vom 8 m hohen Ufer einen Stein in einen See; die Anfangssteigung sei 37,5°, die Anfangsgeschwindigkeit 15 m/s. a) Wie weit fliegt der Stein? b) Käme der Stein bei einer Anfangssteigung von 45° weiter?

91 Wie hoch und wie weit reicht eine Feuerwehrspritze bei einem Winkel von 30°, 45° bzw. 60° gegen die Waagrechte, wenn sie mit senkrechtem Strahl eine Höhe von 22 m erzielt? Drücken Sie das Ergebnis erst allgemein durch h und α aus! *
(Luftreibung vernachlässigen.)

92 Auf einem Fluß schwimmt eine leere Dose mit der Geschwindigkeit 4 m/s unter einer Brücke hindurch. Ein Junge versucht, aus 12 m Höhe einen Stein auf die Dose fallen zu lassen. Wieviel Meter muß er „vorhalten"?

93 Ein Zug fährt mit 72 km/h Geschwindigkeit auf einer Brücke über einen 50 m breiten Fluß. Genau über der Mitte des Flusses wirft ein Fahrgast eine leere Flasche waagrecht und quer zur Fahrtrichtung aus dem Fenster.

a) Wo sieht er die Flasche auffallen, wenn er gleich darauf eine 20 m breite Straße überfährt, die 19,6 m unter dem Zugfenster liegt und die in 5 m Abstand parallel zum Fluß verläuft?

b) Wie weit bliebe ohne Luftreibung die Flasche beim Fall hinter dem Zug zurück?

2.122 Drehbewegung

94 Eine Ultrazentrifuge läuft mit 72 000 U/min. Wie groß ist die Radialbeschleunigung eines mitgeführten Teilchens, das 3 cm von der Achse entfernt ist, ausgedrückt in Vielfachen der Erdbeschleunigung g? ($g \approx 10 \text{ m/s}^2$).

95 Die Bahn der Erde um die Sonne kann man mit guter Näherung als Kreis mit dem Radius $r = 1,5 \cdot 10^{11}$ m betrachten.
a) Wie groß ist die Bahngeschwindigkeit der Erde?
b) Wie groß ist ihre Winkelgeschwindigkeit? (Drehung und Bahnbewegung.)

96 Eine Transmission besteht aus einem Rad mit $d_1 = 30$ cm und einem zweiten mit $d_2 = 70$ cm Durchmesser. Das erste Rad macht 150 U/min. Wie groß sind die Winkelgeschwindigkeiten und die Umfangsgeschwindigkeiten der beiden Räder sowie die Bahngeschwindigkeit des Riemens?

97 Ein Junge wirbelt an einer Schnur einen Stein auf einem waagrechten Kreis von 1,5 m Radius um seinen Kopf, 10 mal in 10 s; dann läßt er ihn los. Mit welcher Geschwindigkeit fliegt der Stein weiter? Was für eine Kurve beschreibt er?

98 Der Stein von Aufg. 97 soll nun auf einem vertikalen Kreis mit dem Radius 1,2 m umlaufen. Welche Geschwindigkeit muß er im höchsten Punkt seiner Bahn mindestens haben?

99 a) Wieviel Umdrehungen macht ein Lokomotivrad von $d = 2$ m Durchmesser bei einer Fahrt über $s = 78,5$ km?
Die Strecke wird in 64,5 Minuten zurückgelegt.
b) Wie groß ist der gesamte Drehwinkel des Rades?
c) Wie groß ist die mittlere Geschwindigkeit des Zuges in m/s und km/h?
d) Wie groß ist die mittlere Winkelgeschwindigkeit des Rades?

100 Ein Radfahrer fährt mit konstanter Geschwindigkeit $v = 5$ m/s. Wie groß sind die momentanen Relativgeschwindigkeiten folgender Punkte des Vorderrades gegenüber dem Boden:

a) des Punktes am Rad, der gerade den Boden berührt;

b) der Radachse;

c) des momentan höchsten Punktes am Rad? (Skizze!)

101 Ein Rad hat 1 m Durchmesser. 5 s nach dem Anlaufen mit konstanter Beschleunigung ist für einen Punkt des Umfangs die Radialbeschleunigung a_r gleich der Tangentialbeschleunigung a_t. Wie groß sind in diesem Moment die Winkelgeschwindigkeit ω, a_r, a_t und die gesamte Beschleunigung dieses Punktes?   *

102 Angenommen, die Erde sei eine ideale Kugel mit dem Radius $R = 6{,}4 \cdot 10^6$ m und die reine Gravitationskraft sei überall zum Erdmittelpunkt hin gerichtet.

Um wieviel ist dann infolge der Rotation der Erde die wirkliche Erdbeschleunigung am Äquator kleiner als an den Polen?

103 An einem Ort der geographischen Breite $\varphi = 45°$ habe g den Wert $9{,}81$ m/s². Wie groß sind dort

a) die Radialbeschleunigung durch die Erdrotation und

b) deren Komponente parallel zur Erdoberfläche?

c) Um welchen Winkel weicht infolgedessen ein dort frei aufgehängtes Lot von der Richtung zum Erdmittelpunkt ab, wenn andere Einflüsse fehlen? (Benützen Sie eine für kleine Winkel gültige Näherungsformel!)

104 Eine Turbine erreicht 2 Minuten nach dem Anlaufen eine Drehzahl von $n = 10\,000$ U/min. (Gleichmäßige Beschleunigung.)

a) Wie groß ist die Winkelbeschleunigung?

b) Wieviel Umdrehungen macht sie in diesen 2 Minuten?

105 Ein Rad mit $r = 0{,}4$ m Radius läuft aus der Ruhe mit einer Winkelbeschleunigung $\alpha = 15/s^2$ an.

a) Wie groß sind die tangentiale, die radiale und die gesamte Beschleunigung eines Punktes des Umfangs nach 20 s? (Skizze!)

b) Welche Richtung hat diese gegenüber dem Radius zu dem betrachteten Punkt?

106 Ein Auto wird mit 1,5 m/s² beschleunigt. Die folgenden Fragen sind vom Standpunkt eines mitfahrenden Beobachters aus zu beantworten:

a) Wie groß ist die Tangentialkomponente der Beschleunigung des momentan höchsten Punktes auf der Lauffläche eines Rades?

b) Wie groß ist die Bahngeschwindigkeit dieses Punktes 8 s nach dem Start?

c) Wie groß sind zu dieser Zeit seine Radialbeschleunigung, der von ihm
zurückgelegte Weg und die Zahl der Umdrehungen, die das Rad
gemacht hat, wenn dieses einen Durchmesser von 60 cm hat?

d) Ist der Standpunkt des Beobachters (Mitfahrer bzw. auf der Straße
stehender Zuschauer) für die Beantwortung aller Fragen a) bis c)
maßgeblich? Begründung der Antwort!

107 Kurbeltrieb (s. Abb.).
Wenn $l \gg r$, gilt näherungsweise für den Ort x des Kreuzkopfs K:
$x = r(1 - \cos\varphi)$.
Für welche Kurbelstellungen φ sind bei konstanter Drehzahl der Kurbel:
a) die Geschwindigkeit v_x,
b) die Beschleunigung a_x
des Kreuzkopfs am größten? ******

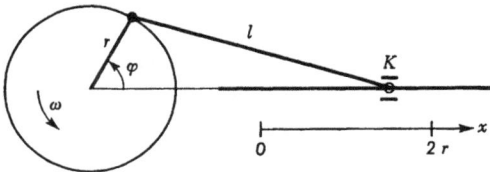

2.13 Dynamisches Grundgesetz

2.131 Fortschreitende Bewegung

108 Wie lautet das Grundgesetz der Dynamik für fortschreitende Bewegung?

109 a) Mißt eine Federwaage Kräfte oder Massen?
b) Was vergleicht man bei einer Wägung mit einer Balkenwaage?

110 a) Wie hängen „Gewichtskraft" auf der Erde und träge Masse zuzusammen?
b) Mit welcher Kraft wird demnach ein Mensch von 60 kg Masse von
der Erde angezogen?
c) Wo spürt er diese Kraft, wenn er steht?

111 Welche Kraft wirkt in einem Kranhaken, wenn daran 150 kg mit der
konstanten Beschleunigung 0,8 ms^{-2} hochgezogen werden?

112 Ein Sack aus schlechtem Material ist mit Kartoffeln gefüllt. Warum
bricht er durch, wenn man ihn rasch hochhebt, nicht aber, wenn man
ihn langsam hochhebt?

113 Auf einer Eisenbahnbrücke muß ein Zug bremsen. Seine Masse ist
$m = 120$ t. Die Verzögerung soll so sein, daß er aus einer Geschwindig-

keit von 72 km/h nach 500 m zum Stehen kommt. Welche Schubkraft muß das Widerlager der Brücke aufnehmen?

114 a) Wie groß muß die mittlere Beschleunigung eines Flugzeuges sein, wenn es eine Startbahn nach 1 km Weg mit der Geschwindigkeit $v = 300$ km/h verlassen soll?

b) Welche Schubkraft müssen die Motoren aufbringen, wenn das Flugzeug eine Masse von $6 \cdot 10^4$ kg hat? (Verluste vernachlässigen!)

115 Eine Lokomotive schiebt einen Wagen der Masse 15 t an, so daß er nach 20 s eine Geschwindigkeit $v = 10$ m/s hat. Alle 4 beteiligten Puffer seien gleich, ihre Federkonstante je $D = 1,8 \cdot 10^5$ Nm^{-1}.

a) Welche Kraft wirkt auf jeden der vier Puffer?

b) Um wieviel verkleinert sich deshalb der Abstand Lokomotive–Wagen gegenüber dem Abstand bei kraftloser Berührung? (Reibung vernachlässigen!)

116 Ein Eisenbahnwagen von 20 t fährt mit der Geschwindigkeit 0,8 m/s auf einen Prellbock und wird auf 10 cm Bremsweg zum Stillstand gebracht.

a) Welche Kraft muß (bei gleichmäßiger Verzögerung) der Prellbock aufnehmen?

b) Wie groß ist die Kraft, wenn 3 gekoppelte Wagen gleicher Masse und Geschwindigkeit auftreffen, wobei jeder beanspruchte Puffer in der gleichen Zeit um 10 cm zusammengedrückt werden soll? (Skizze!)

117 Eine Aufzugskabine, $m = 1019$ kg, bewegt sich mit der Beschleunigung 2 m/s^2 abwärts.

a) Welche Kraft wirkt im Tragseil?

b) Wie groß ist diese Kraft, wenn die Bewegung mit gleich großer Beschleunigung nach aufwärts gerichtet ist?

118 Ein Mann stellt sich in einem Aufzug auf eine Personenwaage (Federwaage). Solange der Aufzug steht, zeigt die Waage 75 kg an, während des Anfahrens zeigt sie 82 kg.

a) Fährt der Aufzug aufwärts oder abwärts?

b) Welche Beschleunigung hat er?

c) Was würde eine austarierte Dezimalwaage (Balkenwaage) unter gleichen Bedingungen anzeigen?

d) Wie groß ist während des Anfahrens der Zug im Tragseil, wenn der leere Aufzug eine Masse von 400 kg hat?

119 Ein Körper von 3,5 kg kann sich auf einer horizontalen Unterlage reibungsfrei bewegen. Es wirkt eine Kraft horizontal und gleichmäßig auf ihn, so daß er nach einem Weg von 5 m die Endgeschwindigkeit 0,8 m/s erreicht. *

a) Wie groß ist die Beschleunigung?

b) Wie groß ist die Kraft?

c) Nach welcher Zeit hat der Körper die Endgeschwindigkeit erreicht?

d) Welchen Weg hat der Körper nach 5 s zurückgelegt, und wie groß ist dort seine Momentangeschwindigkeit?

Die horizontale Unterlage sei ein Tisch von 55 cm Höhe. Nachdem der Körper seine Endgeschwindigkeit erreicht hat, kommt er an die Kante und fällt herunter.

e) Nach welcher Zeit, vom Verlassen der Kante an gerechnet, schlägt der Körper auf dem Boden auf?

f) Wie groß ist der horizontale Abstand der Aufschlagstelle von der Kante?

g) Welche Geschwindigkeit hat er beim Aufschlag?

120 Ein Kunstflieger macht einen Sturzflug mit einer Geschwindigkeit von 540 km/h.

a) Mit welchem kleinsten Radius darf er die Maschine abfangen, damit die auftretende Beschleunigung 100 m/s² nicht übersteigt, weil sonst die Gefahr besteht, daß das Blut aus dem Gehirn zurückweicht?

b) Wenn der Pilot 750 N wiegt, welche Kraft muß der Sitz im tiefsten Punkt der Flugbahn bei einem Abfangradius von 300 m aushalten?

121 Wieviel Grad muß die Straße in einer Kurve von 50 m Radius nach innen geneigt sein, damit man in einem Wagen bei 90 km/h keine seitliche Kraft verspürt?

122 Die Eisenbahn hat eine Spurweite von 1435 mm.

a) Wieviel muß in einer Kurve von 800 m Radius die äußere Schiene höher liegen, daß bei 100 km/h Geschwindigkeit die Räder keinen seitlichen Schub auf die Schienen ausüben?

b) Wenn der Zug in dieser Kurve halten muß, mit welcher Kraft wird dann ein Fahrgast von 70 kg Masse nach innen gedrückt?

123 Ein Flugzeug fliegt eine Kurve von 2 km Radius. Es hat gegen die Normallage eine Neigung von 70°, wenn die Luftkräfte symmetrisch an beiden Tragflächen angreifen. Wie schnell fliegt es?

124 Ein Junge bindet einen Stein von 2 kg an einen Bindfaden und wirbelt ihn auf einer waagrechten Bahn von 1,2 m Radius so um den Kopf, daß er in 1 s einen vollen Kreis durchläuft.

a) Mit welcher Kraft wird der Bindfaden gespannt?

b) Bei wieviel Umdrehungen je Sekunde bricht der Faden, wenn er eine Reißfestigkeit von 120 N hat?

Beantworten Sie beide Fragen zunächst für den Fall, daß die Schwerkraft vernachlässigt wird, dann auch mit Berücksichtigung der Schwerkraft!

125 Eine Masse von 5 kg bewegt sich auf einem horizontalen Kreis von 2 m Radius mit einer Geschwindigkeit von 7 m/s. Sie wird in 0,15 s gleichmäßig auf 10 m/s beschleunigt.

a) Welche Tangentialkraft ist dazu nötig?

b) Wie groß ist die gesamte auf die Masse wirkende Kraft zu Beginn und 0,1 s nach Beginn der Beschleunigung? Gewicht berücksichtigen!

126 Wo macht sich die Radialkraft bemerkbar,

a) wenn eine Masse an einer Stange im Kreis bewegt wird;

b) wenn eine Kugel in einer kreisförmigen Rinne umläuft;

c) wenn ein Auto eine Kurve fährt;

d) wenn ein Flugzeug eine Kurve fliegt?

127 Ein Metallklotz von 10 kg Masse hängt an einem 2 m langen Seil und schwingt auf einer waagrechten Kreisbahn mit einer Geschwindigkeit von 6 m/s.   *

a) Welchen Zug muß das Seil aushalten?

b) Wievielmal so groß ist dieser wie das Gewicht des Klotzes?

c) Welchen Winkel bildet das Seil gegen das Lot?

128 Ein Körper ändert seine Masse mit der Geschwindigkeit nach den Gesetzen der Relativitätstheorie von Einstein:

$$m(v) = m_0 \left(1 - \frac{v^2}{c^2}\right)^{-1/2}; \quad c = 3 \cdot 10^8 \text{ ms}^{-1}; \quad m_0 = \text{,,Ruhemasse''}.$$

Für einen ruhenden Beobachter gilt dann das dynamische Grundgesetz noch in der Form $F = \dfrac{\mathrm{d}}{\mathrm{d}t}(m\,v)$.

Ein Linearbeschleuniger soll ein Proton auf hohe Geschwindigkeit v bringen, die beschleunigende Kraft F sei vom Standpunkt des Beobachters (Labor) aus konstant; F, v und Beschleunigung a haben die gleiche Richtung.

Um welchen Faktor ist a zu Beginn ($v \to 0$) größer als zu einem späteren Zeitpunkt, zu dem das Proton bereits 95 % der Lichtgeschwindigkeit erreicht hat? (Man kann derzeit Protonen auf $v = 0,99\, c$ beschleunigen.)**

129 (Trägheitsnavigationsgerät) Eine Masse ist in der x-Richtung reibungsfrei beweglich, aber mit einer Feder verbunden; die Ruhelage sei $\xi_0 = 0$.
Eine Beschleunigung a_x in x-Richtung hat eine zu a_x proportionale
Auslenkung ξ aus der Ruhelage zur Folge: $a_x = C \cdot \xi$, $C = $ Geräte-
konstante. Die Auslenkung ξ kann, z. B. elektrisch, auf einen Beschleu-
nigungsschreiber übertragen werden, der a_x in Abhängigkeit von der
Zeit t aufzeichnet. In einem Navigationsgerät, das völlig ohne Kontakt
mit der Erde arbeitet, sind drei solche Anordnungen, für a_x, a_y und a_z,
zusammengefaßt. Ihre Orientierung im Raum wird mittels Kreisel-
kompaß festgehalten, unabhängig von den Bewegungen des Flugzeugs.
Welche Rechenoperationen muß ein angeschlossenes Rechengerät ausführen, damit der Pilot jederzeit seine Entfernung r vom Startpunkt
nach Größe und Richtung ablesen kann?
(In der technischen Ausführung werden noch die Krümmung der Erde
und die Corioliskraft, eine Folge der Erdrotation, durch Regelung berücksichtigt.) **∗∗**

130 Ein völlig biegsames Seil (Länge l) hängt reibungsfrei über einen dünnen
Stab, so daß zunächst beide Enden gleichweit herunterhängen (bis zur
Höhe $x = 0$). Nun wird ein Ende um die Strecke ε heruntergezogen und
dann losgelassen (Anfangsgeschwindigkeit Null). Wie lange dauert es,
bis das andere Ende gerade über den Stab rutscht? $l = 8$ m, $\varepsilon = 0,5$ m.**∗∗**

131 Eine Rakete startet senkrecht von der Erdoberfläche und behält ihre
Richtung bei. Vor dem Start sei m_0 ihre Masse, einschließlich Treibstoff.
Je Sekunde wird eine Masse $\mu = \dfrac{dm_G}{dt}$ an Verbrennungsgasen mit einer
konstanten Geschwindigkeit u relativ zur Rakete ausgestoßen. Die Fallbeschleunigung g soll als konstant angenommen, der Luftwiderstand vernachlässigt werden. $m_0 = 500$ kg, davon 400 kg Treibstoff;
$\mu = 40$ kgs^{-1}; $u = 3 \cdot 10^3$ ms^{-1}.
Wie groß sind am Ende der Brennzeit (t_B)
a) die Steiggeschwindigkeit v,
b) die Höhe h?
Hinweis: substituieren Sie $1 - \dfrac{\mu}{m_0} t = x$ und benutzen Sie $\int \ln x \, dx =$
$x \ln x - x$. **∗∗**

2.132 Drehbewegung

132 a) Wie lautet das Grundgesetz der Dynamik für die Drehbewegung?
b) Welche Größen treten hier formal an die Stelle von Kraft, Masse
und Beschleunigung?

133 Ein Hammerwerfer schwingt eine Masse von 7,25 kg auf einem Kreis mit 1,0 m Radius, dessen Achse um 30° zum waagrechten Erdboden geneigt ist.

   a) Wie groß ist die Winkelgeschwindigkeit, bei der das Seil, an dem die Masse hängt, im höchsten Punkt der Bahn straff und gegen die Erde um 30° geneigt ist?

   b) Hängt das Ergebnis von der Größe der Masse ab?
      Hinweis: Skizze; Resultierende aus Gewicht und Radialkraft in Seilrichtung!

134 Auf einem Stab sitzen reibungslos 2 (praktisch punktförmige) Massen m_1 und m_2, die durch eine Schnur miteinander verbunden sind (s. Skizze). Der Stab rotiert um eine zwischen m_1 und m_2 befindliche senkrechte Drehachse.

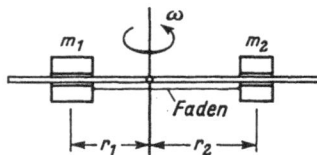

   a) Wie müssen sich die Abstände r_1 bzw. r_2 der Massen von der Drehachse verhalten, wenn sie sich bei der Kreisfrequenz ω das Gleichgewicht halten sollen?

   b) Gilt diese Bedingung für jede beliebige Drehzahl?

135 Der Mond rotiert nicht genau um den Erdmittelpunkt, sondern Erde und Mond rotieren in 28 Tagen einmal um den gemeinsamen Schwerpunkt. Wo liegt dieser?

136 3 Massen m_1, m_2, $m_3 = m_2$ haben die in der Skizze gezeigte Anordnung.

   a) Welche Trägheitsmomente haben sie für eine gemeinsame Rotation um die Schwerpunktsachsen A_1, A_2 und A_3 (A_3 senkrecht zur Zeichenebene)?

   b) Welchen Abstand hat der Schwerpunkt von m_1?

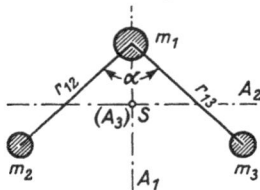

   (Modell des Wassermoleküls.) $m_1 = \dfrac{16}{L}$ kg; $m_2 = m_3 = \dfrac{1}{L}$ kg; $L = 6{,}02 \cdot 10^{26}$; $r_{12} = r_{13} = 0{,}1$ nm; $a = 109°$.

137 Eine Trommel mit $r = 0{,}2$ m Radius und einem Trägheitsmoment $J = 0{,}1$ kg m² sitzt auf reibungsloser Achse. Von der Trommel wird eine aufgewickelte Schnur mit konstanter Kraft $F = 2{,}5$ N abgezogen. Wieviel Umdrehungen macht die Trommel in den ersten 10 s?

138 Ein Auto von 800 kg wird in 10 s gleichmäßig auf 72 km/h beschleunigt,

Die beiden Antriebsräder haben einen Radius von 0,25 m. Welches Drehmoment wirkt in ihren Wellen, wenn sie gleichmäßig beansprucht werden und die Reibung sowie die Trägheitsmomente der Räder zu vernachlässigen sind?

139 Ein Elektromotor wird bei einer Drehzahl von $n = 3600$ U/min ausgeschaltet und bleibt bei gleichmäßiger Bremsung nach $t = 100$ s stehen.

a) Wie groß ist die Winkelbeschleunigung?

b) Wieviel Umdrehungen macht er bis zum Stillstand?

140 An den Enden eines dünnen, 17 cm langen Stabes der Masse $m_1 = 20$ g ist je eine Kugel von 3 cm Durchmesser und $m_2 = 100$ g Masse befestigt. Wie groß ist das Trägheitsmoment bezüglich einer Achse, die senkrecht durch die Stabmitte verläuft:

a) bei Annahme punktförmiger Massen m_2 anstelle des Schwerpunkts der Kugeln und Vernachlässigung der Masse m_1 des Stabes;

b) bei Berücksichtigung der Stabmasse und der Größe der Kugeln?

141 Ein (gewichtsloser) Stab der Länge $l = 0,4$ m ist in der Mitte reibungsfrei gelagert und trägt an den Enden, reibungsfrei drehbar, je eine Scheibe der Masse $m = 0,3$ kg vom Radius $r = 4$ cm (s. Skizze).

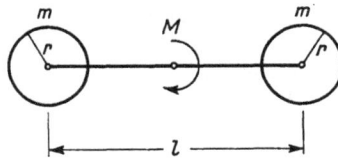

a) In welcher Zeit bringt ein Drehmoment $M = 0,05$ Nm den Stab auf 1 Umdrehung pro Sekunde?

b) Wie lange dauert es, wenn die Scheiben auf ihren Achsen festgeklemmt sind?

142 Auf einem Vollzylinder (Radius r, Masse m) mit waagrechter Achse ist ein Faden aufgewickelt.

a) Mit welcher Beschleunigung fällt der Zylinder, wenn der Faden dabei abgespult wird? Annahme: Faden hängt senkrecht (Skizze).

b) Wie groß ist die Zugkraft im Faden, wenn der Zylinder eine Masse von 0,1 kg hat?

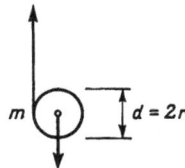

143 a) Was versteht man unter „Gleichgewicht" eines Systems?

b) Welche Fälle von Gleichgewichtslagen kennen Sie?

c) Wie lauten die Gleichgewichtsbedingungen für einen ruhenden Körper, und

d) wie sind sie mit dem dynamischen Grundgesetz zu begründen?

144 Die Abb. zeigt die Draufsicht auf ein modernes Karussell (Ausschnitt). Auf einem feststehenden Kreis Z rollt ein anderer Kreis S mit gleichem Radius r wie Z ab. Seine Achse A wird mit konstanter Winkelgeschwindigkeit ω um Z herumgeführt. Die Fahrgastsitze sind fest über dem Rand von S montiert.

a) Wie nennt man die Bahnkurve, die ein Fahrgast, der sich zu Beginn bei G befindet, durchläuft und wie lautet ihre Gleichung in Parameterdarstellung für x und y, mit der Zeit t als Parameter ($\varphi = \omega t$)?

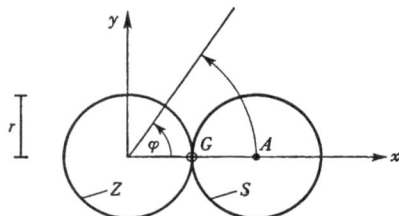

b) Für welche Werte des Drehwinkels φ spürt der Fahrgast G seinen Magen am deutlichsten? ******

145 Berechnen Sie das Rotationsträgheitsmoment eines dünnen Ringes (Masse m, Radius r) bezüglich einer Tangente! Hinweis: Polarkoordinaten! ******

2.133 Reibung fester Körper

146 Wann tritt trotz konstant angewandter Kraft keine Beschleunigung auf?

147 Was ist der praktische Unterschied zwischen sog. ruhender, gleitender und rollender Reibung? (Vgl. Aufg. 402.)

148 In einem Eisenbahnwagen befinden sich Fischbehälter, die bis knapp unter den Rand mit Wasser gefüllt sind. Läuft das Wasser über, wenn der Wagen

a) reibungsfrei,

b) infolge Reibung (Bremse) mit konstanter Geschwindigkeit bergab rollt? (Begründung!)

149 Ein Wagen soll mit einer Kraft F angeschoben werden.

a) Der Wagen bewegt sich nicht; was ist die Ursache?

b) Nach anfänglicher Beschleunigung bewegt sich der Wagen mit konstanter Geschwindigkeit, obwohl die Kraft nicht nachläßt. Was ist die Ursache dafür?

150 a) Was gibt die Reibungszahl μ an?

b) Schildern Sie zwei Methoden um die Reibungszahl zwischen einem Klotz und seiner Unterlage zu bestimmen! Skizze, Erläuterungen, nötige Formeln!

151 Ein Skifahrer ($m = 80$ kg) fährt mit konstanter Geschwindigkeit so, daß er auf 100 m Weg 30 m Höhe verliert (Skizze!).

a) Wie groß ist der gesamte Reibungswiderstand?

b) Wie groß ist die Reibungsziffer μ zwischen Ski und Schnee, wenn der Luftwiderstand allein $R_L = 16$ kp beträgt?

152 Wie groß sind Beschleunigung und Fadenspann-
kraft bei einer Anord-
nung nach Skizze:

a) ohne Reibung der
Klötze,

b) bei $\mu = 0,2$ auf beiden Seiten?
(Einfluß der Rolle vernachlässigt.)

c) Zeichnen Sie alle Kräfte, die in der Rechnung auftreten, in die Skizze!

153 Kinder nehmen einen Anlauf und schleifen auf Glatteis. Bei einer Anfangsgeschwindigkeit $v = 2$ m/s rutschen sie 4 m weit.   *

a) Wie groß ist die Verzögerung?

b) Wie groß ist die wirksame Reibungszahl?

c) Kann man bei solcher Reibungszahl innerhalb 2 s vom Stand aus die normale Gehgeschwindigkeit von 1,35 m/s erreichen?

154 Ein Klotz von 2 kg Masse rutscht eine schiefe Ebene mit dem Neigungswinkel $a = 30°$ herab.

a) Mit welcher Kraft drückt er auf die Unterlage?

b) Wie groß ist die Beschleunigung, wenn der Reibungskoeffizient $\mu = 0,2$ ist?

c) Wie groß wäre die Beschleunigung, wenn der Klotz nur 1 kg hätte?

d) Bei welchem Neigungswinkel würde er gerade noch ruhig liegen bleiben?

e) Ist der Winkel von der Masse des Klotzes abhängig?

155 Jemand steht auf einer flachen Drehscheibe (,,Teufelsrad''), die in 4 s eine Umdrehung macht. In welchem Abstand von der Achse kann er sich gerade noch halten, wenn ein Reibungskoeffizient $\mu = 0,3$ wirksam ist?

156 Ein flacher Block der Masse $m = 50$ kg hat eine Reibungszahl $\mu = 0,25$ zur Unterlage (Straße). In seinem Schwerpunkt ist ein Seil befestigt, an dem ein Mann mit der Kraft F zieht.

a) Wie groß ist F, wenn sich der Block mit konstanter Geschwindigkeit $v \neq 0$ auf waagrechter Straße bewegt und das Seil mit dieser einen Winkel $\alpha = 30°$ einschließt? (Skizze!)

b) Welche Kraft bräuchte der Mann, wenn er den Block unter sonst gleichen Bedingungen eine um den Winkel $\beta = 10°$ geneigte Straße abwärts ziehen wollte?

c) Wie groß ist die kleinste Kraft, mit der der Block auf waagrechter Straße mit dem Seil gezogen werden kann, und welche Bedingung muß hierfür erfüllt sein? Drücken Sie diese Bedingung zunächst allgemein durch μ aus! ******

157 Ein Auto durchfährt mit konstanter Geschwindigkeit v eine Kurve, die sich durch die Gleichung $y = a\,x^2$, mit $a = 1,25 \cdot 10^{-2}\,\mathrm{m}^{-1}$ beschreiben läßt. Der wirksame Reibungskoeffizient sei $\mu = 0,25$.

a) Wie groß ist die Geschwindigkeit v_{max}, bei deren Überschreitung das Auto auf waagrechter Fahrbahn ins Schleudern käme?

b) Wie groß ist die günstigste Neigung der Straße an der gefährlichsten Stelle, wenn man eine Geschwindigkeit von 40 km/h zugrunde legt? ******

158 Für einen in Luft frei fallenden Körper (Masse m) ist der Reibungswiderstand proportional dem Quadrat der Geschwindigkeit: $F_R = c \cdot v^2$.

a) Welchem Grenzwert v_∞ nähert sich v?
Zahlenbeispiel: $m = 0,1$ kg; $c = 2,5 \cdot 10^{-3}$ kgm^{-1} (c hängt von der Form des Körpers ab).

b) Nach welcher Zeit ist die Endgeschwindigkeit zu 90% erreicht? (Anfangsgeschwindigkeit $v_0 = 0$.) ******

2.14 Arbeit, Energie, Leistung; Energiesatz

159 Wie lautet der ,,Energiesatz'' der Mechanik in Worten?

160 Was ist das gemeinsame Prinzip, das beim Heben schwerer Lasten mittels Hebel, Flaschenzug, Winde, Rampe, Schraube u.ä. angewandt wird?

161 a) Aus welchen verschiedenen Energieformen setzt sich die Gesamtenergie eines mechanischen Systems zusammen?

b) Nennen Sie einige einfache Beispiele zur Kennzeichnung des Begriffs „potentielle Energie"!

162 Was versteht man unter „Beschleunigungsarbeit"?

163 Wie sollte der Satz: „Arbeit ist Kraft mal Weg" präziser lauten?

164 Welche Arbeit verrichtet eine Kraft, die immer senkrecht zur Bahnbewegung an einem Körper angreift (z. B. die Anziehungskraft der Sonne auf die Erde)?

165 Ein Mann hebt mit einem Flaschenzug eine Last von 540 N 15 m hoch. Er braucht dazu eine Kraft von 60 N. Wieviel m Seil muß er ziehen?

166 Eine Schraubenwinde hat einen 40 cm langen Hebel. Bei einer Umdrehung steigt sie 0,5 cm. Welche Last kann man bei 60% Wirkungsgrad mit einer Kraft von 250 N noch heben?

167 Welche mechanische Arbeit vollbringt ein Mann, der einen Koffer 30 cm hochhebt, damit 300 m weit auf ebener Strecke geht und die Last wieder absetzt?

168 Eine Kolbendampfmaschine leistet je Zylinder 75 kW bei $n = 90$ U/min. Der Kolbenweg ist 40 cm, der Dampfdruck wirkt sowohl beim Hingang wie beim Hergang. Wie groß ist die mittlere Kraft des Dampfes auf den Kolben?

169 Zwei Autos fahren hintereinander her. Das eine ist doppelt so schwer wie das andere, aber beide haben die gleiche kinetische Energie. Um wieviel vergrößert sich der Abstand in einer Minute, wenn das langsamere mit 72 km/h fährt?

170 Welche Leistung muß ein zum Antrieb einer Pumpe dienender Motor abgeben, wenn die Pumpe in 1 min 6 m³ Wasser um 12 m heben soll und wenn der Wirkungsgrad der gesamten Anlage 60% beträgt?

171 Ein Schneehang ist 5 m hoch, hat 10° Neigung und geht in eine waagrechte Strecke über. Die Reibungszahl für Schlitten ist 0,1. Ein Junge, Masse samt Schlitten $m_1 = 30$ kg, fährt aus halber Höhe ab. Gleichzeitig startet ein anderer ($m_2 = 40$ kg) von ganz oben. Nach welcher Zeit holt er den ersten ein? Nehmen Sie $g = 10$ m/s². Hängt das Ergebnis von m_1 und m_2 ab?

172 Mit welcher Geschwindigkeit würde ein mit der Anfangsgeschwindigkeit v senkrecht in die Luft gefeuertes Geschoß wieder zurückkommen, wenn es keine Luftreibung gäbe? Geben Sie 2 Lösungswege für diese Aufgabe an! Welcher ist der einfachere Weg?

173 Wieviel Energie ist mindestens nötig, um ein Flugzeug von 6 t auf eine Höhe von 12 km und eine Geschwindigkeit von 1080 km/h zu bringen? Welche Leistung brauchen die Motoren bei einem Wirkungsgrad von 20%, wenn dies in 5 Minuten erreicht sein soll? Wo erscheinen die übrigen 80% der Energie?

174 Ein Frachtflugzeug mit 20 t Gesamtmasse steigt 8 Minuten lang je 2,5 m/s höher und erhöht dabei seine Geschwindigkeit von 40 m/s beim Verlassen der Startbahn auf 100 m/s. Welche Motorenleistung hat es, wenn mit 20% Wirkungsgrad gerechnet werden kann?

175 Eine Feder mit der Federkonstante $D = 8000 \text{ Nm}^{-1}$ wird um $x = 3$ cm zusammengedrückt. Bei der Entspannung schießt sie eine Kugel von 10 g in die Höhe. Wie hoch steigt die Kugel?

176 Ein Artist von 60 kg hält in jeder Hand zusätzlich 30 kg und springt damit aus 3 m Höhe auf ein Federsprungbrett. Im Augenblick, wo dieses den tiefsten Punkt erreicht hat, läßt er die Gewichte fallen. Wie hoch wird er zurückgeschleudert (ohne Reibung)?

177 Eine Transmission wird über eine Riemenscheibe von 30 cm Durchmesser angetrieben. Bei einer Drehzahl von 300 U/min ist die Spannung im Treibriemen auf der einen Seite 2000 N, auf der anderen 100 N.
a) Wie groß ist die übertragene Motorleistung?
b) Wie groß ist die Reibungskraft zwischen Riemen und Scheibe mindestens?

178 Welche Reibungskraft (= Strömungswiderstand) wirkt auf ein Schiff, das bei 3700 kW Motorleistung eine konstante Geschwindigkeit von 20 km/h hat?

179 $h_1 = 20$ m
$s_1 = 40$ m
$s_2 = 300$ m
$s_3 = 50$ m

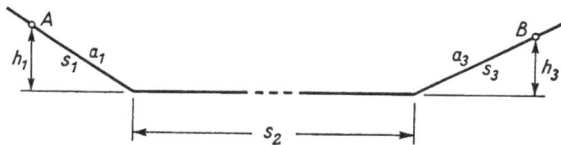

Ein kleiner Wagen soll auf einer Bahn mit oben skizziertem Profil (z. B. Querschnitt durch ein Tal) reibungsfrei laufen, nachdem er im Punkt A aus der Ruhelage losgelassen wurde.
a) Wie groß sind die Beschleunigungen a_1 und a_3 auf den geneigten Strecken?
b) Wie hoch liegt der höchste erreichte Punkt B (h_3) auf dem Gegenhang?

c) Wie lange braucht er von A nach B?

d) Zeichnen Sie das v-t-Diagramm! (Skizze, wichtige Punkte mit Maßangabe!)

180 a) Wohin kommt die Energie, die durch Reibung verbraucht wird?

b) Nennen Sie dazu ein praktisches Beispiel!

181 a) Über den Niagarafall (Höhe 50 m) fließen je Sekunde $2 \cdot 10^7$ kg Wasser. Wieviel Leistung (in kW) wird dabei frei?

b) In welche Energieform wird sie verwandelt?

182 a) Welche Arbeit verrichtet eine Lokomotive von 100 t, die 10 Wagen mit je 25 t auf einer ebenen Strecke von 750 m Länge aus dem Stand auf $v = 15$ m/s gleichmäßig beschleunigt, wenn eine Reibungskraft $R = 3 \cdot 10^4$ N wirkt?

b) Welche Leistung muß die Maschine zu dem Zeitpunkt abgeben, in dem die Geschwindigkeit 10 m/s beträgt?

183 Ein Ski-Schlepplift befördert alle 10 s einen Skifahrer mit einer durchschnittlichen Masse von 70 kg. Der Hang ist 500 m lang und hat eine Neigung von 20°. Wieviel leistet der Antriebsmotor, wenn für die Reibung zwischen Ski und Schnee ein Reibungskoeffizient $\mu = 0,05$ angenommen wird und der Wirkungsgrad der Anlage 85% beträgt?

184 Ein Junge zieht seinen Schlitten von 3,5 kg mit konstanter Geschwindigkeit einen 200 m langen Hang mit 8° Neigung hoch. Welche Arbeit vollbringt er, wenn der Reibungskoeffizient $\mu = 0,1$ ist?

185 Ein Mann schleift eine Kiste von 60 kg Masse eine glatte, blechbeschlagene Rampe von 5 m Länge und 1 m Höhe hinunter. Der Reibungskoeffizient ist 0,3.

a) Welche Kraft muß er bei konstanter Geschwindigkeit aufwenden?

b) Wieviel Arbeit verrichtet er und wieviel die Schwerkraft?

c) Wieviel Reibungsarbeit wird umgesetzt (in Wärme)?

186 Ein Auto muß aus 88 km/h bis zum Stillstand abbremsen. Welche Energie müssen die Bremsen aufnehmen, wenn die Masse samt Insassen 900 kg beträgt? Wo kommt diese Energie hin?

187 a) Wie kann die Polizei nach einem Verkehrsunfall aus der Länge einer Bremsspur die Geschwindigkeit vor dem Bremsen ermitteln?

b) Welche Größe muß dazu bekannt sein?

c) Spielt das Gewicht des Wagens eine Rolle?

d) Um wieviel ändert sich der Bremsweg, wenn die Anfangsgeschwindigkeit verdoppelt wird?
Beantwortung anhand von Formeln!

188 a) Welchen Bremsweg braucht ein Auto mit 70 km/h Geschwindigkeit mindestens, wenn die Reibungszahl zur Straße μ = 0,27 beträgt?

b) Die vorgeschriebene Mindestverzögerung ist 2,5 m/s². Wird sie in diesem Fall erreicht?   *

189 a) Wie groß muß der Reibungskoeffizient zur Straße mindestens sein, damit ein Auto von 1 t, das mit 54 km/h fährt, auf 25 m Bremsweg zum Halten gebracht werden kann?

b) Welche Leistung müssen die Bremsen zu Beginn des Bremsvorgangs als Wärmeleistung (thermische Belastung) aufnehmen?

190 Welche Energie nehmen die Bremsen eines Lastzuges von 15 t auf, der von einem Paß mit 2000 m Meereshöhe bis auf 700 m Höhe abwärts fährt, wenn er dabei eine Strecke von 26 km zurücklegt und im Leerlauf (ohne Bremsen) eine Reibungszahl von 0,02 wirksam ist? (Normalkraft $\approx mg$)

191 Wie weit rollt ein ungebremster Eisenbahnwagen auf ebener Strecke, wenn die Anfangsgeschwindigkeit 55 km/h und die Reibungszahl μ = 1/240 beträgt? Nach welcher Zeit steht der Wagen? (Rotationsenergie der Räder vernachlässigen.)

192 Ein Junge von 30 kg Masse rutscht im Schwimmbad über eine 5 m lange Rutschbahn von 30° Neigung ins Wasser. Die Reibungszahl ist 0,1. Wie groß ist seine Endgeschwindigkeit?

193 Ein Pendelschlaggerät wird um h = 20 cm angehoben und dann losgelassen.   *

a) Mit welcher Geschwindigkeit v trifft das Schlaggewicht (m = 1,5 kg) die an der tiefsten Stelle angebrachte Probe P?

b) Welche mittlere Kraft übt es auf diese aus, wenn es von ihr auf s = 0,5 mm Weg abgestoppt wird? (Gewicht der Pendelstange vernachlässigen; $g \approx 10$ m/s².)

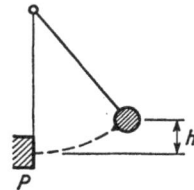

194 Ein Rammklotz von 500 kg Masse wird in 5 s 2 m hoch gehoben und fällt dann frei auf den einzurammenden Pfahl.

a) Wieviel kW muß der Motor bei einem Wirkungsgrad von 80% während des Hebens aufbringen?

b) Wie groß ist die mittlere Widerstandskraft des Pfahles gegen den Rammklotz, wenn der Pfahl durch den Schlag 20 cm tiefer in den Boden eindringt? (Wie tief fällt der Klotz insgesamt?) Energieverluste durch Verformung von Pfahl und Rammklotz sollen vernachlässigt werden.

195 Aus welchen Anteilen setzt sich die kinetische Energie einer rollenden Masse zusammen?

196 a) Wie lange braucht eine Stahlkugel (Radius r), um ein 1 m langes, 15° geneigtes Brett herunterzurollen?
b) Wie lange braucht dazu ein Vollzylinder?
Hängt das Ergebnis von Radius und Dichte ab?   *

197 Man erhält die Formeln für die Drehbewegung, wenn man in den Formeln für die fortschreitende Bewegung die Größen Masse, Kraft, Beschleunigung, Geschwindigkeit durch andere ersetzt. Durch welche?

198 Arbeit und Drehmoment haben dieselbe Dimension (Nm). Was ist der grundlegende physikalische Unterschied zwischen beiden Größen?

199 Erklären Sie, wie ein Eisläufer bei der Pirouette auf hohe Drehgeschwindigkeit kommt!

200 a) Welche Winkelgeschwindigkeit ω und wieviel Umdrehungen je Sekunde erreicht ein anfangs stillstehendes Rad von 20 cm Durchmesser mit dem Trägheitsmoment $J = 0,1$ kg $\cdot$ m², wenn von seiner Welle eine 3 m lange Schnur mit einer konstanten Kraft $F = 14,7$ N abgezogen wird?
b) Welche konstante Bremskraft muß am Radumfang angreifen, damit es dann wieder in 7,75 s stillsteht?

201 Ein Motor, der eine Leistung $P = 3$ kW abgibt, bringt ein reibungsfrei laufendes Rad in $t = 15$ s auf eine Winkelgeschwindigkeit $\omega = 30$ s⁻¹.
a) Wie groß ist das Trägheitsmoment J des Rades?
b) Wieviel Umdrehungen macht es im Freilauf, bis es von $\omega = 30$ s⁻¹ zur Ruhe kommt, wenn an der Welle von 3 cm Radius eine Reibungskraft $R = 50$ N angreift?

202 Ein Karussell hat ein Trägheitsmoment $J = 5 \cdot 10^3$ kg m². Es dreht sich in $T = 6,28$ s einmal um seine Achse.
a) Wie groß ist die Zentrifugalkraft, die auf eine Masse von 40 kg im Abstand 3 m von der Achse wirkt?
b) Wie lange braucht ein Elektromotor von 0,5 kW, um das Karussell auf die angegebene Geschwindigkeit zu bringen?

c) Wie lange braucht man, um das Karussell mit einer Reibungskraft $F_R = 2500$ N, die an einer Bremstrommel von 20 cm Radius angreift, wieder zum Stillstand zu bringen?

203 Ein Motor mit $P = 2$ kW Leistung bringt ein Rad in $t = 15$ s auf $f = 4,78$ Umdrehungen je Sekunde. Wie groß ist das Trägheitsmoment J des Rades, wenn 20% der Leistung durch Reibung verloren gehen?

204 Eine massive Kugel von 6 kg mit 5 cm Radius rollt eine schiefe Ebene herab.   **∗**

    a) Welche kinetische Energie hat sie an einem Ort, der 2 m unter dem Anfangspunkt liegt? ($v_0 = 0$)

    b) Wie teilt sich diese Energie auf die fortschreitende und auf die Drehbewegung auf?

205 Eine Masse m hat eine solche Geschwindigkeit, daß sie ohne Reibung auf einer geneigten Fläche 1 m in die Höhe rutschen könnte. Bis zu welcher Höhe rollt eine eiserne Kugel der gleichen Masse und Anfangsgeschwindigkeit auf dieser Fläche, wenn Reibungsverluste vernachlässigbar sind?

206 Ein Körper gleitet vom Rand (1) aus in eine waagrecht stehende Wanne mit halbkreisförmigem Querschnitt (Radius $r = 0,4$ m). Seine Auflagefläche ist klein und schmiegt sich der Wanne an. Die Anfangsgeschwindigkeit sei null; es wirkt ein Reibungskoeffizient $\mu = 0,15$.

    a) Mit welcher Geschwindigkeit kommt der Körper am tiefsten Punkt (2) an?
    Hinweis: Polarkoordinaten!

    b) Welche Geschwindigkeit ergäbe sich, wenn die Gleitbahn von (1) nach (2) eine schiefe Ebene wäre?   **∗∗**

207 Feder-,,Konstanten" k sind praktisch über größere Deformationen nicht mehr konstant: $k = k(x)$. Für einen Puffer gelte $k(x) = k_1 + k_2 x^2$. Wie weit (x_E) wird er zusammengedrückt, wenn ein Körper mit der kinetischen Energie E in x-Richtung unelastisch auf ihn prallt?
$k_1 = 10^3$ Nm^{-1}; $k_2 = 10^7$ Nm^{-3};
$E = 0,3$ Nm.   **∗∗**

2.15 Kraftstoß und Bewegungsgröße; Impulssatz

2.151 Bahnimpuls

208 a) Wie lautet der Satz von der Erhaltung des Impulses in Worten?
    b) Was bedeutet der Begriff ,,abgeschlossenes System"?

209 a) Ist der Impuls ein Skalar oder ein Vektor?

b) Wie groß ist der Gesamtimpuls zweier gleich schwerer Autos, die mit gleicher Geschwindigkeit genau aufeinander zufahren?

210 Zeigen Sie, daß $\dfrac{p^2}{2\,m}$ die kinetische Energie einer Masse m mit dem Impuls p ist!

211 a) Welchen Impuls hat ein Stein von 1 kg Masse, der aus einer Höhe $h = 20{,}4$ m herabfällt, im Augenblick vor der Berührung mit der Erde? Welchen Kraftstoß erteilt er der Erde,

b) wenn diese weich ist und er sofort liegen bleibt,

c) wenn die Erde hart ist und er wieder 3,8 m hoch zurückspringt?

212 Ein Mann mit 70 kg Masse springt mit einer Geschwindigkeit von 5 m/s auf einen ruhenden Kahn von 100 kg. Mit welcher Geschwindigkeit bewegt er sich mit dem Kahn weiter, wenn die Reibung vernachlässigt werden kann?

213 Ein Auto fährt mit 72 km/h gegen einen starren Pfeiler und kommt nach 0,1 s zum Stehen.   *

a) Welche mittlere Kraft wirkt, wenn seine Masse 700 kg ist?

b) Wieviel wird es bei Annahme gleichförmiger Verzögerung zusammengedrückt?

214 In einem Vorlesungsversuch werden zwei Wagen m_1 und m_2 mit einem Faden so zusammengebunden, daß zwischen ihnen eine Feder zusammengedrückt wird (Skizze). Nun brennt man den Faden F ab und die Wagen rollen in entgegengesetzten Richtungen davon.

a) Wie groß ist der Gesamtimpuls dieses Systems nach dem Abbrennen des Fadens?

b) Wie verhält sich die Geschwindigkeit v_1 von m_1 zur Geschwindigkeit v_2 von m_2? (Ohne Reibung.)

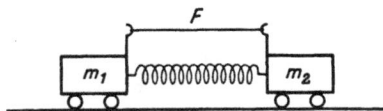

215 Auf einen stehenden Zug aus 5 zusammengehängten Wagen mit je 20 t fährt ein gleich schwerer Wagen mit einer Geschwindigkeit von 7,2 km/h auf, so daß die automatische Kupplung einrastet. Es ist vergessen worden, den Zug zu bremsen. Mit welcher Geschwindigkeit rollt er weg?

216 Ein Auto der Masse 800 kg fährt mit 10 m/s von hinten auf ein anderes mit 600 kg Masse, das eine Geschwindigkeit von 8 m/s hat. Die Wagen verhängen sich mit der Stoßstange. Mit welcher gemeinsamen Geschwindigkeit fahren sie weiter, bevor die Bremsen wirken?

217 Ein unelastischer Stoß bedeutet einen Verlust an kinetischer Energie.
a) Wo kommt diese Energie im allgemeinen hin?
b) Berechnen Sie als Beispiel den Energieverlust für folgenden Fall:
Ein Geschoß (Masse m_1, Geschwindigkeit v_1) trifft auf eine ruhende,
aber reibungsfrei bewegliche Masse m_2 und bleibt in ihr stecken.
Wie groß ist die kinetische Energie des Systems vor und nach dem
Stoß? (Ergebnis auszudrücken durch v_1, m_1 und m_2.) *

218 Auf eine Waagschale fallen innerhalb von 10 s 20 Stahlkugeln aus 1,8 m
Höhe und springen sofort nach elastischem Stoß wieder herunter.
a) Welche mittlere Kraft zeigt die Waage, wenn jede Kugel eine Masse
von 1 g hat?
b) Wie groß ist diese Kraft, wenn der Aufprall nicht elastisch ist, sondern
$\frac{5}{9}$ der kinetischen Energie verloren gehen? ($g \approx 10 \text{ m/s}^2$.)

219 Ein Tennisball ($m = 60$ g) erfährt beim Aufschlag 0,04 s lang eine
(mittlere) Kraft von 20 N.
a) Wie schnell fliegt er weg?
b) Mit welcher Geschwindigkeit kommt er zurück, wenn er den Schläger
des Gegners 0,05 s lang berührt und dabei eine mittlere Kraft von
40 N ausübt?

220 Ein Golfball habe 45 g Masse. *
a) Welchen Kraftstoß muß man ihm erteilen, damit er 160 m weit
fliegt und eine größte Höhe von 30 m erreicht (Luftwiderstand
vernachlässigen)?
b) Welche mittlere Kraft wirkt zwischen Schläger und Ball, wenn die
Berührung $^1/_{500}$ s dauert?

221 Ein Junge wirft einen Tennisball mit einer Geschwindigkeit von 15 m/s
(vom Jungen aus gesehen) senkrecht auf die Rückwand eines Lastwagens, der mit 18 km/h fährt.
a) Mit welcher Geschwindigkeit prallt der Ball zurück?
b) Wieviel Prozent seiner Energie verliert der Ball beim Stoß?
c) Wo kommt diese Energie hin? (Masse des Lastwagens im Vergleich
zum Ball: $m \approx \infty$.)

222 Ein Auto von 2 t Masse soll mit konstanter Geschwindigkeit $v = 5$ m/s
eine Richtungsänderung um 120° vornehmen. Wie groß ist die Impulsänderung? (Betrag und Richtung des resultierenden Kraftstoßes?)
Skizze!

223 Ein Flugzeug fliegt zunächst waagrecht mit 150 m/s und geht dann in
einen Sturzflug über, der 53° gegen die Waagrechte geneigt ist. Dabei
erreicht es eine Geschwindigkeit von 250 m/s. Wie groß und wie gerichtet

ist die Änderung seines Impulses, wenn seine Masse 8 t beträgt?
Graphisch und rechnerisch lösen!

224 Bei konstanter Kraft gilt: $F \cdot t = m \, v_t - m \, v_0$; daraus folgt
$$\frac{m \, v_t - m \, v_0}{t} = F.$$

a) Fassen Sie den Inhalt dieser beiden Formeln in Worte!

b) Wie groß ist die Impulsänderung je Sekunde bei einem geworfenen Stein der Masse m, und welche Richtung hat sie?

225 Warum fällt man leicht ins Wasser, wenn man aus einem nicht angebundenen Kahn ans Ufer springen will?

226 Was verursacht beim Abschuß eine größere Rückstoßkraft: ein Geschoß oder eine gleich schwere Rakete, die gleich weit fliegt? Erklärung?

227 Ein Geschoß von 10 g verläßt den 0,5 m langen Lauf einer Büchse mit der Geschwindigkeit $v = 800$ m/s. Welchen Kraftstoß erleidet der Schütze unter der Annahme konstanter Beschleunigung ($=$ konstanten Druckes der Pulvergase, solange das Geschoß im Lauf ist)? Welcher Kraft entspräche dies, wenn er das Gewehr ganz starr hielte?

228 Welcher Rückstoßkraft muß ein Feuerwehrmann standhalten, wenn er ein Rohr hält, aus dem je Sekunde 8 l Wasser mit einer Geschwindigkeit von 20 m/s strömen?

229 a) Wieviel Masse (Verbrennungsgase) muß eine Rakete von 10^5 kg je Sekunde mindestens ausstoßen, um senkrecht von der Erde starten zu können, wenn die Ausströmungsgeschwindigkeit relativ zur Rakete 3 km/s beträgt?

b) Wieviel muß es sein, wenn sie mit einer Beschleunigung von 5 m/s² steigen soll? ($g \approx 10$ m/s².)

230 Welche „Erhaltungssätze" braucht man, um a) einen zentralen, b) einen nicht zentralen Stoß zweier Massen zu beschreiben?

231 Ein Zug aus gleich schweren Wagen, die nicht aneinander gekoppelt und nicht gebremst sind, steht auf einem Rangiergeleise. Man beobachtet folgendes: Ein auf den Zug auflaufender Wagen kommt ganz zur Ruhe; am anderen Ende des Zuges aber wird ein Wagen mit gleicher Geschwindigkeit abgestoßen. Wenn mehrere Wagen zusammen auflaufen, werden am anderen Ende des Zuges wieder gleichviel Wagen abgestoßen. Wie kann man dies erklären? (Reibung vernachlässigen!) In der Vorlesung wird diese Erscheinung mit aufgehängten elastischen Kugeln vorgeführt.
(Anleitung: Man benütze Impuls- und Energiesatz!)

232 Auf einem Tisch liegt reibungsfrei ein Holzklotz von 1 kg. Jemand schießt mit Kleinkaliber waagrecht in ihn, so daß die Kugel stecken bleibt. Sie hat eine Masse von 1 g und vor dem Stoß eine Geschwindigkeit von 500 m/s.
a) Mit welcher Geschwindigkeit beginnt der Klotz zu rutschen?
b) Wieviel kinetische Energie geht bei dem Stoß verloren, und wo kommt sie hin?
c) Wie weit rutscht der Klotz, wenn der Reibungskoeffizient 0,2 beträgt?

233 An einem langen Faden hängt eine Masse von 1 kg. Jemand schlägt mit einem Hammer kurz seitlich dagegen. Das Gewicht beginnt zu pendeln und erreicht einen solchen Ausschlag, daß es dabei 18 mm hoch gehoben wird. Welchen Kraftstoß übertrug der Hammerschlag? („Stoßpendel".)   *

234 (Ballistisches Pendel.) Eine Kiste mit Sand, Gesamtmasse 10 kg, wird mit 4 langen Fäden als Pendel aufgehängt. Man schießt mit einer Gewehrkugel von 10 g in die Kiste, so daß das Geschoß stecken bleibt. Die Kiste schwingt aus und hebt sich dabei um 4 cm.
a) Welche Geschwindigkeit hatte das Geschoß?
b) Welcher Bruchteil seiner kinetischen Energie wird beim Einschlag in Wärme verwandelt?

235 Welchen Impuls (Größe und Richtung) überträgt eine Kugel der Masse m auf eine ideal glatte Wand, wenn sie mit der Geschwindigkeit v unter 45° auftrifft und elastisch reflektiert wird? (Skizze!)

236 Eine Kugel ($m = 0,4$ kg) trifft mit der Geschwindigkeit $v_1 = 2$ m/s unter dem Winkel $\alpha_1 = 30°$ (Skizze) auf eine Wand und läuft unter dem ∢ $\alpha_2 = 60°$ weiter. Parallel zur Wand soll kein Impuls übertragen werden.   *

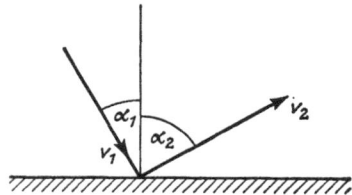

a) Wie groß ist die Änderung der senkrecht zur Wand stehenden Impulskomponente?
b) Wie groß ist v_2?
c) Wieviel kinetische Energie (in %) geht verloren?

237 Eine Masse m_1 bewegt sich reibungsfrei mit der Geschwindigkeit v_1 auf eine ruhende Masse m_2 zu (z.B. beim Eisstockschießen) und trifft diese mit elastischem und zentralem Stoß, d.h. ohne Drehbewegung zu übertragen.

a) Drücken Sie die Geschwindigkeit v_2' von m_2 nach dem Stoß durch m_1, v_1 und m_2 aus!

b) Wie groß wird v_2', wenn $m_1 = m_2$ ist?

c) Wie groß ist in diesem Fall v_1' (nach dem Stoß)?

238 Eine Kugel mit der Masse 4 kg und der Geschwindigkeit 6 m/s holt eine andere Kugel mit der Masse 10 kg ein und stößt mit dieser elastisch und zentral zusammen; die leichtere Kugel kommt bei diesem Zusammenstoß zur Ruhe.   *****

a) Wie groß war die Geschwindigkeit der schwereren Kugel vor dem Stoß?

b) Wie groß ist die Geschwindigkeit der schwereren Kugel nach dem Stoß?

239 Eine bewegte Masse m_1 stößt elastisch und zentral auf eine ruhende Masse m_2.   *****

a) Bei welchem Verhältnis $m_1 : m_2$ wird am meisten kinetische Energie auf m_2 übertragen?

b) Bei welchem Verhältnis am wenigsten?

c) Sind demnach leichte oder schwere Atomkerne besser geeignet, um schnelle Neutronen, die auf sie stoßen, abzubremsen?

240 Eine Masse m_1 (Molekül) trifft mit der Geschwindigkeit $v_1 = 300$ m/s (in x-Richtung) etwas ex-
zentrisch auf eine ruhende
Masse m_2. Nach dem
Stoß fliegt m_2 um den
$\sphericalangle\, \vartheta_2 = 30°$ gegen die
x-Achse weg, m_1 unter ϑ_1.
Berechnen Sie ϑ_1, v_1', v_2' für

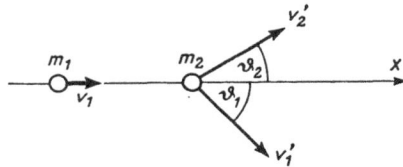

den Fall $m_1 = m_2$ unter Anwendung von Energie- und Impulssatz! m_2 soll keine Rotationsenergie aufnehmen.   *****

(Anleitung: Impuls in Komponenten nach x und y zerlegen und für jede Komponente den Impulssatz ansetzen.)

241 Eine Billardkugel (1) bewegt sich in x-Richtung und stößt so auf eine gleich schwere ruhende Kugel (2), daß im Augenblick des Zusammen-stoßes die Verbindungslinie L der beiden Kugelmittelpunkte (von 1 nach 2) einen Winkel $\alpha < 90°$ zur x-Richtung bildet.

Stellen Sie den Impuls von Kugel 1 zeichnerisch durch einen ca. 5 cm langen Vektor dar und zerlegen Sie diesen für den Augenblick des Stoßes in zwei Komponenten. α kann beliebig zwischen 0 und 90° (am besten zwischen 30° und 60°) gewählt werden. Beim Stoß werde nur Impuls in Richtung von L übertragen, und zwar wie beim zentralen Stoß entsprechend den beteiligten Massen; die x-Komponente bleibt ungeändert.

a) Konstruieren Sie die Impulsvektoren für (1) und (2) nach dem Stoß!

b) Unter welchem Winkel laufen die Kugeln auseinander?

c) Hängt dieser Winkel von α ab?

242 Eine in fester Richtung wirkende Kraft hat den zeitlichen Verlauf
$F(t) = a\,t^2\,e^{-bt}$, mit $a = 3\ \text{kg ms}^{-4}$, $b = 2\ \text{s}^{-1}$.

a) Wie groß ist der maximale Wert von F und wann wird er erreicht?

b) Skizzieren Sie das Kraft-Zeit-Diagramm mit Hilfe folgender Werte:
Tangente bei $t = 0$; F_{max}; $F(2\ \text{s})$; $F(3\ \text{s})$!

c) $F(t)$ wirkt in der Zeit von $t_0 = 0$ bis $t_1 = 10\ \text{s}$ auf eine zu Beginn
ruhende Masse von 0,25 kg. Welche Geschwindigkeit hat diese Masse
zur Zeit t_1? (Keine Reibung.)

Hinweis: Entsteht ein wesentlicher Fehler, wenn man $t_1 = \infty$ setzt? **

2.152 Drehimpuls

243 a) Wie groß sind Drehimpuls und Rotationsenergie der Erde bei Annahme einer homogenen Dichteverteilung?
(Der Fehler infolge dieser Annahme ist zufällig nur etwa 10%; J (Kugel) $= \dfrac{2}{5}\,mr^2$.)

b) Würde sich ihre Winkelgeschwindigkeit meßbar ändern, wenn die
ganze Menschheit plötzlich in Richtung Osten liefe? (Machen Sie
plausible Annahmen!).

244 Wie kann man kleine Schwankungen der Winkelgeschwindigkeit der
Erde, die man mit Quarzuhren festgestellt hat, deuten?

245 Ein Rad der Masse m wird von einem Drehmoment M in der Zeit t aus
der Ruhe auf die Winkelgeschwindigkeit ω gebracht. Wenn man das
gleiche Rad mit einer gewichtslosen Stange an einer außerhalb liegenden
Achse, die parallel seiner eigenen ist, so befestigt, daß es sich nicht mehr
um seine Schwerpunktachse drehen kann, so erzielt das gleiche Drehmoment dieselbe Winkelgeschwindigkeit um die neue Achse in der
doppelten Zeit. Wie groß ist der Abstand a der Schwerpunktsachse von
der Drehachse, ausgedrückt durch M, t, ω und m? (Skizze!)

246 Schatzen Sie Drehimpuls L und Energie E eines Wirbelsturmes ab unter
Annahme einer zylindrischen Luftmasse, Dichte 1,3 kg/m³, Durchmesser
200 km, Höhe 2000 m, die mit einer Umfangsgeschwindigkeit 200 km/h
rotiert? (Uranbombe: $E \approx 10^{15}$ Ws; Kernkraftwerk ≈ 1 GW)

247 Auf einer waagrechten runden Scheibe, die sich reibungsfrei um ihre
senkrechte Mittelachse drehen kann, ist konzentrisch ein kreisförmiges
Geleise einer elektrischen Spielzeugeisenbahn befestigt. Das Geleise hat
den Radius $r = 0,4$ m. Auf ihm steht eine Lokomotive von 0,15 kg Masse,
die man für das Folgende als punktförmig betrachten kann. Nach dem
Einschalten des Stromes bewegt sich die Lokomotive mit einer Geschwin-

digkeit von 0,1 m/s relativ zum Tisch, auf dem die Scheibe steht. Dabei beginnt die Scheibe zu rotieren.

a) Warum und in welcher Richtung rotiert die Scheibe?

b) Das Trägheitsmoment der Scheibe samt Geleise ist $J = 0,03 \text{ kg m}^2$. Mit welcher Winkelgeschwindigkeit rotiert die Scheibe?

c) Mit welcher Geschwindigkeit bewegt sich die Lokomotive relativ zum Geleise?

d) Was beobachtet man nach Ausschalten des Stromes?

248 Auf der Nordhalbkugel der Erde weichen Winde, Geschosse, überhaupt alle Massen, die sich in Nord-Süd-Richtung oder umgekehrt bewegen, nach rechts von dieser Richtung ab, auf der Südhalbkugel nach links. Erklären Sie dies auf Grund des Impulssatzes, indem Sie das System Erde — bewegte Masse von außerhalb betrachten! (Man nennt die scheinbare Ursache dieser Abweichung die Coriolis-Kraft.)

249 Im Aufzugsschacht eines New Yorker Wolkenkratzers (geograph. Breite = 42°) fällt eine Stahlkugel 400 m ($= \text{h}_o$) tief. Trifft sie genau dort auf, wo ein Lot vom Ausgangspunkt aus hinzeigt, oder wo sonst?

2.16 Gravitation

250 a) Welche Erscheinung bezeichnet man als „Gravitation"?

b) Wie lautet die Formel für die Anziehung zweier Massen m_1 und m_2 im Abstand r?

251 Ein Mann wiegt auf der Erde 736 N. Wie groß ist seine Masse

a) auf der Erde,

b) auf dem Mond?

c) Wieviel N wiegt er auf dem Mond? (Gemessen mit Federwaage.)

252 a) Beschreiben Sie eine Anordnung zur Bestimmung der Gravitationskonstanten G^* (mit Skizze)!

b) Wie kann man bei Kenntnis von G^* die Masse der Erde ermitteln, wenn man ihren Radius R und die Größe der Fallbeschleunigung g kennt?

253 Ein leichter Stab (Masse vernachlässigbar) trägt an seinen Enden 2 Bleikugeln (m_1, m_2) von je 1 kg, deren Mittelpunkte 40 cm voneinander entfernt sind. Der Stab ist in der Mitte an einem dünnen Draht mit der Winkelrichtgröße $D^* = 10^{-5}$ Nm aufgehängt. Diesen Massen stehen zwei Bleikugeln (M_1, M_2) von

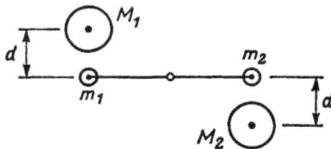

je 10 kg Masse so gegenüber, daß der Abstand d der Schwerpunkte je 9 cm beträgt (s. Skizze).

a) Welches Drehmoment erzeugt die Gravitation, wenn man die Anziehung zwischen m_1 und M_2 bzw. m_2 und M_1 vernachlässigen darf?

b) Um welchen Winkel wird der Aufhängedraht verdrillt?

c) Wieviel mm wandert ein Lichtzeiger, der über einen mit dem Stab verbundenen Spiegel auf eine 3 m entfernte Skala trifft?

254 Gilt die Größe der Gravitationskonstante,

$G^* = 6,67 \cdot 10^{-11} \dfrac{\text{m}^3}{\text{kg s}^2}$, überall in der Welt oder nur auf der Erde? (Woher weiß man das?)

255 a) Wie groß ist die von der Erde herrührende Anziehungskraft auf 1 kg Masse auf dem Mond,

b) wie groß die vom Mond auf 1 kg auf der Erde ausgeübte?

256 a) Welche Masse hat die Sonne, wenn die Erdbahn einen mittleren Radius von $1,5 \cdot 10^{11}$ m hat und die Masse der Erde
$m_E = 6 \cdot 10^{24}$ kg beträgt?

b) In welchem Verhältnis teilt derjenige Punkt den Abstand Erde – Sonne, an dem sich deren Anziehungskräfte aufheben?

257 Wie kann man in Erdnähe in einem abgeschlossenen Raum wenigstens für kurze Zeit den Zustand der „Schwerelosigkeit" herstellen und dabei Untersuchungen machen?

258 Ein Gravimeter (Gerät zur Bestimmung der Fallbeschleunigung g) gestattet, relative Änderungen $\dfrac{\varDelta g}{g} = 10^{-6}$ nachzuweisen. Spricht es an, wenn man es in ein 10 m höher gelegenes Stockwerk bringt? *

259 Gravitationsmessungen (Bestimmung von g) sind ein wichtiges Hilfsmittel beim Aufsuchen von Erz- oder Salzlagerstätten. Worauf beruht dies? (Mit Salzlagern sind gewöhnlich Erdöllager verbunden.)

260 Was sind die Ursachen für die Gezeiten des Meeres?

261 a) In welcher Höhe h_0 hat ein Nachrichtensatellit die Winkelgeschwindigkeit der Erdrotation?

b) Bleibt ein Satellit, der in der Höhe h_0 über der Bundesrepublik (mittlere geographische Breite 50° nord) ausgesetzt wurde, von der Erde aus gesehen dort „stehen"?

c) Wenn nicht: welche Bewegung führt er aus?

262 Die Massen von Erde, Mond und Sonne sind: $m_E = 5{,}98 \cdot 10^{24}$ kg; $m_M = 7{,}37 \cdot 10^{22}$ kg; $m_S = 1{,}97 \cdot 10^{30}$ kg; die Entfernung Erde–Mond $3{,}8 \cdot 10^8$ m, Erde–Sonne (Mittel) $1{,}5 \cdot 10^{11}$ m. Welche resultierende Gravitationskraft wirkt auf den Mond, wenn er sich in den Stellungen
a) Neumond,
b) Halbmond und
c) Vollmond befindet? Skizze!

263 Wenn die Erde auf ihrer Bahn um die Sonne plötzlich still stünde, wie lange würde es höchstens dauern, bis sie in die Sonne gestürzt wäre? (Rechnen Sie mit der geringsten auftretenden Beschleunigung.)

264 a) Wie groß ist die Fallbeschleunigung in 0, 1000, 2000, 3000, 4000 km Höhe über der Erdoberfläche?
b) Zeichnen Sie ein Diagramm, Abszisse = Höhe, Ordinate = Fallbeschleunigung!
c) Was bedeutet die Fläche unter dieser Kurve zwischen den Abszissenpunkten 0 und 2000 km, wenn die Fallbeschleunigung auf eine Masse $m = 1$ kg wirkt?
d) Zeichnen Sie in dieses Diagramm auch die potentielle Energie einer Masse $m = 1$ kg in 0, 1000, 2000, 3000, 4000 km Höhe über der Erdoberfläche. Abszisse = Höhe, Ordinate = potentielle Energie!

265 Der Mond rotiert nicht um den Erdmittelpunkt, sondern Erde und Mond rotieren in 28 Tagen einmal um ihren gemeinsamen Schwerpunkt. Der Schwerpunkt S von Erde und Mond bewegt sich mit 30 km/s auf einer Bahn um die Sonne.
a) In welcher Entfernung vom Erdmittelpunkt liegt S, wenn der Mond $1/_{81}$ der Masse der Erde hat und die Entfernung Erde–Mond 380 000 km beträgt?
b) Um wieviel schwankt durch den Einfluß des Mondes die Geschwindigkeit der Erde auf ihrer Bahn um die Sonne?

266 Ein Flugzeug ($m = 10^4$ kg) fliegt über dem Äquator mit $v = 1080$ km/h (relativ zur Erdoberfläche) zuerst (a) nach Westen, dann (b) wieder nach Osten. Wie groß ist jeweils die darauf wirkende Zentrifugalkraft? (Bezugssystem?)

267 a) Welche Mindestgeschwindigkeit muß ein Erdsatellit haben, wenn er in geringer Höhe die Erde umkreisen soll?
b) Wie groß ist dann seine Umlaufzeit?
c) Ist diese Geschwindigkeit relativ zur Erdoberfläche zu messen, d. h.,

hat die Drehung der Erde einen merklichen Einfluß auf die Anziehungskraft?

d) Warum startet man Satelliten meist so, daß sie nach Osten fliegen? *

268 Welche Geschwindigkeit muß ein Satellit haben, der die Erde in 1000 km Abstand umkreist? (Erdradius $r = 6,4 \cdot 10^6$ m.)

269 Empfindet ein Mensch in einem Erdsatelliten die Schwerkraft der Erde? (Erklärung!)

270 $E_{pot} = - G* \dfrac{m_1 \cdot m_2}{r}$ ist die potentielle Energie zweier Massen im gegenseitigen Abstand r, bezogen auf $E_{pot} = 0$ bei unendlichem Abstand. (Man erhält diese Formel durch Integration; praktisch kommen nur Energiedifferenzen vor, so daß der Bezugsort herausfällt.) Wie groß ist die potentielle Energie einer Rakete von 400 kg in 1000 km Abstand von der Erde

a) bezogen auf unendlichen Abstand,

b) bezogen auf die Erdoberfläche?

c) Wieviel Hubarbeit war also zu leisten, um sie auf diese Höhe zu bringen?

d) Wievielmal soviel wäre zu leisten, um sie ganz aus dem Schwerefeld der Erde zu entfernen?

e) Wie verhält sich die potentielle Energie im Falle a) zur kinetischen, wenn die Rakete in 1000 km Höhe umlaufen soll?

f) Ist dieses Verhältnis E_{pot}/E_{kin} von der Höhe (d. h. vom Abstand r vom Erdmittelpunkt) abhängig?

271 Ein Leichtathlet springt auf der Erde 2 m hoch. Dazu muß er seinen ·Schwerpunkt um 1 m anheben. Wie hoch könnte er unter sonst gleichen Umständen auf dem Mond springen?

272 Eine kugelförmige „Raumstation" habe 10 m Radius und die Masse $m_1 = 10^6$ kg. Wie weit würde sich ein auf ihr stehender Mensch der Masse $m_2 = 100$ kg (mit „Raumanzug") von ihr entfernen, wenn er einen unbedachten Schritt auf eine 10 cm hohe Stufe mit der gleichen Energie machte, wie sie auf der Erde nötig ist? Nehmen Sie den Schwerpunkt (mit Bleischuhen) in 0,5 m Höhe an und benützen Sie die in Aufg. 270 gegebene Formel für die potentielle Energie!

273 a) Wenn der Raumfahrer in Aufgabe 272 sich 1 m vom Raumschiff entfernt hätte, wie lange müßte er warten, bis er durch die Gravitation wieder zu diesem zurückgefallen wäre?
Nehmen Sie eine konstante mittlere Fallbeschleunigung an!

b) Welcher anderen Kräfte könnte er sich bedienen, um sich zu bewegen?

274 Wie groß ist (bei Vernachlässigung der übrigen Himmelskörper) die potentielle Energie des Mondes im Schwerefeld der Erde, bezogen auf
a) unendlichen Abstand,
b) die Erdoberfläche?
c) Wie groß ist seine kinetische Energie (Umlaufzeit = 28 Tage)?
d) Wie groß ist also die gesamte Energie, wenn wie in a) E_{pot} auf unendlichen Abstand bezogen wird?

275 a) Wie groß ist die resultierende Gravitationskraft, die Erde und Sonne auf eine Masse 1 kg ausüben, die sich im Abstand r von der Erde auf der Verbindungsgeraden Erde–Sonne befindet?
(Abstand Erde–Sonne: $R = 1,5 \cdot 10^{11}$ m.)
b) Welche Energie und welche Anfangsgeschwindigkeit sind notwendig, damit eine von der Erde (ohne Reibung) abgeschossene Masse von 1 kg auf dieser Geraden bis in den Anziehungsbereich der Sonne kommt? Benützen Sie die Formel aus Aufg. 270 für die potentielle Energie, und berücksichtigen Sie, daß hier im Schwerefeld der Sonne Energie gewonnen, in dem der Erde Energie verbraucht wird!
(Erdrotation vernachlässigen.)

276 a) Nennen Sie einen wesentlichen Unterschied zwischen Rakete und Geschoß!
b) Welche Startgeschwindigkeit bräuchte ein Geschoß, damit es das Schwerefeld der Erde verlassen kann? (Berechnen Sie erst nach Aufg. 270 seine potentielle Energie auf der Erdoberfläche!) Ist ein entsprechendes Geschütz technisch realisierbar? ⁎

2.17 Mechanische Schwingungen; Resonanz

277 a) Was ist das Gemeinsame aller Schwingungen (auch der nicht mechanischen)?
b) Welche Schwingungen nennt man ,,harmonisch''?

278 a) Was ist die physikalische Ursache einer harmonischen Schwingung?
b) Was zeichnet sie bezüglich ihrer mathematischen Beschreibung vor anderen periodischen Bewegungen aus?

279 a) Hängt die Schwingungsdauer einer harmonischen Bewegung von der Amplitude ab?
b) Besteht eine solche Abhängigkeit bei nicht harmonischen Schwingungen?

280 a) Welcher Zusammenhang besteht zwischen Kreisbewegung und harmonischer Schwingung?
b) Beschreiben Sie ein einfaches Experiment, das diesen Zusammenhang zeigt!

281 a) Tragen Sie in ein Diagramm den zeitlichen Verlauf von Amplitude, Geschwindigkeit und Beschleunigung bei einer harmonischen Schwingung ein!

b) Beschreiben Sie die 3 Kurven mit Formeln!

c) Erläutern Sie daran den Begriff „Phasenverschiebung"!

282 An welchen Punkten ihrer Bahn erreicht eine harmonisch schwingende Masse

a) die größte Geschwindigkeit v_{max},

b) die größte Beschleunigung a_{max}?

Es sei $v_{max} = 0,5$ m/s; $a_{max} = 3$ m/s².

c) Wie groß sind dann die Frequenz f und

d) die Amplitude A der Bewegung?

283 Eine Masse m hängt an einer Feder und schwingt harmonisch. Welche Masse muß man noch dazuhängen, um die Schwingungsdauer zu verdreifachen?

284 Wie lange braucht ein Sekundenpendel ($T = 2s$) um von der Auslenkung $-\dfrac{A}{2}$ zur Zeit t_1 nach $+\dfrac{A}{2}$ (t_2) zu schwingen? ($A = $ Amplitude; direkter Weg.)

285 Ein Auto von 750 kg Masse schwingt leer mit einer Frequenz von 1 Hz auf den Achsfedern. Welche Schwingungsdauer hat es, wenn es mit 4 Personen mit zusammen 300 kg besetzt ist? (Die Federn seien gleichmäßig belastet.)

286 Wie groß kann man die Schwingungsdauer eines (mathematischen) Pendels machen, wenn man es in einem Aufzugsschacht des Empire State Buildings (400 m Höhe) aufhängt?

287 a) Wie groß ist die gesamte Schwingungsdauer eines 2 m langen Fadenpendels, wenn sich 1 m unter dem Aufhängepunkt ein Stift S befindet, an den der Faden anstößt, wenn er von links her die Senkrechte erreicht (s. Skizze)?

b) Wie hoch schwingt die Masse rechts, wenn der linke Umkehrpunkt 10 cm über der Ruhelage liegt?

288 a) Hängt die Schwingungsdauer eines Fadenpendels vom angehängten Gewicht ab?

b) Wie verhalten sich die Schwingungsdauern verschiedener Fadenpendel mit den Längen l_1, l_2, l_3, l_4?

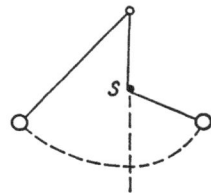

289 Behandeln Sie ein Uhrenpendel als mathematisches Pendel (Gewicht der Pendelstange vernachlässigbar)!

a) Wie groß ist nach der Formel für den relativen Fehler die relative Änderung der Schwingungsdauer T bei einer Temperaturänderung um 20°, wenn die Pendelstange einen Ausdehnungskoeffizienten $\alpha = (1{,}60 \pm 0{,}05) \cdot 10^{-5}$ K^{-1} hat (Messing)?

b) Wieviel geht die Uhr dann in 7 Tagen falsch, wenn sie zuerst richtig ging? (NB! Beim Rechnen nicht mehr Dezimalstellen berücksichtigen als durch die Angabe von α gesichert sind!)

290 a) Was versteht man unter Resonanz?

Nennen Sie je einen praktischen Fall, wo Resonanz

b) erwünscht bzw.

c) schädlich ist!

291 Ein schwingungsfähiges System mit der Eigenfrequenz f_0 wird durch eine periodische Kraft der Frequenz f zu erzwungenen Schwingungen angeregt. Beschreiben Sie (mit Worten) seine Bewegung (Amplitude, Phase) für die drei Fälle

a) $f >> f_0$,

b) $f << f_0$,

c) $f = f_0$.

292 Wodurch wird auch im Fall von Resonanz ein unbeschränktes Anwachsen der Amplitude verhindert?

293 Die Welle eines Schwungrades ($m = 120$ kg) biegt sich unter dessen Gewicht um $x = 1{,}5$ mm durch. Wie groß sind

a) die Federkonstante D der Welle,

b) die Schwingungsdauer einer Eigenschwingung,

c) die kritische Drehzahl je Minute? (Gewicht der Welle vernachlässigen!)

294 Ein Rütteltisch hat 10 kg. Er ist federnd so gelagert, daß er waagrechte Schwingungen ausführen kann und wird von einem Elektromotor über eine Kurbel angetrieben. Eine horizontale Kraft $F = 100$ N verschiebt ihn um 2 cm.

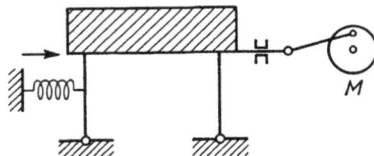

a) Wie groß ist die Federkonstante D der Halterung?

b) Bei welcher Drehzahl je Minute verbraucht der Motor am wenigsten elektrische Energie?

295 Vor Jahren stürzte in den USA eine lange Hängebrücke ein, weil sie von einem böigen Wind zu starken Schwingungen aufgeschaukelt worden war. Wäre dies auch bei einem gleichmäßigen starken Wind geschehen, oder was waren die besonderen Umstände, die zu der Katastrophe führten?

296 Erklären Sie das Prinzip und den Bau eines sog. Zungenfrequenzmessers!

297 a) Was sind Lissajoussche Figuren?
b) Beschreiben Sie eine einfache mechanische Anordnung zur Erzeugung solcher Figuren!

298 Ein Teilchen führt gleichzeitig harmonische Schwingungen in der x- und in der y-Richtung eines rechtwinkligen Koordinatensystems aus. Welche Form hat seine Bahn, wenn die Amplituden in beiden Richtungen gleich sind und die Phasendifferenz zwischen beiden Komponenten 90° beträgt? *

299 Eine Masse führt eine harmonische Bewegung mit 15 cm Amplitude längs einer Geraden in der x-y-Ebene aus. Der eine Umkehrpunkt liegt im Koordinatenursprung, die Schwingungsrichtung schließt mit der x-Achse einen Winkel $\alpha = + 36°50'$ ein. Wie lauten die Gleichungen für die x- und die y-Komponente der Schwingung? (Skizze!)

300 Beschreiben Sie das Verhalten zweier über eine weiche Feder gekoppelter Pendel gleicher Eigenfrequenz, von denen zunächst nur eines zum Schwingen angestoßen wird!

301 Was versteht man unter ,,Fourier-Zerlegung'' einer periodischen Bewegung?

302 Skizzieren Sie das Diagramm einer gedämpften Schwingung und erläutern Sie damit den Begriff ,,Logarithmisches Dekrement''!

303 a) Warum muß man i. allg. die Zeigerbewegung von Meßinstrumenten dämpfen?
b) Was geschieht, wenn die Dämpfung zu klein ist?
c) Was geschieht, wenn die Dämpfung zu groß ist?
d) Wie nennt man den günstigsten Fall, und wodurch ist er gekennzeichnet?
e) Zeichnen Sie in ein Diagramm den zeitlichen Verlauf der Amplitude für die Fälle b)–d)!

304 Ein Rad hat 40 kg. Der Innenrand des Radkranzes hat vom Mittelpunkt einen Abstand von 0,3 m. Wenn man es mit dem Radkranz auf eine Schneide hängt, pendelt es mit einer Schwingungsdauer von 4,5 s. Wie groß ist das Trägheitsmoment bezüglich der Radachse?   *

305 Ein Rad hängt als Torsionspendel an einem Draht. Seine Schwingungsdauer ist 4,5 s. Wenn man auf das Rad eine flache Scheibe von 1 kg mit 10 cm Durchmesser konzentrisch auflegt, ist die Schwingungsdauer dieses Systems 5,4 s.

a) Wie groß ist das Trägheitsmoment des Rades?

b) Wie groß ist die Winkelrichtgröße des Torsionsdrahtes?

c) Der Draht ist 1 m lang und 1,0 mm dick. Wie groß ist der Gleitmodul G des Materials?

306 Das Trägheitsmoment eines zylindrischen Stabes ($d < l$) bezüglich einer Querachse durch den Schwerpunkt ist $J_s = \dfrac{m\,l^2}{12}$; $m =$ Masse.   *

a) Wie groß ist J bezüglich einer Achse (Schneidenlager) am Stabende?

b) Bei einer Länge von 2,000 m schwingt dieses Stabpendel mit einer Schwingungsdauer von 2,32 s. Wie groß ist an diesem Ort die Erdbeschleunigung?

c) Mit dem Stabpendel nach b) soll g auf $2^0/_{00}$ genau bestimmt werden $\left(\dfrac{\varDelta g}{g} = \pm\, 2 \cdot 10^{-3} \right)$. Der Meßfehler von l sei $\dfrac{\varDelta l}{l} = 1^0/_{00}$. Wie groß darf der Fehler $\dfrac{\varDelta T}{T}$ in der Bestimmung der Schwingungsdauer höchstens sein? Wieviel Schwingungen muß man mindestens abzählen, um mit einer Stoppuhr die erforderliche Genauigkeit zu erreichen, wenn man auf ihr 0,1 s noch ablesen kann?

d) Wie lang ist ein mathematisches Pendel gleicher Schwingungsdauer?

307 Ein Stabpendel (zylindrischer Stab, an einem Ende gelagert) soll als Zeitgeber verwendet werden und eine Schwingungsdauer von $T = 2$ s haben. Zu berechnen sind:

a) die reduzierte Pendellänge,

b) die Länge des Stabes,

c) der maximal zulässige Ausdehnungskoeffizient des Stabmaterials, wenn bei Temperaturänderungen von $\pm$ 20° lediglich eine Zeitabweichung von $\pm$ 5 s in 6 Tagen zugelassen wird. (Fehlerrechnung anwenden!)

308 Ein senkrecht stehendes, oben offenes U-Rohr mit konstantem Querschnitt (Manometerrohr) wird bis zu einer Höhe $y = 0$ (Nullmarke) zunächst mit Wasser und für einen zweiten Versuch mit Quecksilber angefüllt. Durch einen kurz dauernden Überdruck in einem der Schenkel werden die Flüssigkeiten zum Schwingen angeregt.

a) Sind die Schwingungen harmonisch?

b) Wenn ja, welche Frequenzen haben sie?

c) Geben Sie den Ort $y(t)$ einer Quecksilberoberfläche als Funktion der Zeit t an, wenn für diese Oberfläche $y\,(t = 0) = y_0$ und $\dot{y}\,(t = 0) = 0$ waren!

Die Reibung ist zu vernachlässigen. ⁕⁕

Zahlenbeispiel: Rohrquerschnitt $A = 1\ \text{cm}^2$; Flüssigkeitsvolumen $V = 15\ \text{cm}^3$; $y_0 = 0,5\ \text{cm}$.

2.18 Elastizität

309 Der Elastizitätsmodul eines Materials sei E.

a) Welche relative Längenänderung $\Delta l/l$ würde eine Zugspannung von E an einem Draht aus diesem Material bewirken, wenn das Hookesche Gesetz bis zu so großer Verformung gültig wäre?

b) Wie kann man demnach den E-Modul definieren?

c) Wie groß ist die „Federkonstante" D eines Drahtes der Länge l, mit dem Querschnitt A und dem Elastizitätsmodul E?

310 Beschreiben Sie einen einfachen Praktikumsversuch zur Messung des Elastizitätsmoduls an einem Draht (mit Formel und Diagramm)!

311 Ein Stahldraht, Länge 2 m, Querschnitt 1 mm², ein Messingdraht (1,5 m; 4 mm²) und ein Kupferdraht (1 m; 3 mm²) sind miteinander zu einem 4,5 m langen Stück verbunden. Wie lang wird dieses Stück unter einem Zug von 600 N?

312 a) Was versteht man unter elastischer Nachwirkung?

b) Skizzieren Sie ein Diagramm für die Dehnung eines Stabes oder Drahtes bei zunehmender und abnehmender Belastung!

313 Ist für die Federkonstante einer Spiralfeder der Elastizitätsmodul E oder der Gleitmodul G bestimmend?

314 Ein waagrechter, einseitig eingespannter runder Stab vom Radius $r = 0,5\ \text{cm}$ mit der Länge $l = 0,6\ \text{m}$ wird am freien Ende mit einer Masse von 0,8 kg belastet. Dabei senkt sich dieses Ende um 5,6 mm.

a) Wie groß ist der Elastizitätsmodul des Materials?

b) Um welchen Stoff handelt es sich demnach?

315 Hat bei gegebenem Material ein massiver runder Balken oder ein Doppel-T-Träger gleichen Metergewichts die größere Biegesteifigkeit?

2.2 Mechanik der Flüssigkeiten und Gase

2.21 Oberflächenspannung

316 Was ist die Oberflächenspannung einer Flüssigkeit, und in welchen Einheiten mißt man sie?

317 Beschreiben Sie kurz eine Methode zur Messung der Oberflächenspannung einer Flüssigkeit!

318 Wie äußert sich die Oberflächenspannung in einem sehr dünnen Wasserstrahl?

319 Warum kann man Wasser in ein Glas mit glattem Rand so hoch einfüllen, daß es „übersteht"?

320 Was bewirken die in modernen Waschmitteln enthaltenen Netzmittel bezüglich der Oberflächenspannung des Wassers?

321 Warum bezeichnet man die Oberflächenspannung auch als „spezifische Oberflächenarbeit"?

322 Die Oberflächenspannung in einer sphärischen Fläche erzeugt einen Druck $p = 2\,\sigma/r$.
Wie hoch steigt Wasser in einer Glaskapillare von 1 mm Durchmesser (vollständige Benetzung)? $\sigma = 0{,}073$ N/m.

323 Wie groß ist infolge der Oberflächenspannung der Überdruck
a) in einer Seifenblase von 6 cm Durchmesser ($\sigma = 3{,}0 \cdot 10^{-2}$ N/m)
b) in einem Quecksilbertröpfchen von 0,2 μ Durchmesser ($\sigma = 0{,}5$ N/mm)?

324 Was geschieht, wenn man eine Seifenblase mit einer kleineren durch ein Röhrchen verbindet? Vgl. 323.

325 Was kann man beobachten, wenn sich ein kleiner und ein großer Quecksilbertropfen berühren? (Hinweis: berechnen Sie die Oberflächenenergie der getrennten Tropfen und eines vereinigten runden Tropfens! Die Gesamtenergie strebt dem geringsten Wert zu.)

326 Ein Drahtbügel wird so aus einer Seifenlösung ($\sigma = 3{,}0 \cdot 10^{-2}$ N/m) gezogen, daß eine Seifenlamelle entsteht. Welche Arbeit ist zur Erzeugung einer rechteckigen Lamelle der Größe 2 x 4 cm² nötig?
(NB! Wie groß ist der Oberflächenzuwachs?)

2.22 Druckausbreitung

327 a) Auf welchen 2 physikalischen Tatsachen beruht die hydraulische Presse?

b) Skizzieren Sie eine solche!

c) Welche Maße für Kolbendurchmesser und Pumphebel würden Sie für eine Presse wählen, die mit $F = 120\,\text{N}$ bedient werden und dabei eine Lokomotive von 50 t heben soll? (Wirkungsgrad $\eta = 1$ angenommen.)

328 Wenn man eine Kugel in eine mit Wasser gefüllte Kiste hineinschießt, zersplittert die Kiste. Welche Eigenschaft des Wassers ist die Ursache dieser Wirkung?

329 Skizzieren und beschreiben Sie kurz je ein Flüssigkeitsmanometer für den Bereich bis

a) $\approx 10^2\,\text{Pa}$

b) $\approx 10^4\,\text{Pa}$

c) $\approx 10^5\,\text{Pa}$

330 Skizzieren und beschreiben Sie kurz zwei Arten technischer Druckmesser für höhere Drucke!

331 Wie funktioniert eine ,,Druckwaage'' mit Differentialkolben (Skizze), wie sie zum Eichen von Hochdruckmanometern verwendet wird?

332 Welche Richtung hat die Kraft, die der Wasserdruck auf eine Fläche eines untergetauchten Körpers ausübt?

333 Ein geschweißter zylindrischer Kessel für chemische Reaktionen hat 20 cm Durchmesser und soll einem Innendruck von 40,1 MPa standhalten. Welche Kraft wirkt dabei auf 1 cm der Schweißnaht, mit der der Deckel angeschweißt ist,

a) wenn dieser eben ist,

b) wenn der Deckel eine Halbkugel ist?
(Dehnung unter Druck nicht berücksichtigen; Außendruck 0,1 MPa.)

334 Wie hoch steht das Wasser im rechten Schenkel des offenen U-Rohrs über dem Quecksilberspiegel im linken Schenkel, wenn die gesamte Wassersäule die Länge $h_1 = 20$ cm hat?

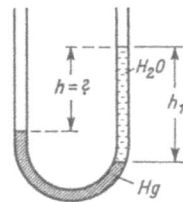

335 Wie groß ist der Druck am Grund eines 250 m tiefen Sees?

336 Welchen Druck braucht die Preßluft, um bei einem U-Boot in 150 m Tiefe das Wasser aus den Tauchtanks zu pressen? (Dichte von Seewasser: 1025 kg/m³.)

337 Bei einem großen Aquarium reicht der obere Rand eines 1,5 m hohen und 2 m breiten Fensters bis auf 0,5 m unter die Wasseroberfläche. Mit welcher Gesamtkraft drückt das Wasser gegen das Fenster? (Rechnen Sie mit dem mittleren Druck auf das Fenster!)

2.23 Auftrieb in Flüssigkeiten und Gasen

338 Unter welchen Bedingungen steigt, schwebt oder sinkt ein Körper in einer Flüssigkeit?

339 Wie groß muß eine 5 cm dicke Eisscholle sein, damit sie einen Jungen von 40 kg gerade noch trägt? ϱ (Eis) = 920 kg/m³.

340 Warum kann man unter Wasser große Steine leichter heben als an Land? (Archimedes soll es beim Baden entdeckt haben.)

341 Warum schwimmt man in (ruhigem) Meerwasser leichter als in Süßwasser?

342 Warum werden Luft oder Dampfblasen in einem tiefen Gefäß mit Wasser beim Aufsteigen größer?

343 a) Wie groß ist die (mittlere) Dichte eines Fisches, der in Süßwasser ($\varrho = 10^3$ kg/m³) schwebt?
b) Womit kann der Fisch seine mittlere Dichte ändern, so daß er sinkt oder steigt?

344 Welchen Gesamtdruck hat die Luft in der Schwimmblase eines Fisches, der in Süßwasser
a) an der Wasseroberfläche,
b) in 60 m Tiefe schwebt?
Atmosphärischer Luftdruck 0,1 MPa.

345 Die Dichte von Eis beträgt nur 90% von der des Meerwassers. Welcher Bruchteil des Volumens eines Eisberges ist demnach unter Wasser verborgen (und deshalb für die Schiffahrt besonders gefährlich)?

346 Welche Bedeutung hat es für die Natur, daß Eis schwimmt?

347 a) Beschreiben Sie Bau und Wirkungsweise eines Aräometers (Senkspindel) zur Messung der Dichte einer Flüssigkeit!
b) Wovon hängt die Meßempfindlichkeit ab?

348 a) Beschreiben Sie Aufbau und Wirkungsweise (mit Formeln) einer
Mohrschen Waage zur Bestimmung der Dichte ϱ von Flüssigkeiten!
b) Auf wieviel Dezimalstellen kann man ϱ damit messen?
c) Nennen Sie eine noch genauere Methode!

349 Ein unregelmäßig geformter Körper (Schmuckstück) wiegt in Luft
0,177 N, an einem dünnen Faden unter Wasser getaucht 0,160 N.
Kann das Schmuckstück aus Gold sein ($\varrho = 19,3 \cdot 10^3$ kg/m³), oder ist
es eher aus dünn vergoldetem Silber ($\varrho = 10,5 \cdot 10^3$ kg/m³)?   *

350 Eine offene Konservenbüchse vom Querschnitt $A = 10^2$ cm² und von
der Masse 0,1 kg schwimmt auf Wasser. Bis auf wieviel cm unter dem
äußeren Wasserspiegel kann man in sie Wasser eingießen, bevor sie
untergeht? (Skizze!)

351 (Prinzip der Schiffshebung) Eine Stahltonne vom Volumen $V = 15$ m³
und $G = 1,2 \cdot 10^4$ N Leergewicht wird mit Wasser gefüllt und versenkt,
an dem zu hebenden Gegenstand befestigt und dann das Wasser mit
Preßluft herausgetrieben. Welche Hebekraft wird entwickelt? Das Gewicht der Luft ist zu vernachlässigen. Dichte des Wassers $\varrho = 10^3$ kg/m³.

352 Ein Floß besteht aus 2 waagrecht liegenden zylindrischen Tonnen mit je
0,8 m Durchmesser und 1 m Länge, über die ein Brett gelegt ist. Die
Tonnen tauchen 0,2 m ins Wasser ein. Bei welcher Last sinkt das Floß
10 cm tiefer?   *

353 Ein   Schwimmer vom   Volumen
$V = 2 \cdot 10^{-3}$ m³ dient zum Regeln
des Standes einer Lauge mit der
Dichte $\varrho_{Fl} = 1,2 \cdot 10^3$ kg/m³, indem
er über einen Hebel mit dem Über-
setzungsverhältnis 4 : 1 ein Zufluß-
rohr von 2 cm² Querschnitt ver-
schließt. Gegen welchen maximalen

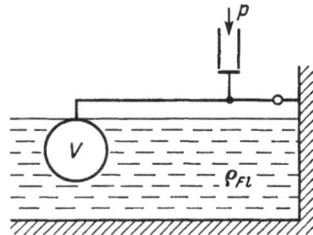

Zuflußdruck p schließt er gerade noch, wenn er ganz untergetaucht
ist? Das Gewicht von Schwimmer und Hebel ist mit 4,5 N zu berücksichtigen. Atmosphärendruck 0,1 MPa.

354 In einem Becken mit Wasser schwimmt ein Kahn. Auf ihm befinden
sich ein Mann und ein großer Stein (Dichte $6 \cdot 10^3$ kg/m³). Sinkt oder
steigt der Wasserspiegel im Becken, wenn der Mann den Stein ins
Wasser wirft (so daß er ganz untertaucht)? Begründung!   *

355 Ein Gefäß enthält Quecksilber und darüber geschichtet Wasser in der Schichtdicke d. Wie tief sinkt ein flacher eiserner Zylinder mit der Höhe $h = 3$ cm in das Hg ein,
a) wenn $d = 5$ cm,
b) wenn $d = 1$ cm ist?
Der Einfluß der Luft ist zu vernachlässigen.

356 Zwei unvermischbare Flüssigkeiten mit den Dichten $\varrho_1 = 0,8 \cdot 10^3 \, \text{kg/m}^3$ und $\varrho_2 = 1,7 \cdot 10^3 \, \text{kg/m}^3$ sind in einem Gefäß übereinander geschichtet. Wie groß ist die Dichte eines Körpers, der ganz untergetaucht ist und von dem ein Viertel seines Volumens in die untere Flüssigkeit eintaucht?

357 Rasierklingen und Nähnadeln schwimmen, wenn man sie vorsichtig auf Wasser legt, obwohl ihre Dichte viel größer als die des Wassers ist. Was ist die Ursache?

358 Führt ein quaderförmiges Stück Holz, das auf Wasser schwimmt, harmonische Schwingungen aus, wenn man es ein wenig tiefer ins Wasser drückt und dann losläßt?
(Begründung der Antwort; Skizze!)

359 Beschreiben Sie eine sog. Gaswaage! (Skizze!)
Was mißt man mit ihr, und wie eicht man sie?

360 Wie groß ist die Tragkraft eines Luftballons der Masse (leer) $m = 10$ kg, der mit 15 m³ Wasserstoff gefüllt ist?
ϱ (Luft) $= 1,29 \, \text{kg/m}^3$; $\quad \varrho$ (H_2) $= 0,09 \, \text{kg/m}^3$.

361 Was stellen Sie sich unter der „Reduktion einer Wägung auf den leeren Raum" vor?

362 Auf der einen Schale einer empfindlichen Balkenwaage (Analysenwaage) befindet sich ein Körper aus Holz. Er wird durch Messinggewichte auf der anderen Waagschale austariert. Was geschieht, wenn in dem Raum um die Waage die Luft weggepumpt wird? Begründung!

363 Schätzen Sie den Fehler ab (in $^o/_{oo}$), den man bei der Bestimmung der Masse eines Körpers der Dichte $10^3 \, \text{kg/m}^3$ mittels Analysenwaage macht, wenn man die Masse gleich derjenigen der Gewichte setzt! Das Material der Gewichte habe eine Dichte von $6 \cdot 10^3 \, \text{kg/m}^3$, die umgebende Luft eine solche von $1,3 \, \text{kg/m}^3$.

2.24 Luftdruck

364 Was ist die Ursache des atmosphärischen Luftdrucks?

365 Skizzieren Sie und beschreiben Sie ein Quecksilberbarometer!

366 Wieviel Pa entsprechen 760 mm Hg-Säule, wenn die Dichte des Quecksilbers $13,6 \cdot 10^3$ kg/m^3 beträgt?

367 Worauf beruht ein einfacher Höhenmesser?

368 a) Wie hoch müßte eine Luftschicht konstanter Dichte $\varrho = 1,29$ kg/m^3 sein, damit an ihrem Grund der Luftdruck $p = 1013$ hPa herrscht, wenn die Abnahme der Erdbeschleunigung mit der Höhe vernachlässigt wird?
b) Wie verhält sich die Dichte der Luft bei zunehmender Höhe in Wirklichkeit?

369 Welchen mittleren Barometerstand hat nach der barometrischen Höhenformel München (540 m über dem Meer)? p (0) = 1013 hPa

370 Wie hoch ist ein Berg, auf dem der mittlere Barometerstand 700 hPa beträgt?

371 Warum muß man mit Füllfederhaltern vorsichtig sein, wenn man sie ins Flugzeug oder auf hohe Berge mitnimmt?

372 Wie groß ist der Druck in einem senkrecht stehenden, gasgefüllten Zylinder mit 10 cm Durchmesser, der durch einen reibungsfreien Kolben von 30 N Gewicht gegen die äußere Luft (1013 hPa) abgeschlossen ist?

373 Ein zylindrisches Gefäß von 3 cm Durchmesser und 5 cm Höhe wird evakuiert. Wie groß ist die gesamte Kraft, die infolge des atmosphärischen Luftdrucks auf seine Oberfläche wirkt?

374 a) Welche Kraft übt der normale Luftdruck auf eine Fensterscheibe von 1 m^2 Fläche aus?
b) Warum bricht die Scheibe dabei nicht durch?

375 Würde eine Zimmerdecke dem Luftdruck standhalten, wenn man das Zimmer luftleer pumpen könnte?

376 Muß eine Glaskugel, die man bis auf 10^{-2} Pa auspumpen will, wesentlich stabiler sein als eine gleiche Kugel, die nur auf 10 Pa ausgepumpt wird?

377 Welche Kraft wirkt von innen auf ein Flugzeugfenster von 0,2 m^2 Fläche, wenn in der Druckkabine ein Luftdruck von 933 hPa herrscht und die Maschine in 8000 m Höhe fliegt? Verwenden Sie die barometrische Höhenformel $h = 18\,400 \cdot \log \dfrac{1013}{p_h}$, um den Luftdruck p_h [hPa] in der Höhe h [m] über dem Meere zu berechnen!

378 a) Wie groß müßte eine Kugel aus Stahlblech, das je m² 5 kg hat, sein, damit sie bei Füllung mit 0,1 MPa Wasserstoff gerade schwebt? (ϱ (H)² = 0,09 kg/m³; ϱ (Luft) = 1,29 kg/m³.)

b) Angenommen, die Kugel sei so steif, daß man sie luftleer pumpen könnte; wie groß müßte sie sein, damit sie luftleer gerade schwebt?

2.25 Reibungsfreie Strömung

379 a) Was bedeutet für eine Strömung mit wechselndem Querschnitt A die Gleichung $A_1 \cdot v_1 = A_2 \cdot v_2$, wenn v_1 (bzw. v_2) die Geschwindigkeit im Querschnitt A_1 (bzw. A_2) ist?

b) Warum heißt diese Gleichung ,,Kontinuitätsbedingung''?

c) Inwieweit ist sie bei Gasen erfüllt?

380 a) Wie lautet die Bernoullische Gleichung für eine waagrecht strömende, reibungsfreie Flüssigkeit?

b) Was bedeuten die einzelnen Summanden in ihr?

381 Inwieweit kann man die Strömungsgesetze für Flüssigkeiten auch auf Gase anwenden und unter welchen Bedingungen versagen sie bei Gasen?

382 Erklären Sie anhand von Skizzen mit Hilfe der Bernoulli-Gleichung die Wirkungsweise

a) eines Venturirohres,

b) eines Prandtlschen Staurohres!

383 In einem Kanal von 10 m Breite und rechteckigem Querschnitt fließt Wasser bei einer Tiefe von 2 m mit einer Geschwindigkeit von 1,2 m/s. Wie tief ist das Wasser an einer anderen Stelle, wo der Kanal 15 m breit ist und die Strömungsgeschwindigkeit 0,5 m/s beträgt?

384 In einem Kessel befindet sich heißes Wasser und darüber Dampf von 10 MPa Druck. Mit welcher Geschwindigkeit strömt das Wasser aus, wenn plötzlich ein seitlicher Hahn mit waagrechtem Rohrstutzen geöffnet wird? (Die Höhe des Wasserspiegels über dem Ausfluß ist vernachlässigbar; Außendruck 0,1 MPa.)

385 Eine dünnflüssige Lösung (z. B. Lack) fließt aus einer Schlitzdüse eines Behälters waagrecht aus auf ein Band, das unter der Düse mit einer Geschwindigkeit von 120 m/min vorbeigezogen wird. Wie hoch muß die Lösung im Behälter stehen, damit sie mit der Relativgeschwindigkeit Null auf dem Band auftrifft?

386 a) Mit welcher Geschwindigkeit strömt eine reibungsfreie Flüssigkeit aus einem kleinen Loch in einem offenen Gefäß, wenn der Flüssigkeitsspiegel 0,5 m über diesem Loch steht?

b) Welche Flüssigkeitsmenge strömt sekundlich aus, wenn das Loch einen Querschnitt von $A = 30\ \text{mm}^2$ hat, wegen der Strahleinschnürung aber nur ein Querschnitt $A' = 0,64 \cdot A$ zur Wirkung kommt?

387 a) Mit welcher Geschwindigkeit verläßt das Wasser die Fallrohre zu einem Kraftwerk, wenn es eine Höhendifferenz von 100 m durchlaufen hat?

b) Welche Menge fließt bei einem Rohrdurchmesser von 0,5 m sekundlich aus?

c) Welche Leistung in kW kann daraus im günstigsten Fall gewonnen werden? (Ohne Reibung rechnen; in Wirklichkeit große Verluste.)

388 a) Beschreiben Sie mit Skizzen und Formeln eine Einrichtung zum Messen der Strömungsgeschwindigkeit in einer Rohrleitung!

b) Welche Größe wird direkt gemessen?

c) Die Rohrleitung habe einen Durchmesser von 20 cm, an einer der Meßstellen 12 cm. Welchen Wert hat die unter b) genannte Meßgröße, wenn sekundlich 16 l Öl der Dichte $900\ \text{kg/m}^3$ die Meßstelle passieren?

389 Ein Haartrockner erzeugt einen Staudruck von 0,5 cm Wassersäule. Welche Strömungsgeschwindigkeit hat die austretende Luft?

390 a) Wie groß ist der Staudruck auf ein Auto bei $v = 144\ \text{km/h}$?

b) Welche Kraft wirkt infolgedessen auf $1\ \text{m}^2$ Querschnitt?

c) Ist dies die einzige Ursache des Luftwiderstandes?

391 Welche Druckdifferenz Δp zeigt ein Venturirohr zwischen zwei Stellen mit 5 bzw. 3 cm Durchmesser, wenn sekundlich 2 l Wasser durchfließen? (Skizze!)

392 In eine Gasleitung ist ein Staudruckmesser (nach Prandtl) eingebaut. Er zeigt eine Druckdifferenz von 5 mm WS. Der freie Rohrquerschnitt beträgt $1\ \text{dm}^2$, die Verengung durch das Staurohr und die Reibung können vernachlässigt werden.

a) Skizzieren Sie die Anordnung! Zwischen welchen Stellen wird die Druckdifferenz gemessen?

b) Wie groß sind die Strömungsgeschwindigkeit und die stündlich durchfließende Menge, wenn die Gasdichte $\varrho = 0,6\ \text{kg/m}^3$ beträgt?

2.26 Strömung mit Reibung; Reynoldssche Zahl

393 a) Was versteht man unter der Viskosität einer Flüssigkeit oder eines Gases?

b) Mit welcher Größe beschreibt man die Viskosität?

c) In welchen Einheiten mißt man sie?

394 Warum ist die innere Reibung in Flüssigkeiten größer als in Gasen?

395 Wie kann man die Zähigkeit einer Flüssigkeit ermitteln

a) aus der Sinkgeschwindigkeit einer Kugel,

b) aus der Durchflußgeschwindigkeit durch ein dünnes Rohr bekannter Länge und Weite?

396 a) Welche zwei verschiedenen Strömungszustände gibt es bei Flüssigkeiten mit innerer Reibung?

b) Wie bezeichnet man die für den Umschlag vom einen in den anderen Zustand maßgebliche Kennzahl?

c) Wie lautet die Formel für diese Kennzahl? Sie ist im wesentlichen das Verhältnis zweier Arbeiten; welcher?

397 Beschreiben Sie einen Versuch, bei dem die Strömungsform von Luft und die Wirbelbildung sichtbar gemacht werden!

398 a) Was versteht man unter der „Randschicht" einer strömenden Flüssigkeit?

b) Skizzieren Sie die Geschwindigkeitsverteilung in einer laminar zwischen zwei ebenen, ruhenden Wänden strömenden Flüssigkeit!

c) Welche Kurvenform hat das „Strömungsprofil" in Frage b)?

399 a) Wie kann man hinter Fahrzeugen unerwünschte Wirbelbildung vermindern? Was bewirkt eine Abreißkante?

b) Wie kann man in Rohrkrümmern die Wirbelwirkung unterdrücken?

400 a) Was ist der Nachteil turbulenter Strömung gegenüber laminarer?

b) Bei welcher Durchflußmenge (in l/s) liegt die Grenze laminarer Strömung für Wasser in einem Rohr von 6 cm Durchmesser? $\eta = 1,1 \cdot 10^{-3}$ (kg/ms), $\rho = 10^3$ kg/m³.

401 Wenn man ein Gas statt durch ein Rohr mit 16 cm² Querschnitt durch ein Bündel von 16 Rohren mit je 1 cm² Querschnitt pumpt, um wieviel höher kann im zweiten Fall die Strömungsgeschwindigkeit sein, bevor Turbulenz eintritt? Nachteil eines solchen Rohrbündels?

402 Worauf beruht die Verminderung der Reibung zwischen festen Körpern durch Schmiermittel bzw. durch ein Luftlager?

403 1 m³ Stadtgas hat einen Heizwert wie 0,5 kg gute Kohle. Schätzen Sie ab, ob der Gasbedarf eines Wohnviertels, das über eine Leitung mit 10 cm Durchmesser versorgt wird, bei laminarer Strömung in der Leitung gedeckt werden kann! Der Überdruck in der Leitung kann hier vernachlässigt werden. $\varrho = 0,6$ kg/m³; $\eta = 0,2 \cdot 10^{-4}$ kg/ms.

404 Skizzieren und beschreiben Sie (mit Formeln) eine Meßmethode, mit der man die Zähigkeit einer Flüssigkeit durch Vergleich mit der bekannten Zähigkeit einer anderen Flüssigkeit bestimmen kann!

405 Eine Kugel (Gewicht an Luft $G = 0,05$ N, Radius $r = 1$ cm) taucht ganz in eine Flüssigkeit (Dichte $\varrho_F = 1,1 \cdot 10^3$ kgm⁻³.

a) Welches Gewicht G' hat die untergetauchte Kugel?

b) Wie groß ist die Reibungskraft F_R, wenn die Kugel mit gleichförmiger Geschwindigkeit v sinkt?

c) Wie groß ist v, wenn die Flüssigkeit ein Öl der Zähigkeit $\eta = 0,6$ kg/ms ist?

406 a) Wie groß ist die kritische Geschwindigkeit für Wasser im Druckrohr eines Kraftwerkes bei einem Rohrdurchmesser von 2 m?

b) Ist hier überhaupt noch laminare Strömung zu erwarten?

407 a) Welche Menge Wasser kann man durch eine Rohrleitung von 2 cm Innendurchmesser in der Minute pumpen, so daß die Strömung gerade noch laminar ist? (η (H₂O) $= 10^{-3}$ kg/ms)

b) Wieviel Öl der Zähigkeit $\eta = 10^{-1}$ kg/ms könnte man noch laminar durchpumpen? $\varrho = 900$ kg/m³.

c) Die Leitung sei 10 km lang. Welche Druckdifferenz in at wäre in den Fällen a) und b) nötig?

408 Durch eine waagrechte Rohrleitung von 1 km Länge und 2 cm Durchmesser wird mit einem Anfangsdruck von 0,35 MPa Wasser in einen offenen Behälter gepumpt. Ist die Strömung unter den angegebenen Bedingungen laminar oder turbulent? Außendruck 0,1 MPa.

409 Ein oben offenes Gefäß ist mit einem engen horizontalen Ausflußrohr ($l = 30$ cm, $\emptyset = 1$ mm) verbunden. Es ist bis zur Höhe $h = 25$ cm mit Öl der Dichte $\varrho = 900$ kg/m³ und der Zähigkeit $\eta = 10^{-2}$ kg/ms gefüllt.

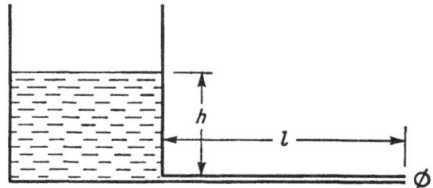

a) Wie lange dauert es, bis 3 cm³ der Flüssigkeit auslaufen, wenn das Gefäß so weit ist, daß dabei die Abnahme von h vernachlässigt werden kann?

b) Bei welcher Einfüllhöhe h würde die Strömung im Ausflußrohr turbulent werden?

2.3 Mechanische Wellen

2.31 Ausbreitungsgesetze
Polarisation, Brechung, Überlagerung, Interferenz, Beugung

410 Was ist das Gemeinsame aller Wellenvorgänge, unabhängig von der Natur der sich ausbreitenden Größe?

411 In welche zwei Klassen kann man Wellenvorgänge einteilen, je nachdem ob die sich ausbreitende Größe in der Fortpflanzungsrichtung der Welle schwingt oder senkrecht dazu?

412 Gibt es in folgenden Medien longitudinale, transversale oder ggf. beide Arten von mechanischen Wellen:

a) Luft, b) Wasser, c) Stahl?

413 a) Wie kann man Longitudinalwellen von Transversalwellen unterscheiden?

b) Sind die stehenden Wellen auf den Saiten der Musikinstrumente,

c) die Meereswellen
transversal oder longitudinal?

414 a) Welche Materialkonstanten bestimmen die Geschwindigkeit c mechanischer Wellen in festen Stoffen? (Formel für c!)

b) Sind im gleichen Festkörper Longitudinal- oder Transversalwellen schneller? (Begründung!)

415 Was besagt das Prinzip von Huygens?

416 Mit welcher Geschwindigkeit breitet sich ein Wellenberg einer harmonischen Welle der Frequenz 10^8 Hz und Wellenlänge 3,0 m aus?

417 Erklären Sie die Funktion des Echolots!

418 Zu geologischen Zwecken wird eine Explosion ausgelöst. Die an der Erdoberfläche laufende Druckwelle erreicht einen 1 km entfernten Empfänger nach 1,5 s, die an der Grenzfläche zu einer tiefer liegenden andersartigen Schicht reflektierte um 0,55 s später. Wie dick ist die oberste einheitliche Schicht? (Skizze!)

419 Ein Schiff von 80 m Länge kommt in schwere See. Die Wellen laufen genau von vorne auf das Schiff zu. Welcher Bereich von Wellenlängen wird für das Schiff am gefährlichsten sein?

420 Ein Schiff fährt mit $v = 2$ m/s (gegen den Grund gemessen) und wird von Wellen der Geschwindigkeit $c = 3$ m/s (gegen Grund) überholt. Die Wellenlänge ist für einen Beobachter am Land 20 m. Wie groß sind:
a) die Geschwindigkeit,   b) die Wellenlänge und
c) die Frequenz der Wellen für einen Beobachter, der im Schiff sitzt?

421 a) Skizzieren Sie das Profil eines Ausschnitts ($x = 0$ bis etwa $1,7\,\lambda$) der durch $y(x,t) = y_0 \sin 2\pi \left(\dfrac{t}{T} - \dfrac{x}{\lambda} \right)$ beschriebenen ungedämpften harmonischen Welle zur Zeit $t = 0$ („Momentaufnahme")! Erläutern Sie daran die Begriffe Amplitude (y_0) und Wellenlänge (λ)! Geben Sie die Ausbreitungsrichtung der Welle durch einen Pfeil $\vec{v}$ an!

b) Beschreiben Sie durch Formel und Diagramm die Auslenkung $y(x_1, t)$ des Punktes bei $x_1 = 3/8\,\lambda$ in Abhängigkeit von der Zeit! Erläutern Sie am Diagramm den Begriff Schwingungsdauer (T)!

c) Mit welcher Phasenverschiebung φ_1 schwingt der Punkt bei x_1 gegenüber dem Punkt bei $x = 0$, wenn φ_1 durch die Beziehung $y(x_1, t) = y_0 \sin (\omega t + \varphi_1)$, $\omega = \dfrac{2\pi}{T}$, definiert ist?

422 a) Beschreiben Sie mit einer Formel eine harmonische Welle der Amplitude $y_0 = 5$ cm und Wellenlänge $\lambda = 1$ m, die sich mit der Geschwindigkeit $c = 30$ m/s in $+ x$-Richtung ausbreitet! Für $x = 0$ sei zur Zeit $t = 0$ der Ausschlag $y = 0$.

b) Welche Frequenz hat diese Wellenbewegung?

423 Die Energiedichte W (Energieinhalt/Volumeneinheit) einer räumlichen, harmonischen Welle ist proportional dem Quadrat der Amplitude A.

a) Wie nimmt W in einer kugelförmig von der Schallquelle weglaufenden Schallwelle mit zunehmendem Abstand r ab, wenn die Gesamtenergie der Welle konstant bleibt?

b) Wie ändert sich dabei A?

c) Beschreiben Sie in gleicher Weise das Verhalten ebener Kreiswellen (W' = Energie/Flächeneinheit)!

d) Ein Stein wird ins Wasser geworfen. Die entstehende Kreiswelle hat 1 m von der Eintauchstelle eine Amplitude von 10 cm. Wie groß ist diese in 10 m Abstand?

424 a) Was versteht man unter der Geschwindigkeitsbezeichnung „1 Mach" für Flugzeuge?

b) Unter welchem Winkel zur Flugrichtung läuft die Kopfwelle eines Flugzeuges, das mit doppelter Schallgeschwindigkeit fliegt?

425 Wann ändert eine Welle ihre Laufrichtung (Brechung)?

426 Zwei Wellen gleicher Frequenz und Laufrichtung überlagern sich. Sie werden beschrieben durch

$A_1 = 3 \cos (\omega t + 30°)$ und $A_2 = 2 \cos (\omega t + 120°)$.

Ermitteln Sie graphisch und rechnerisch
a) die resultierende Amplitude A,
b) die Phasenverschiebung der resultierenden Welle gegenüber A_1!

427 Zwei ebene ungedämpfte Wellen laufen in gleicher Richtung und überlagern sich; $f_1 = 30$ Hz; $f_2 = 33$ Hz; $c_1 = c_2 = 330$ m/s. Wie groß ist der Abstand zweier aufeinanderfolgender Stellen größter resultierender Amplitude?

428 a) Wie kann man sich die Entstehung stehender Wellen vorstellen?
b) Wie nennt man diejenigen Stellen in einer stehenden Welle, die immer in Ruhe bleiben und
c) wie die Stellen maximaler Amplitude?

429 Wie kann man die Schwingungsform von ebenen Platten sichtbar machen (Chladni-Figuren)?

430 Wie kann man ermitteln, ob die Ausbreitung eines physikalischen Zustandes durch Wellen erfolgt? (Beisp.: Licht; Materiewellen)

431 a) Was versteht man unter Beugung,
b) was unter Interferenz?

432 a) Wie nennt man die Erscheinung, daß die Geschwindigkeit c gewisser Wellen von ihrer Frequenz f abhängig ist?
Für Wasserwellen in tiefem Wasser gilt näherungsweise

$c = \sqrt{\dfrac{g \cdot \lambda}{2 \pi}}$ oder $c = \dfrac{g}{2 \pi f}$, $g =$ Fallbeschleunigung

b) Zeigen Sie, daß diese beiden Ausdrücke gleichwertig sind!
c) Jemand schaukelt in einem Kahn mit der Schwingungsdauer $T = 2$ s. Wie groß ist die Wellenlänge der dadurch erzeugten Wasserwellen?

*

2.32 Akustik
Erzeugung und Ausbreitung von Schallwellen; Dopplereffekt

433 a) Was ist „Schall"?
b) Zwischen welchen Frequenzen ist das menschliche Ohr empfindlich?
c) Wie nennt man Schall mit Frequenzen unterhalb bzw. oberhalb dieser Grenzen?
d) Warum hören viele ältere Menschen das Zirpen der Grillen und das „Singen" des Fernsehapparates ($f = 15$ kHz) nicht?

434 a) Bei welchem Versuch wird die Wellenlänge von Schall direkt sichtbar gemacht (einfache Skizze)?

b) Wie kann man damit die Schallgeschwindigkeit in einem Gas bestimmen, wenn man λ einmal in Luft, dann (bei gleicher Frequenz f der Tonquelle) im Gas mißt? c (Luft) = 340 m/s.

435 a) In welchem einatomigen,

b) in welchem zweiatomigen Gas ist bei gleichem Druck die Schallgeschwindigkeit am größten? (Begründung!)

436 a) Ist die Schallgeschwindigkeit in Luft vom Luftdruck abhängig? (Begründung!)

b) Wie ändert sie sich mit der Temperatur?

437 Wie groß ist die Kompressibilität des Wassers, wenn die Schallgeschwindigkeit in Wasser 1435 m/s beträgt?

438 Ein Arbeiter schlägt schräg von oben mit dem Hammer auf das Ende einer langen Eisenschiene. Wieviel Schläge hört ein am anderen Ende stehender Arbeiter (ohne Echo)? (Begründung!)

439 Ein Ultraschallgeber erzeugt in Wasser ein Bündel praktisch ebener Wellen von 2 cm² Querschnitt. Die Frequenz ist f = 30000 Hz, die Schallgeschwindigkeit c = 1600 m/s, die abgegebene Leistung P = 200 W.

a) Wie groß ist die Energiedichte im Schallfeld?

b) Wie groß ist die Schwingungsamplitude a der Wassermoleküle?

440 Das Ohr ist sehr empfindlich; es kann bei 3000 Hz noch eine Schallintensität I von $\approx 10^{-11}$ Watt/m² wahrnehmen. Wie weit könnte man demnach eine Schallquelle dieser Frequenz von 1,26 W Leistung hören, die Kugelwellen aussendet, wenn der Schall von der Atmosphähre nicht absorbiert würde?

441 Zeichnen Sie die Lage von Knoten und Bäuchen bei den 3 tiefsten Frequenzen

a) einer offenen,

b) einer gedeckten Pfeife!

c) Wie verhalten sich ihre Resonanzfrequenzen?

442 Wie lang ist, a) eine offene, b) eine gedeckte Orgelpfeife für 20 Hz?

443 Um welchen Faktor muß man die Leistung eines Lautsprechers ohne Richtwirkung vergrößern, damit er doppelt so weit gehört wird?

444 In einem oben offenen und unten mit einem beweglichen Kolben abgeschlossenen Glasrohr wird die Luftsäule mit Hilfe einer Stimmgabel zu Schwingungen angeregt. Durch Längenänderung der Luftsäule wird Resonanz bei einer Länge von 8,6 cm und auch bei 25,8 cm festgestellt.

a) Das Schwingungsbild für beide Resonanzstellen ist zu zeichnen.

b) Wie groß ist die Wellenlänge?

c) Welche Schwingungszahl hat die Stimmgabel?

d) Handelt es sich im Glasrohr um eine fortschreitende oder stehende Welle?

445 Welche im Hörbereich des menschlichen Ohres liegenden Frequenzen kann eine gedeckte Pfeife von 5 cm Länge hervorbringen?

446 Wenn man eine Flöte oder Klarinette bei 20°C (im Zimmer) stimmt, stimmt sie dann auch noch bei 0°C (z. B. im Freien)?

447 Bläst man eine Pfeife mit Stadtgas an, so ist ihre Frequenz ungefähr das 1,3fache von der durch Anblasen mit Luft erzeugten. Wie groß ist demnach die Schallgeschwindigkeit in Stadtgas? Ursache?

448 Bei welchen Tonfrequenzen kommt ein quaderförmiger, luftgefüllter Hohlraum von $10 \times 15 \times 20$ cm³ in Resonanz? ($c = 340$ m/s)

449 Die innere Rille einer Schallplatte hat 10 cm Durchmesser. Die Platte macht 33 Umdrehungen je Minute. Es sollen Frequenzen bis 16 000 Hz noch wiedergegeben werden. Wie lang sind die dazu gehörigen Sinuswellen auf der Platte?

450 a) Beschreiben Sie mit Skizzen die möglichen Schwingungsformen einer Saite!

b) Wenn der Grundton die Frequenz f hat, welche Frequenzen haben die 1., 2. und 3. Oberschwingung?

451 Auf welche zwei Weisen kann man die Frequenz einer Saite erhöhen?

452 Warum werden Klaviersaiten für die tieferen Töne mit Kupferdraht umwickelt?

453 Für Wellen auf einer Saite ist $c = \sqrt{F/A\rho}$, c Geschwindigkeit, F Spannkraft, A Querschnitt, ρ Dichte. Welche Frequenz hat eine Klaviersaite aus Stahl, $L = 0,1$ m, $d = 1$ mm, bei $F = 750$ N?

454 Worauf beruht die charakteristische „Klangfarbe" der verschiedenen Saiteninstrumente?

455 Eine Saite wird in der Mitte angezupft. Welche Oberschwingungen fehlen in ihrem Klang?

456 Warum hängt der Klang einer Saite davon ab, in welcher Entfernung von der Mitte man sie anspielt?

457 Wie kann man feststellen, welche Frequenzen in einem Klang enthalten sind?

458 Was hört man, wenn gleichzeitig zwei Stimmgabeln (Flöten usw.) klingen, deren Frequenzen um 1 Hz verschieden sind?

459 a) Was ändert sich beim Übergang von Schallwellen aus einem Medium in ein anderes: die Wellenlänge oder die Frequenz?

b) In welchem Zusammenhang steht diese Änderung mit der Schallgeschwindigkeit?

460 Warum hört man Schall um eine Hausecke?

461 Betrachten Sie eine Lautsprechermembrane näherungsweise als beweglichen Stempel in einer festen Wand!

a) In welcher Richtung werden Schallwellen abgestrahlt, deren Wellenlänge $\lambda << d$ ist?

b) Welche Frequenz hat eine Welle mit $\lambda = d = 20$ cm?

c) Welche Form hat eine abgestrahlte Welle mit $\lambda >> d$? (Begründung!)

d) Hört man die hohen oder die tiefen Töne besser, wenn man seitab sitzt?

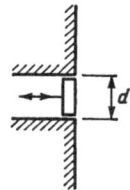

462 Eine Gruppe von nebeneinander im gegenseitigen Abstand B angeordneten Lautsprechern, die in gleicher Phase schwingen, hat eine ähnliche Wirkung wie eine Wand mit Öffnungen im Abstand B, die von der Rückseite von einer ebenen Schallwelle getroffen wird. Unter welchen Winkeln a_n hört man einen Ton der Wellenlänge λ bevorzugt (Richtwirkung),

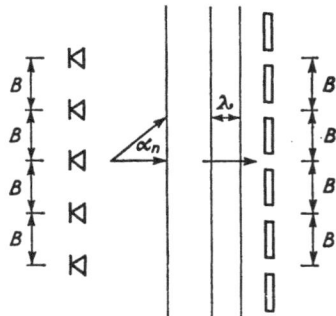

a) wenn $\lambda = B$ ist,

b) wenn $\lambda = \dfrac{B}{4}$ ist?

463 Warum läßt sich Ultraschall besser bündeln (zu „Strahlen" vereinigen) als hörbarer Schall? (Es gibt eine Ultraschall-Mikroskopie)

464 a) Worauf beruht der Dopplereffekt beim Schall?

b) Beschreiben Sie eine täglich im Straßenverkehr zu beobachtende Erscheinung, die mit dem Dopplereffekt zusammenhängt!

465 Ein Zug fährt pfeifend mit 120 km/h an einem ruhenden Beobachter vorbei. In welchem Verhältnis ändert sich für diesen die Frequenz der Pfeiftones?

466 Eine Schallquelle S (Stimmgabel) mit $f = 1000$ (Hz) wird an einem Faden auf einem Kreis mit Radius $r = 1$ m mit 3 Umdr./s bewegt. Zwischen welchen Frequenzen schwankt der Ton für einen seitab sitzenden Beobachter B (s. Skizze)?

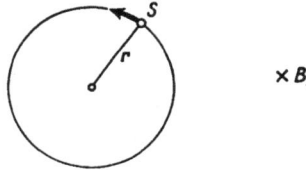

467 Ein Zug fährt mit 72 km/h auf einen Wald zu und pfeift mit der Frequenz $f = 500$ Hz.

    a) Welche Frequenzdifferenz zwischen direktem Ton und Echo hört ein zwischen Zug und Wald stehender Beobachter?

    b) Welche Frequenz f' hat das Echo für einen Reisenden im Zug?

3. WÄRMELEHRE

3.1 Temperatur; Dampfdruck; Siedepunkt

468 a) Welches sind die zwei wichtigsten Fixpunkte, nach denen man die gebräuchlichen Thermometer eicht?

b) Worauf muß man bei einer solchen Eichung achten, um die Fixpunkte genau zu bekommen?

c) Welcher absoluten Temperatur entsprechen die Fixpunkte?

469 In der amerikanischen Literatur ist die Temperatur oft in Grad Fahrenheit angegeben. 0 °C entsprechen 32° F; 100 °C = 212 ° F.

a) Welcher absoluten Temperatur entsprechen 850 °F?

b) Bei welcher Temperatur zeigen ein in K und ein in °F geteiltes Thermometer den gleichen Skalenwert an?

470 Unter Atmosphärendruck siedet Stickstoff bei −195,8 °C, Sauerstoff bei −183 °C, Äthanol bei 78 °C. Welchen absoluten Temperaturen entsprechen diese Siedepunkte?

471 a) Wie groß ist der Dampfdruck einer Flüssigkeit an ihrem Siedepunkt?

b) Wie hängt der Siedepunkt vom äußeren (Atmosphären-)Druck ab?

472 Früher bestimmte man die Höhe h von erstiegenen Bergen aus der Siedetemperatur T_s des Wassers, die man mit einem guten Thermometer maß.

a) Wieso hängt T_s mit h zusammen?

b) Welche Daten oder Formeln braucht man also, um h aus T_s zu gewinnen?

c) Es gilt die Faustregel, daß T_s um etwa 3,3 K sinkt, wenn h um 1000 m zunimmt. Wie genau muß das Thermometer abzulesen sein, wenn man h (mit Hilfe einer genaueren Formel) auf ± 10 m genau erhalten will?

473 Warum werden Speisen in einem Druckkochtopf schneller gar als in einem offenen Topf?

474 Der Siedepunkt von Wasser sinkt mit zunehmender Höhe über dem Meeresniveau, und zwar (roh) um etwa 3,3 K je 1000 m.

a) Bei welcher Temperatur siedet Wasser in München (540 m), auf der Zugspitze (3000 m), auf dem Mount Everest (8900 m)?

b) In welcher Höhe würde das Blut des Menschen bei der normalen Körpertemperatur von 37 °C kochen, wenn man annimmt, daß es unter Normaldruck bei 105 °C sieden würde (es zersetzt sich vorher)?

c) Wie schützt man Piloten gegen diese und andere schädliche Wirkungen des geringen Druckes für den Fall, daß sie aus großer Höhe mit dem Fallschirm abspringen müssen?

475 a) Worauf beruht ein Dampfdruckthermometer?

b) Skizzieren Sie den Verlauf des Dampfdrucks einer Flüssigkeit mit zunehmender Temperatur!

3.2. Wärmeausdehnung fester und flüssiger Stoffe

476 a) Worauf beruht die Wirkung des Quecksilberthermometers?

b) Beschreiben Sie zwei Arten von Quecksilberthermometern!

477 Ein Flüssigkeitsthermometer ist mit Quecksilber gefüllt, ein anderes, aus gleichem Glas bestehendes, mit Alkohol. Man legt auf ihren Skalen den Gefrierpunkt und den Siedepunkt des Wassers bei 1013 hPa Luftdruck fest und teilt den Zwischenraum in je 100 gleiche Teile. Ist anzunehmen, daß auch bei einer Zwischentemperatur, z.B. 50 °C, die Anzeige beider Thermometer genau übereinstimmt? Begründung!

478 In einem zylindrischen Glasgefäß steht 5 cm hoch Quecksilber. Um wieviel würde dessen Oberfläche bei einer Temperaturerhöhung um 100 K steigen,

a) wenn sich das Glasgefäß nicht ausdehnen würde,

b) wenn auch das Gefäß eine Wärmeausdehnung erfährt?

479 Wieviel g Quecksilber muß das Gefäß eines Thermometers enthalten, wenn die Kapillare einen Querschnitt von $1/_{50}$ mm² hat und $1/_{100}°$ Temperaturänderung die Länge des Quecksilberfadens um 0,2 mm verändern soll? Die Ausdehnung des Thermometerglases soll unberücksichtigt bleiben.

480 a) Welches besondere Verhalten zeigt Wasser bezüglich der Wärmeausdehnung? (Diagramm!)

b) Könnte man für den Bereich 0–8 °C ein mit Wasser gefülltes Thermometer gebrauchen?

481 Um wieviel % ist der Auftrieb in Wasser beim Siedepunkt geringer als bei 20 °C, wenn der mittlere Ausdehnungskoeffizient für diesen Bereich $4,5 \cdot 10^{-4}$ K^{-1} beträgt?

482 a) Zeigen Sie am Beispiel eines Würfels, daß der Volumenausdehnungskoeffizient eines Materials (z. B. Metalls) praktisch dreimal so groß
ist wie sein Längenausdehnungskoeffizient!

b) Welche Näherungsformel für das Rechnen mit kleinen Größen kann
man hier anwenden?

483 Was muß man beim Gebrauch eines Pyknometers beachten, wenn man
es bei einer anderen als der Eichtemperatur verwenden will?

484 Beschreiben Sie einen Versuch zur Messung der Wärmeausdehnung eines
Metallstabes (Skizze)!

485 Wie ist ein sog. Bimetall-Thermometer gebaut (Skizze!), und wie funktioniert es?

486 a) Um wieviel dehnt sich eine Heißdampfleitung aus Stahlrohr von
800 m Länge aus, wenn sie von 20 °C auf 120 °C erwärmt wird?

b) Durch welche konstruktive Maßnahme vermeidet man, daß dabei
Schäden auftreten?

487 In nebenstehender Konstruktion
sind die mit *a* bezeichneten Stäbe
aus Eisen und alle gleich lang, die
mit *b* bezeichneten aus Aluminium. Wie lang müssen die einzelnen Stäbe bei 0 °C sein, wenn die
Gesamthöhe *h* unabhängig von
der Temperatur 1 m betragen
soll?   *

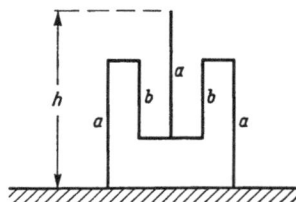

488 Für Nietverbindungen, die besonders dicht sein sollen, werden die Niete
vor dem Einsetzen abgekühlt. Welchen Durchmesser muß ein Alu-
miniumniet bei 23 °C haben, wenn er bei −40 °C genau in ein Loch von
1 cm Durchmesser passen soll?

489 Bei 30 °C ist die Quecksilbersäule eines Barometers 760 mm hoch.
Welche Höhe hätte sie beim gleichen Druck, aber 0 °C?
($\gamma_{Hg} = 1,8 \cdot 10^{-4}$ K^{-1})

490 Welche zwei Materialkonstanten gehen in die Umrechnung eines bei
t °C an einer Messingskala abgelesenen Barometerstandes auf 0 °C ein?

491 Ein 20 cm langer Eisenstab mit 1 cm² Querschnitt wird auf 300 °C
erwärmt und in einer starren Vorrichtung mittels eines quer durchgehenden Stiftes eingespannt. Welche Scherkraft wirkt nach dem Ab-
kühlen auf 20 °C auf diesen Stift? (Vorlesungsversuch: ein gehärteter
Silberstahlstift von 4 mm Durchmesser wird abgesprengt.)   *

492 a) Erklären Sie den Vorgang beim heißen Aufschrumpfen eines Ringes (Radkranzes) auf einen kalten Kern!

b) Auf eine Stahlwelle mit 5 cm Durchmesser bei 20 °C soll ein Kupferring aufgeschrumpft werden, dessen Innendurchmesser bei 20 °C $^2/_{10}$ mm kleiner ist. Auf welche Temperatur muß der Ring erhitzt werden?

c) Wie groß ist die Zugspannung im Ring nach dem Erkalten auf 20 °C? (Welle als starr annehmen.)

493 Ein Kupferdraht (30 m lang, Querschnitt 2 mm²) wird zwischen zwei Häusern bei 20 °C mit einer Kraft von 500 N gespannt. Wie groß ist die Spannung bei −30 °C, wenn die Befestigung als unnachgiebig (starr) angesehen werden kann? Gewicht vernachlässigen.

494 a) Zwischen den je 10 m langen Eisenbahnschienen einer Strecke sind bei 0 °C Luftspalte von 3 mm. Wie groß ist der Druck in den Schienen bei 40 °C und bei 70 °C (diese Temperatur kann durch direkte Sonnenbestrahlung erreicht werden), wenn seitliches Ausweichen durch die Befestigung auf den Schwellen verhindert wird?

b) Auf modernen Strecken sind die Schienen verschweißt. Wodurch verhindert man Schäden durch Wärmeausdehnung?

495 Um wieviel geht eine Uhr mit einem 1 m langen Pendel aus Stahl, die bei 20 °C genau richtig läuft, am Tag vor, wenn die Temperatur auf 0 °C sinkt? *

496 Ein Körper hat bei 15 °C ein Volumen von 0,3 dm³. Seine Volumenausdehnungszahl ist $3,5 \cdot 10^{-5}$/K. Er ist in einer Flüssigkeit untergetaucht, deren Dichte bei 15 °C $1,25 \cdot 10^3$ kg/m³ beträgt. Ihre Ausdehnungszahl ist $2 \cdot 10^{-4}$/K. Um wieviel % ändert sich der Auftrieb bei Erwärmung auf 50 °C? *

3.3 Gase

3.31 Normalzustand; Partialdruck; Satz von Avogadro

497 Wie unterscheiden sich Gase von Flüssigkeiten und festen Körpern bezüglich der Ausfüllung eines Raumes, in dem sie sich befinden?

498 a) Was versteht man unter „Normalzustand" eines Gases?

b) Warum braucht man zur Kennzeichnung von Flüssigkeiten diesen Begriff nicht?

499 a) Was versteht man unter Partialdruck eines Gases?

b) Wie setzt sich der Gesamtdruck in einem Gefäß mit Gasen und Dämpfen aus deren Partialdrucken zusammen?

500 Wie groß ist der Partialdruck des Sauerstoffs in Luft von 1013 hPa, in der sein Anteil 21 Volumen-% beträgt?

501 Was zeigt ein Barometer an, das nicht sorgfältig gefüllt wurde, so daß sich über dem Quecksilber noch etwas Wasser befindet?

502 Welcher Zusammenhang besteht zwischen den normalen Dichten und den Molekulargewichten zweier Gase?

503 Cl_2 hat ein Molekulargewicht von 70,9, H_2 von 2,02. Die Normaldichte von H_2 ist 0,09 kg/m³. Wie groß ist diejenige von Cl_2?

504 Was besagt das Gesetz von Avogadro?

505 a) Wieviel kg Masse hat ein Kilomol eines (reinen) Gases vom Molekulargewicht M?
b) Wieviel Moleküle enthält 1 Kilomol?
c) Ist diese Zahl je nach Art der Moleküle (ihrer chemischen Verbindung) verschieden?
d) Welches Volumen nimmt 1 kmol Gas unter Normalbedingungen ein?

506 a) Wieviel Gasmoleküle befinden sich unter Normalbedingungen in 1 mm³?
b) Wieviel Moleküle enthält im Vergleich hierzu 1 mm³ Wasser?

507 1 m³ eines reinen Gases hat unter Normalbedingungen die Masse 1,25 kg.
a) Wieviel Kilomole Gas sind das?
b) Was ist sein Molekulargewicht?
c) Um welches Gas kann es sich demnach handeln?

508 a) Helium hat das Atomgewicht 4. Welche Masse hat 1 Kilomol Helium?
b) Welche Masse hat ein He-Atom?
c) Wie groß ist die Normaldichte von He?

3.32 Verhalten des idealen Gases
Gesetze von Boyle-Mariotte und Gay-Lussac; Gasgesetz

509 Wie groß ist die Tragkraft eines Ballons in Luft von 0 °C und 1013 hPa, der 6 m Durchmesser und eine Masse von 50 kg hat, bei Füllung mit
a) Wasserstoff ($M = 2$),
b) Helium ($A = 4$) (Innendruck = äußerer Luftdruck)?
c) Welchen Vorteil hat Helium? Welchen Nachteil?

510 Wie ändert sich die Dichte eines Gases, wenn man bei konstanter Temperatur den Druck auf das n-fache erhöht?

511 Bei normaler Temperatur kann man Edelstahlgefäße bis auf 10^{-13} Pa Restgasdruck evakuieren.
Wieviele Moleküle (mittleres Molekulargewicht $M = 30$) befinden sich bei diesem Druck und bei 27 °C noch im cm^3?

512 Wie kann man gefüllte von leeren Preßluftflaschen unterscheiden, ohne sie zu öffnen?

513 Welche Masse hat die Luft in einer Preßluftflasche von 40 l bei 15 MPa und 0 °C.

514 Könnten Sie die Luft, die sich in einem Zimmer von 25 m^2 Fläche und 2,8 m Höhe befindet, wegtragen, wenn sie in eine Stahlflasche von 25 kg gepreßt wäre? (1013 hPa, 0 °C.)

515 Zum „Abpressen" eines Druckkessels von 100 l Inhalt wird eine Preßluftflasche angeschlossen, in der sich 40 l Preßluft unter 15 MPa befinden. Welchen Druck kann man damit im Kessel erreichen?   *

516 Welcher Druck ist nötig, um 1 m^3 Luft von 20 °C und 0,1 MPa bei gleicher Temperatur in eine Stahlflasche von 10 l Inhalt zu pressen?

517 a) Welchen Druck kann jemand in einer Fahrradpumpe (Kolbendurchmesser 2 cm, Hub 33 cm) erzeugen, wenn er eine Kraft von 310 N ausüben kann? Atm. Luftdruck 0,1 MPa.
b) Wie weit kann er den Kolben bei konstanter Temperatur niederdrükken, wenn keine Luft entweichen kann?   *

518 Welchen Durchmesser hat eine in einem See aufsteigende Luftblase dicht unter der Oberfläche, wenn sie in 70m Tiefe 1 cm groß war? (Die Temperatur bleibe konstant.) Äußerer Luftdruck 0,1 MPa.

519 a) Was geschieht infolge der Luftdruckabnahme mit zunehmender Höhe mit einem Luftballon, der am Boden nur unvollständig gefüllt wurde und nun aufsteigt?
b) Steigt der Ballon beliebig hoch? ·

520 Bei welchem Druck hätte Luft von 0 °C die gleiche Dichte wie Wasser, wenn sie auch für so hohe Drucke noch ideales Verhalten zeigte?

521 a) Schätzen Sie aus der Größe der Erde und dem mittleren Luftdruck ab, welche Masse die Lufthülle der Erde mindestens hat!
b) Warum ist der wahre Betrag größer?
c) Wie tief wäre ein Meer, das durch Verflüssigung dieser Luftmenge entstünde, wenn es die Erde gleichmäßig bedeckte?
Dichte der flüssigen Luft: $0,88 \cdot 10^3$ kg/m^3.   *

522 Wieviel Gasmoleküle befinden sich bei 0 °C noch in einer Röhre von 2 cm Durchmesser und 4 cm Höhe, wenn sie auf $5 \cdot 10^{-4}$ Pa Druck ausgepumpt ist?

523 In einem senkrecht stehenden Zylinder ist eine Gasmenge bei 20 °C in der Höhe h_1 von einem reibungsfrei gleitenden Kolben abgeschlossen. Wie hoch steigt dieser Kolben, wenn man das Gefäß in siedendes Wasser stellt? (Gefäßausdehnung vernachlässigen.)

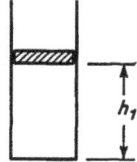

524 a) Auf welches Volumen dehnt sich bei konstantem Luftdruck die Luft aus einem Raum von 8 × 5 × 3 m³ aus, wenn die Temperatur um 10° steigt?

b) Um wieviel % nimmt dabei die Luftdichte ab?

525 Die ersten Freiballone („Montgolfieren") waren mit heißer Luft gefüllt. Um wieviel muß die Temperatur t_i der Luft in einem Ballon von 4 m Radius höher sein als die Außentemperatur $t_a = 20$ °C, wenn eine Auftriebskraft von 1000 N erreicht werden soll? (Druck innen und außen gleich 1013 hPa, Kugelform.)

526 a) Wieviel kg Sauerstoff faßt eine Stahlflasche von 10 l Volumen bei 0 °C und 150 bar Druck?

b) Wie hoch steigt der Druck in dieser Flasche, wenn sie (z. B. bei einem Brand in einer Werkstatt) auf 300 °C erhitzt wird? (Ideales Verhalten annehmen.)

527 Jemand läßt bei 20 °C seine Autoreifen auf 0,32 MPa Druck aufpumpen. Nach längerer rascher Fahrt läßt er an einer Tankstelle den Druck nachprüfen. Es werden 0,37 MPa gemessen. Was ist die Ursache? (Zahlenwert angeben!)

528 Herrscht in den Luftblasen, die manchmal in Gläsern nach dem Erstarren zurückbleiben, ein kleinerer oder größerer Druck als der äußere Luftdruck?

529 a) Wodurch ist ein „ideales" Gas gekennzeichnet?

b) Welche der folgenden Gase gehorchen bei Zimmertemperatur ziemlich gut dem idealen Gasgesetz: Helium, Kohlendioxid, Ammoniak, Stickstoff, Wasserdampf, Wasserstoff?

530 a) Wie lautet das Gasgesetz für eine Masse von m kg eines idealen Gases?

b) Wie hängt die darin vorkommende spezifische Gaskonstante mit dem Molekulargewicht zusammen?

531 a) In welcher Form ist das Gasgesetz vom Molekulargewicht des Gases unabhängig?

b) Auf welche Masse ist es dann bezogen?

c) Welchen Wert hat die auftretende Konstante?

d) Wie hängt sie mit der spezifischen Gaskonstante für ein Gas mit dem Molekulargewicht M zusammen?

532 Wie groß sind Normalvolumen und Masse folgender Gasproben:

a) 14,5 dm³ Wasserstoff, 933 hPa, 27 °C;

b) 11 cm³ Luft, 960 hPa, 17 °C?

533 Was sind die molekularen Ursachen für Abweichungen vom idealen Gasgesetz?

534 a) Wieviel Kilomole N_2 (79%) und O_2 (21%) enthält ein Saal von 10 m Länge, 6 m Breite und 4 m Höhe bei 20 °C und 960 hPa? (Edelgase usw. vernachlässigen.)

b) Wieviel wiegt diese Luftmenge unter Normalbedingungen?

535 a) 1 g flüssiger Sauerstoff hat ein Volumen von 0,9 cm³. Welches Volumen beansprucht er nach dem Verdampfen bei 960 hPa und 20 °C?

b) Wieviel mal weiter sind in diesem Zustand die Moleküle im Mittel voneinander entfernt als im flüssigen Zustand?

536 Bei einer chemischen Analyse werden 183,3 cm³ CO_2 bei 22,4 °C und 948,6 hPa entwickelt und aufgefangen. Wieviel mol CO_2 sind das?

537 Wie groß ist die Luftdichte auf einem Berg bei 909 hPa und −10 °C?

538 a) Beweisen Sie die Beziehung $\varrho = \dfrac{p}{R_s T}$!
(R_s = spez. Gaskonstante)

b) Die Normaldichte von Luft ist 1,293 kg/m³. Wie groß ist R_s? *

539 Ein Luftballon wiegt leer 100 N. Er wird mit 1,5 kg Wasserstoff gefüllt. Wie groß ist seine Tragkraft *

a) bei 0 °C, 1013 hPa,

b) bei −10 °C, 866 hPa (in 1300 m Höhe)?
Temperatur und Druck seien innen und außen gleich.

3.4 Wärme als Energieform

3.41 Erster Hauptsatz; Kalorimetrie; spezifische Wärme; latente Wärme

540 Nennen Sie einige Vorgänge, bei denen Energie in Form von Wärme frei wird!

541 a) Was ist der Inhalt des 1. Hauptsatzes der Wärmelehre?
b) Welchem wichtigen Satz der Mechanik entspricht der 1. Hauptsatz?

542 Warum erwärmt sich das Mahlgut in einer Mühle?

543 Wie lautet der Satz von der Erhaltung der Energie, wenn in einem mechanischen System Reibungsarbeit geleistet wird?

544 Was versteht man unter der „Verbrennungswärme" eines Stoffes?

545 a) Skizzieren Sie ein einfaches Kalorimeter!
b) Was mißt man damit?

546 a) Was versteht man unter Temperaturausgleich?
b) In welcher Richtung fließt Wärme zwischen zwei Körpern verschiedener Temperatur?

547 Drücken Sie die sog. „Mischungsregel" für den Temperaturausgleich zwischen verschiedenen Körpern mit Hilfe des Begriffs „Wärmeinhalt" aus!

548 Beschreiben Sie einen Praktikumsversuch zum Nachweis der Äquivalenz von Arbeit und Wärme! Skizze und wichtigste Formel!

549 Was versteht man
a) unter der spezifischen Wärmekapazität,
b) unter der molaren Wärmekapazität eines Stoffes?

550 a) Was versteht man unter der Wärmekapazität eines Körpers,
b) was unter dem Wärmeinhalt?
c) Was bedeutet ein negativer Wert des Wärmeinhalts?

551 Hat eine Wärmflasche, die mit 2 l Wasser von 80 °C gefüllt ist, einen kleineren oder größeren Wärmeinhalt als bei Füllung mit 2 l Quecksilber derselben Temperatur?

552 Wie groß (Größenordnung) ist die spezifische Wärmekapazität von Metallen im Vergleich zu der von Wasser?

553 Welche Bedeutung hat die relativ große spezifische Wärmekapazität des Wassers in der Natur?

554 Ein Stück Blei fällt 300 m tief. Um wieviel Grad ist seine Temperatur nach dem Aufprall höher, wenn insgesamt 50% seiner Energie an die Umgebung abgegeben werden?

555 Um wieviel Grad erwärmen sich 20 kg wäßrige Suspension (spez. Wärme 4,19 kJ/kg K) in einem wärmeisolierenden Behälter innerhalb 15 Minuten bei 1 kW Rührleistung?

556 Ein normal arbeitender Mensch braucht täglich Nahrung mit einem Verbrennungswert von ca. 10^4 kJ. Wieviel kWh sind dies im Jahr, und wieviel würde diese Energie als elektrische Energie kosten, wenn 1 kWh 0,26 DM kostet?

557 Wie groß ist (ungefähr) die Temperaturdifferenz zwischen dem Wasser oben und dem am Fuß eines 80 m hohen Wasserfalls?

558 Welche Mischungstemperatur stellt sich ein, wenn ohne Wärmeverlust 5 kg Quecksilber von 98 °C mit 1 kg Wasser von 12 °C in Wärmekontakt gebracht werden?

559 Beschreiben Sie einen Praktikumsversuch zur Bestimmung der spezifischen Wärmekapazität eines Metalls! Was wird getan, wie werden die Meßdaten ausgewertet, wie wird die Erwärmung des Kalorimetergefäßes berücksichtigt?

560 Zur Bestimmung des Wärmeumsatzes chemischer Reaktionen dient eine sog. „kalorimetrische Bombe": ein abgeschlossenes Gefäß, in dem die Reaktion stattfindet und das im Wasser eines Kalorimeters untergetaucht ist. In einer solchen werden 0,2 g einer chemischen Verbindung mit Sauerstoff verbrannt. Durch die elektrische Zündung werden 500 J Wärme zugeführt. Der Wasserwert des Kalorimeters samt Wasser, Bombe und Substanz ist 1,3 kJ K^{-1}. Es erwärmt sich bei der Reaktion um 1,8 K. Wie groß ist die Verbrennungswärme je kg der Verbindung, wenn die Reaktionsprodukte zusammen die gleiche Wärmekapazität haben wie die Ausgangsprodukte?

561 Wie lange braucht ein elektrischer Kochtopf mit 1000 W Leistung bei 60% Wirkungsgrad, bis er 2 l Wasser von 10 °C auf 90 °C erwärmt?

562 Um wieviel Grad würde sich ein Meteor oder ein künstlicher Erdsatellit mit der spezifischen Wärmekapazität 0,42 kJ/kgK erwärmen, wenn er in dichtere Luftschichten gerät und seine Geschwindigkeit dabei von 8 km/s auf 7 km/s abgebremst wird, unter der Annahme, daß 95% der entstehenden Reibungswärme rasch an die Luft abgegeben werden?

563 Ein Lastwagen braucht bei einer mittleren Motorleistung von 60 kW je Stunde 18 kg Dieselöl mit einem Heizwert von $4 \cdot 10^4$ kJ/kg. Wie groß ist der Wirkungsgrad des Motors?

564 Die Sonnenstrahlung führt der Erde bei senkrechtem Einfall je m² eine Leistung von 79,6 kJ/min zu.

a) Welche Energie ergibt dies in 1 Jahr?

b) Wieviel Wasser von 10 °C könnte damit auf der Erde verdampft werden? Schätzen Sie ab, ob dies mehr oder weniger als alles Wasser der Erde ist! (Annahme: Erde ganz mit $3 \cdot 10^3$ m dicker Wasserschicht bedeckt.)

c) Welche Energie strahlt die Sonne in 1 Jahr insgesamt ab? (Abstand Erde–Sonne $1,5 \cdot 10^{11}$ m.)

d) Wie lange könnte die Sonne diese Leistung abgeben, wenn sie aus Kohle bestünde, die verbrannt wird? (Masse der Sonne rd. $2 \cdot 10^{30}$ kg; Heizwert von Kohle: $3,35 \cdot 10^4$ kJ/kg.)

565 a) Wie nennt man die Wärmemenge, die zum Verdampfen von 1 kg einer Flüssigkeit notwendig ist?

b) Welche Wärmemenge wird bei der Verflüssigung wieder frei?

566 Warum ist das Trocknen von Pulvern oder Konzentrieren von Lösungen durch Verdampfen des Wassers relativ teuer?

567 Warum bewahrt man in heißen Ländern das Trinkwasser in porösen Tonkrügen auf?

568 a) Aus welchen zwei Anteilen besteht die Verdampfungswärme einer Flüssigkeit?

b) Welcher davon ist bei Wasser der kleinere?

569 Skizzieren Sie (mit kugelförmigen Molekülen) die Grenzschicht Flüssigkeit – Dampfraum!

570 Was versteht man unter ungesättigtem, gesättigtem und übersättigtem Dampf?

571 Wie nennt man die Wärmemengen, die zum

a) Schmelzen, b) Verdampfen, c) Sublimieren von 1 kg eines reinen Stoffes nötig sind?

b) Welche Beziehung besteht zwischen diesen Werten?

572 Skizzieren Sie ein sog. Schmelzdiagramm (Abkühlkurve) eines reinen Metalls und erklären Sie die Entstehung des „Haltepunktes"!

573 In ein Paraffinbad von 200 kg Inhalt mit 70 °C werden 50 kg Paraffin von 20 °C zugegeben. Wieviel schmilzt, und welche Mischungstemperatur stellt sich ein? Schmelztemperatur 55 °C; Schmelzwärme 147 kJ/kg; spezifische Wärmekapazität (fest und flüssig) 1,26 kJ/kg K.

574 Wieviel Eis von −15 °C muß man in 0,2 l Tee von 30 °C geben, damit nach dem Auflösen des Eises das Getränk 5 °C hat? (Wärmeaustausch mit Umgebung und Gefäß vernachlässigen, spezifische Wärmekapazität von Eis 2,1 kJ/kg K).

575 In ein Becken, das 1 m tief mit Wasser von 5 °C gefüllt ist, fallen je m^2 10 kg Schnee von 0 °C. Um wieviel kühlt sich dadurch das Wasser ab, wenn kein anderer Wärmeaustausch (z.B. mit den Wänden und der Luft) stattfindet?

576 Bei einer Bodentemperatur über 0 °C fallen 20 cm Neuschnee mit einer (mittleren) Dichte von 10^2 kg/m^3 und 0 °C.

a) Welche Wärmemenge wird einer Straße von 15 m Breite je m Länge entzogen, wenn der Schnee schmilzt und die Luft keine ins Gewicht fallende Wärmemenge zuführt?

b) Wieviel Kohle mit einem Heizwert von 3 · 10^4 kJ/kg müßte verbrannt werden, um die gleiche Wärmemenge zu erzeugen?

577 Ein Flugzeug mit 400 m^2 Oberfläche ist ganz mit einer 2 mm dicken Eisschicht von 0 °C überzogen.

a) Welche Wärmemenge muß die elektrische Abtauanlage liefern, um das gesamte Eis zu schmelzen?

b) Wieviel kW Leistung sind nötig, wenn dies in 90 Minuten geschehen soll und der Wirkungsgrad 50% beträgt?
(Dichte des Eises $\varrho \approx 0,9 · 10^3$ kg/m^3.)

578 Lösungswärme nennt man die Wärmemenge, die beim Auflösen von 1 kg einer Substanz in einem bestimmten Lösungsmittel umgesetzt wird. Scherzfrage: wo kommt die Energie einer aufgezogenen Uhrfeder hin, wenn man die Uhr in Königswasser auflöst?

579 a) Warum ist bei Gasen die spezifische Wärmekapazität bei konstantem Druck (= c_p) größer als bei konstantem Volumen (= c_v)?

b) Wie groß ist $c_p − c_v$ bei einem Gas vom Molekulargewicht M?

580 Skizzieren Sie ein Durchflußkalorimeter für Gase!
Mißt man damit c_p oder c_v?

3.42 Wärmetransport

581 a) Auf welche 3 verschiedene Arten kann Wärme von einem heißeren zu einem kälteren Körper übergehen?

b) Wie kann man den Wärmeübergang in den 3 Fällen erschweren?

582 Leiten Metalle oder elektrische Isolatoren die Wärme besser?

583 Warum bekommt man auf Betonböden leicht kalte Füße, auf Holzböden nicht so?

584 Man kann einen heißen Gegenstand mit einem trockenen Lappen anfassen. Wenn der Lappen feucht ist, verbrennt man sich die Finger. Warum?

585 In älteren Reiseberichten kann man von Fakiren lesen, die barfuß auf einer 3—5 cm dicken Platte aus Bimsstein tanzen. Unter der Platte brennt ein Feuer, so daß der Stein auf der Unterseite rot glüht. Gibt es eine einfache Erklärung, warum sich die angeblichen Zauberer die Füße nicht verbrennen?

586 Wassertropfen „tanzen" auf einer heißen Herdplatte, ohne momentan zu verdampfen. Ähnlich verhält sich verschüttete flüssige Luft. Man kann auch die Hand kurz in flüssige Luft tauchen ohne sich zu verletzen. Was ist die Ursache?

587 Eine Heißwasserleitung besteht aus einem 10 m langen Eisenrohr mit einer Wandstärke von 3 mm und einem mittleren Durchmesser von 24 mm. Welche Wärmemenge geht in der Sekunde verloren, wenn die Wassertemperatur 80 °C beträgt und die Oberfläche des Rohres eine Temperatur von 78 °C hat? Wärmeleitzahl $\lambda = 46\ \text{Wm}^{-1}\,\text{K}^{-1}$

588 Eine Fernheizung wird mit Wasser von 65 °C betrieben. Wäre es günstiger, Dampf von 100 °C durch dieselben Leitungen zu schicken?

589 In einem Transportgefäß befinden sich 5 l flüssiger Sauerstoff. Das Gefäß hat eine Oberfläche von ca. 0,25 m², im Innern herrscht überall gleiche Temperatur. Es steht in einem Raum mit 20 °C. Nach einer Woche ist aller Sauerstoff verdampft.

a) Welche Wärmemenge ist in das Gefäß eingedrungen?

b) Wie groß ist demnach die (mittlere) Wärmedurchgangszahl k der isolierten Gefäßwand?

(Dichte von flüssigem O_2: $0,9 \cdot 10^3\ \text{kg/m}^3$; Verdampfungswärme: 214 kJ/kg; normaler Siedepunkt: —183 °C; $[k] = \text{W/m}^2\,\text{K}$).

590 Welche Art des Wärmetransports wird durch Verwendung von Glaswolle, porösen Schaumstoffen und ähnlichem unterbunden?

591 Was ist der beste Wärmeisolator?

592 Warum versieht man Motorzylinder (z. B. bei Motorrädern) mit sog. Kühlrippen?

593 Durch eine Dampfheizung (Naßdampf) sollen einem Raum im Tag $4 \cdot 10^4$ kJ zugeführt werden. Wieviel Liter Kondenswasser von 40 °C fließen in dieser Zeit aus dem Heizkörper zurück?

594 a) Auf welche Weise kann Wärmeenergie ein Vakuum durchdringen?
b) Nennen Sie den für uns wichtigsten praktischen Fall, wo dies geschieht!

595 In einer Radiosenderöhre soll die Anode nicht zu heiß werden. Die Wärmeleitung ist wegen des Vakuums zu gering. Man versieht sie deshalb mit Metallflügeln, die man schwärzt. Warum?

596 Warum ist helle Kleidung im Sommer angenehmer als dunkle?

597 Man kann die Wärmeisolation von Heizungsrohren und ähnlichem wesentlich verbessern, wenn man sie außer mit Isoliermaterial noch mit einer glänzenden Metallfolie (z. B. Aluminium) umgibt. Warum?

598 In der Natur spielen 2 Arten des Wärmetransports eine wichtige Rolle. Welche sind es, und wo kommen sie hauptsächlich vor?

599 Wie verändert sich die von einem Körper durch Strahlung in der Sekunde abgegebene Wärmemenge, wenn seine absolute Temperatur verdoppelt wird?

600 Wie ist ein sog. Dewar-Gefäß (,,Thermosflasche'') gebaut, und wie wirkt es (Skizze)?

601 a) Wie hängt die Wärmeleitfähigkeit eines Gases vom Druck ab?
b) Welches Gas hat die höchste Wärmeleitfähigkeit?
c) Wie kann man (für Laborzwecke) die Wärmeleitung zwischen zwei kleineren Körpern verändern und regulieren?

3.43 Kinetische Theorie

602 a) Wie unterscheiden sich die Aggregatszustände fest, flüssig, gasförmig im molekularen Bild (Abstände und Kräfte zwischen den Molekülen)?
b) Was folgt daraus für das Volumen, die Form, die Zusammendrückbarkeit und die innere Reibung von festen Körpern, Flüssigkeiten und Gasen?

603 a) Wie hängen die Gesetze der Wärmelehre mit denen der Mechanik zusammen?

    b) Wie heißt die physikalische Theorie, die diesen Zusammenhang vermittelt?

    c) Welche mechanische Größe entspricht der Wärmeenergie, die ein einatomiges Gas, z. B. He, enthält?

    d) In welcher Form wird Wärme in einem Kristall gespeichert?

604 a) Wie nennt man die Strecke, die ein Gasmolekül im Mittel zurücklegen kann, ohne mit einem anderen zusammenzustoßen?

    b) Wovon hängt ihre Größe ab?

    c) Ist sie für Luft unter Normalbedingungen größer oder kleiner als 1 mm?

605 Wie groß ist die mittlere Geschwindigkeit $\bar{v}$ von Quecksilberatomen bei 300 °C?

606 a) Wievielmal größer ist die mittlere Geschwindigkeit $\bar{v}$ von Wasserstoffmolekülen ($M = 2$) als diejenige von Sauerstoffmolekülen ($M = 32$) bei gleicher Temperatur?

    b) wie hängt $\bar{v}$ bei konstanter Temperatur vom Druck ab?

607 a) Wodurch kommt eine mittlere Geschwindigkeit der Atome in einem Gas zustande?

    b) Kann man einem einzelnen fliegenden Atom eine „Temperatur" zuschreiben? (Begründung!)

608 a) Wie groß ist der Gasdruck irgendwo im Weltraum, wo nur noch 10^3 Moleküle im cm^3 vorhanden sind, wenn man eine „Temperatur" von 0 °C annimmt?

    b) Warum ist die Angabe einer Temperatur unter diesen Bedingungen nicht mehr sinnvoll?

609 Skizzieren Sie einen Versuch, mit dem die Geschwindigkeit von Atomen in einem sog. Atomstrahl (erzeugt durch Verdampfen eines Elements im Vakuum) gemessen werden kann!

610 a) Wie kommt der Druck eines Gases auf die Gefäßwand zustande?

    b) Warum merkt man praktisch keine Druckschwankungen?

611 Wieviel Moleküle Sauerstoff ($M = 32$) mit einer mittleren Geschwindigkeit (Komponente senkrecht zur Wand) von 400 m/s müssen je Sekunde auf 1 cm^2 der Wand elastisch reflektiert werden, um einen Druck von 0,1 MPa zu erzeugen?

(Berechnen Sie erst die Masse eines Moleküls!)

612 Was hat die Brownsche Bewegung sichtbarer Teilchen mit der kinetischen Wärmetheorie zu tun?

613 Wodurch ist die Anzeigeempfindlichkeit jedes Meßinstruments begrenzt?

614 a) Was versteht man unter den Freiheitsgraden eines Moleküls?
b) Welche Energie trifft bei der absoluten Temperatur T im Mittel auf jeden Freiheitsgrad?

615 a) Was versteht man unter „Gleichverteilung der Energie" in einem Gas?
b) Wodurch kommt diese zustande?

616 Warum hat der Mond keine wesentliche Gasatmosphäre? (Vergleichen Sie kinetische und potentielle Energie eines Gasmoleküls auf der Erde und auf dem Mond!)

617 Warum gilt für Flüssigkeiten $c_p \approx c_v$? Vgl. Aufg. 579!

618 In Gasen haben mehratomige Moleküle die sog. „äußeren" Freiheitsgrade der Translation und Rotation und dazu noch die „inneren" Freiheitsgrade von Schwingungen der Atome gegeneinander. Bei niedrigen Temperaturen nehmen nur die äußeren FG Energie auf, bei höheren Temperaturen auch die inneren. Was folgt daraus für das Verhalten der Wärmekapazität bei steigender Temperatur?

619 Die äußeren Freiheitsgrade tragen zu c_v je $R/2$, die inneren je R bei. Zweiatomige Moleküle haben 1 Schwingungs- und 2 Rotations-Freiheitsgrade. Wie groß ist c_v
a) für He,
b) für H_2 bei niederer und bei hoher Temperatur?
(Vgl. Angaben in Aufg. 618.)

620 Bei $T = 300$ K ist c_v für Cl_2 25,53, für H_2 : 20,77 JK^{-1}mol^{-1}. Was ist daraus mit den Angaben in 618 und 619 zu schließen?

3.44 Zustandsänderung idealer und realer Gase

621 a) Was versteht man unter einer isothermen Zustandsänderung eines Gases?
b) Skizzieren Sie für eine abgeschlossene Menge eines idealen Gases ein p-V-Diagramm mit einigen Isothermen!
c) Erläutern Sie daran auch die Begriffe „isobare" und „isochore" Zustandsänderung!

622 Welche Bedeutung hat die Fläche, die im p-V-Diagramm von zwei Isochoren (V_1, V_2 = const), dem dazwischen liegenden Abschnitt der Abszisse und einer Isotherme zur Temperatur T eingeschlossen wird? (Skizze!)

623 Ein ideales Gas dehnt sich isotherm im Verhältnis 1:5 aus. Anfangszustand p = 0,5 MPa, V = 1 dm³, t = 20 °C.
a) Die Zust.-Änderung ist im p-V-Diagramm maßstäblich darzustellen.
b) Wie groß ist der Enddruck?
c) Die Expansionsarbeit ist aus dem Diagramm näherungsweise zu ermitteln.
d) Wird dem Gas dabei Wärme zugeführt oder entzogen? Wieviel?

624 10 kg Sauerstoff werden aus dem Normalzustand isochor auf $^2/_3$ des Anfangsdruckes entspannt.
a) Wie bringt man dies zustande?
b) Wie groß ist das Volumen, wenn das Gas im Anschluß an a) isobar auf 60 °C erwärmt wird?

625 Für bestimmte chemische Reaktionen werden Gasgemische bei einem Druck bis 10^8 Pa auf 600°C erhitzt. Welche Energie ist nach dem idealen Gasgesetz mindestens nötig, um 1 kg Stickstoff (Molekulargewicht M = 28) von p_1 = 0,1 MPa bei 20 °C in diesen Zustand zu bringen?

626 a) Was versteht man unter adiabatischer Zustandsänderung?
b) Skizzieren Sie ein p-V-Diagramm mit einer Isotherme und einer sie schneidenden Adiabate!

627 Wie heißt eine Zustandsänderung, für die pV^n = const mit $1 < n < \varkappa$?

628 a) Wobei wird ein größeres Endvolumen erreicht: bei isothermer oder adiabatischer Expansion (Ausdehnung) eines Gases auf denselben Enddruck?
b) Rechnen Sie ein Beispiel mit selbst gewählten Werten von p_1, p_2 und $\varkappa$ (ideales Gas)!

629 a) Wie groß ist die Dichte von Luft ($\varkappa$ = 1,4), wenn der Druck adiabatisch vom Normalzustand auf den dreifachen Wert erhöht wird?
b) Um welchen Faktor müßte man bei isothermer Zustandsänderung den Druck erhöhen, um zur selben Dichte wie bei a) zu gelangen?

630 Warum wird eine Fahrradpumpe beim Gebrauch heiß?

631 Wird ein Preßluftbohrer im Betrieb heiß oder kalt? (Begründung!)

632 Welche Temperatur entsteht im Zylinder eines Dieselmotors bei einer Kompression von 18:1, wenn die angesaugte Luft eine Temperatur von 20 °C hat und ein Polytropenexponent von 1,38 gilt?

633 Beschreiben Sie mit Skizzen und Formeln zwei Methoden zur Bestimmung von $x = c_p/c_v$ eines Gases!

634 Schall breitet sich in Gasen in Form periodischer Druckwellen aus. Warum muß man zur Berechnung der Schallgeschwindigkeit die Formel für adiabatische Zustandsänderungen des Gases zugrunde legen?

635 Die Schallgeschwindigkeit in einem Gas ist

$$c_G = \sqrt{\frac{x \cdot p}{\varrho}} = \sqrt{x \cdot R_s T}; \quad R_s = 8314/M \quad \text{Ws/kg K.}$$

a) Skizzieren Sie einen Versuch, mit dem c_G gemessen werden kann?
b) Wie groß ist x für Heliumgas ($M = 4$), wenn bei 20 °C $c_G = 1010$ m/s gemessen wird?

636 Mit Hilfe des Kundtschen Versuches sei für ein Gas die Schallgeschwindigkeit zu $c = 206$ m/s bestimmt worden, bei einem Druck $p = 1,07 \cdot 10^5$ N/m². Die Dichte des Gases ist 3,22 kg/m³ (Chlor).
a) Wie groß ist $x = c_p/c_v$?
b) Ist dies in Übereinstimmung mit dem für ein zweiatomiges Gas zu erwartenden Wert? Vgl. Aufg. 618, 619!

637 a) Was ist der wesentliche Unterschied zwischen einem realen und einem idealen Gas?
b) Könnte man ein ideales Gas verflüssigen?

638 a) Wie lautet die van der Waalssche Zustandsgleichung für reale Gase?
b) Was bedeuten darin die Glieder, durch die sie sich von der Zustandsgleichung des idealen Gases unterscheidet?
c) Gilt sie exakt?

639 a) Unter welchen Bedingungen verhalten sich reale Gase annähernd wie ein ideales Gas?
b) Begründen Sie die Antwort anhand der van der Waalsschen Zustandsgleichung!

640 a) Zeichnen Sie schematisch in ein p-V-Diagramm einige Isothermen nach der van der Waalsschen Zustandsgleichung (für tiefe, mittlere und hohe Temperatur)!
b) Grenzen Sie darin drei Gebiete ab, die sich durch die zugehörigen Aggregatszustände unterscheiden!
c) Bezeichnen Sie eine Isotherme, längs der man das Gas verflüssigen kann! Was muß man dazu tun?

641 a) Welche Erscheinung bezeichnet man als Drossel-Effekt (Joule-Thomson-Effekt)?
b) Wäre dieser Effekt bei einem idealen Gas vorhanden?

642 Beschreiben Sie anhand von Skizzen

a) das Verfahren von LINDE zur Verflüssigung der Luft;

b) ein Verfahren zur Trennung von Sauerstoff und Stickstoff aus flüssiger Luft.

3.45 Thermodynamischer Wirkungsgrad zweiter Hauptsatz; Entropie

643 Was versteht man unter dem thermodynamischen Wirkungsgrad η einer Wärmekraftmaschine?

644 Wird es in einem Zimmer kühler, wenn man die Tür eines elektrischen Kühlschrankes offen läßt, so daß die Maschine dauernd arbeitet?

645 a) Kann man Wärmeenergie unter allen Bedingungen in mechanische Energie umwandeln?

b) Ist es möglich, dem Meer laufend Wärmeenergie zu entziehen, z. B., um unter Abkühlung des Meerwassers ein Schiff anzutreiben?

646 Aus welchem Satz folgt zu welchem Bruchteil eine verfügbare Wärmemenge unter gegebenen Bedingungen in Arbeit verwandelt werden kann?

647 a) Wie groß ist der maximale Nutzeffekt einer Wärmekraftmaschine, die Wärme bei der höheren Temperatur T_2 aufnimmt und bei der tieferen Temperatur T_1 zum Teil wieder abgibt?

b) Welcher Wirkungsgrad kann von einer Dampfturbine nicht überschritten werden, bei der der eintretende Dampf eine Temperatur von 550 °C, der austretende eine solche von 150 °C hat?

c) Was setzt der Erhöhung des Wirkungsgrades praktische Grenzen?

648 Man sagt, die Muskeln haben ihre Energie aus der „Verbrennung" (Oxydation) der Nahrungsmittel. Ist der Mensch deshalb bezüglich körperlicher Arbeitsleistung eine periodisch arbeitende Wärmekraftmaschine? Begründung!

649 Warum kann eine Wärmepumpe einem Raum mehr Wärmeenergie zuführen, als sie Stromenergie verbraucht?

650 Mittels einer Wärmepumpe (W) soll ein Raum auf der Temperatur $t_2 = 20\,°C$ gehalten werden. Die Wärme soll einem Bach der Temperatur $t_1 = 5\,°C$ entnommen werden. Die Verluste durch Wände, Fenster usw. betragen $2 \cdot 10^5$ kJ/Tag.

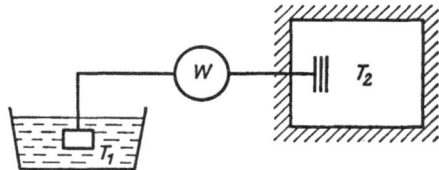

a) Wie groß ist der ideale Wirkungsgrad der Anlage?

b) Wieviel kWh beträgt der tägliche Stromverbrauch, wenn tatsächlich nur $1/_3$ des idealen Wirkungsgrades erreicht wird?

c) Wie groß wäre der Stromverbrauch, wenn die gleiche Heizleistung mit einem elektrischen Ofen erzielt werden sollte?

651 Wofür ist die Entropie ein Maß?

652 a) Um welchen Betrag ändert sich die Entropie, wenn 1 kg Wasser bei seinem normalen Siedepunkt verdampft wird?

b) Nimmt die Entropie des Systems Wasser + Dampf dabei zu oder ab?

c) Wie ändert sich die Entropie beim Schmelzen eines Kristalls?   *

653 Was versteht man unter einem reversibel geführten Prozeß?

654 Die größte Energie kann man bei reversibel (umkehrbar) geführten Prozessen gewinnen. Warum tut man dies in der Technik doch nicht?

4. ELEKTRIZITÄT UND MAGNETISMUS

4.1 Ruhende Ladungen
Kraft, Feld, Kondensator, Potential, Arbeit

655 a) Wo sind elektrische Ladungen dauernd vorhanden; wie sind sie dort verteilt?
  b) Was heißt ,,Elektrizitätserzeugung"?
  c) Warum ist zur Elektrizitätserzeugung Arbeit aufzuwenden?

656 Welche Arten von elektrischer Ladung gibt es, und wie verhalten sie sich zueinander?

657 a) Was ist das Gemeinsame bei jeder ,,Erzeugung" von Elektrizität?
  b) Ist ,,Reibungselektrizität" etwas anderes als chemisch oder durch Induktion erzeugte Elektrizität?
  c) Kann man ohne Arbeitsaufwand (Energiezufuhr) Elektrizität erzeugen?

658 Skizzieren Sie ein Elektroskop zum Nachweis elektrischer Ladungen und erläutern Sie die Wirkungsweise!

659 Welche Anziehungskraft würden die Ionen von 1 kMol Kochsalz aufeinander ausüben, wenn man alle Na^+-Ionen an den Nordpol der Erde, alle Cl^--Ionen an den Südpol bringen könnte und der Einfluß des Erdreichs vernachlässigbar wäre?

660 Die elektrische Wirkung einer unendlich großen, leitenden, ungeladenen Platte auf eine Ladung Q im Abstand d ist die gleiche wie die einer Ladung $-Q$ im Abstand $2d$ (,,Spiegelladung"). Mit welcher Kraft wird eine Ladung $Q = 10^{-15}$ As zu einem Blech im Abstand $d = 1$ cm hingezogen?

661 Drei gleich große positive Ladungen $Q = 10^{-7}$ As befinden sich an den Ecken eines gleichseitigen Dreiecks von der Seitenlänge l. Wie groß müßte eine negative Ladung im Mittelpunkt des Dreiecks sein, damit Gleichgewicht der Kräfte bestünde? Wäre dieses Gebilde nach außen elektrisch neutral? Hängt das Ergebnis von l ab?

662 a) Mit welcher Kraft wird jede von 4 gleichen Ladungen $Q = 10^{-8}$ As, die an den
Ecken eines Quadrates mit 10 cm Seitenlänge sitzen, von dessen Mitte weg-
gedrängt?

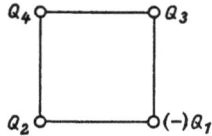

Q_4 ○———○ Q_3

Q_2 ○———○ (−)Q_1

b) Welche Kräfte wirken auf die einzelnen
Ladungen, wenn eine von ihnen negativ ist und die Größe $- Q$ hat?
(Skizze!)

663 Welches Drehmoment wirkt auf einen elektrischen Dipol $M = 6,17 \cdot 10^{-30}$
Asm (freies Wassermolekül) in einem homogenen elektrischen Feld der
Stärke $E = 10^6$ V/m, wenn M
a) senkrecht,
b) parallel zu den Feldlinien steht? (Setzen Sie zunächst $M = Q \cdot l$.)

664 a) Was nennt man „elektrische Feldstärke"?
b) Wie kann man sie messen, und was ist die Maßeinheit im SI-
System?
c) Ist sie ein Skalar oder ein Vektor?

665 Nennen Sie je ein Beispiel eines homogenen und eines inhomogenen
elektrischen Feldes!

666 Zwischen zwei parallelen Metallplatten im Abstand $d = 5$ cm liegt die
Spannung $U = 60$ V. Wie groß ist die Feldstärke zwischen und die
Ladungsdichte auf den Platten?

667 a) Auf welchen Wert ändert sich die Spannung U eines Kondensators,
der die Ladung Q trägt, wenn der Zwischenraum zwischen den Platten anstatt mit Luft mit einem Stoff der relativen Dielektrizitätskonstante ε_r ausgefüllt wird, ohne daß die Ladung verändert wird?
b) Welchen Wert nimmt die Feldstärke an (Anfangswert E)?
c) Bleibt die Ladungsdichte D konstant?

668 Die Formel für die Kapazität eines Plattenkondensators und die Feld-
stärke in ihm ist eine Näherungsformel, die nur gut gilt, wenn die
Plattendimensionen im Verhältnis zum Plattenabstand groß sind.
Skizzieren Sie den Feldlinienverlauf bei großem Plattenabstand!
Ist das Feld noch homogen?

669 a) Wie lautet das Gesetz für die Kraftwirkung zwischen zwei Punkt-
ladungen Q_1 und Q_2 im Abstand r?
b) Wie erhält man daraus die elektrische Feldstärke im Abstand r von
einer Punktladung?
c) Welche Richtung hat der Feldstärkenvektor?

670 a) Wie groß ist die Ladungsdichte $D(r)$ auf der Oberfläche einer leitenden Kugel mit der Gesamtladung Q und dem Radius r? Wenn man
um eine punktförmige Ladung Q als Mittelpunkt eine leitende Kugel
mit dem Radius r legt, so ist $D(r)$ auch die auf dieser Kugel influen-
zierte Ladungsdichte („Verschiebungsdichte").

b) Was folgt daraus für die Größe der Feldstärke $E(r)$ im Abstand r
von einer Punktladung?

671 Die Kapazität einer Kugel vom Radius r gegenüber einer unendlich
entfernten Kugel (praktisch: gegen die Zimmerwände) ist $C = 4\,\pi\,\varepsilon_0\,r$.
Wie groß ist demnach die Kapazität der Erde gegenüber dem Fixsternsystem?

672 Auf der Oberfläche der Erde mißt man eine mittlere Feldstärke
$E = 300\ \text{V/m}$ in radialer Richtung.

a) Welche Ladung trägt die Erde? (Wo sitzen die Gegenladungen?)

b) Welche Ladung müßte eine Seifenblase von 10^{-8} N Gewicht tragen,
um in diesem Feld zu schweben?

673 a) Vergleichen Sie das elektrische Feld einer Punktladung mit dem
Schwerkraft-Feld einer punktförmigen Masse!

b) Welche Größen entsprechen einander?

c) Welcher Unterschied besteht bezüglich der Richtung der Kraft, und
was ist dafür die Ursache?

674 Erklären Sie mit Skizze und Formeln das Prinzip der Messung der
Elektronenladung nach MILLIKAN!

675 Wie groß und wie gerichtet ist die elektrische Feldstärke E eines Dipols
$M = Q \cdot l$ im Abstand $R > l/2$ vom Zentrum

a) auf der Dipolachse (E_a),

b) senkrecht dazu (E_b)

c) Wie verhalten sich $E(R)$ und $E_a : E_b$
für $R \gg l$?

d) Berechnen Sie E_b für ein Dipolmolekül
mit $Q = e$, $l = 10^{-10}$ m, $R = 10^{-9}$ m!

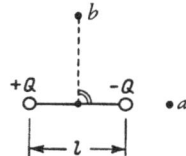

676 Beschreiben Sie die Wirkungsweise eines Van-de-Graaff-Generators
(Bandgenerators)!

677 Wie ändert sich die Kapazität eines Kondensators, wenn man einen
Stoff als Dielektrikum zwischen seine Platten bringt?

678 a) Wie kann man relative Dielektrizitätskonstanten messen?
b) Geht dies auch bei Stoffen mit elektrischer Leitfähigkeit?

679 a) Welcher in der Natur vorkommende Stoff hat eine besonders hohe relative Dielektrizitätskonstante?
b) Was ist die Ursache?

680 In welchem Bereich liegen die relativen Dielektrizitätskonstanten von
a) Kunststoffen,
b) Wasser,
c) Bariumtitanat (ein „Ferroelektrikum")?

681 Wie kann man sich die Wirkung eines Dielektrikums vorstellen,
a) wenn es aus Molekülen besteht, die ein permanentes Dipolmoment haben?
b) Wenn seine Moleküle unpolar sind?
c) Zu welcher Gruppe gehören Wasser bzw. Benzol?

682 a) Was wirkt der Orientierung von Dipolmolekülen im elektrischen Feld entgegen?
b) Ist demnach bei tiefer Temperatur eine bessere Orientierung zu erwarten als bei hoher? (Bei gegebener Feldstärke.)

683 Ein Kondensator hat eine Kapazität $C_0 = 137$ pF, wenn der Raum zwischen den Platten mit Luft ausgefüllt ist und $C_m = 302$ pF, wenn er mit Öl gefüllt ist. Welche relative Dielektrizitätskonstante ε_r hat das Öl?

684 Mit welcher Kraft haften 2 Metallplatten mit je 100 cm² Fläche aneinander, wenn sie durch eine Isolierfolie von 0,1 mm Stärke und einer relativen Dielektrizitätskonstante $\varepsilon_r = 3$ voneinander isoliert sind und zwischen ihnen eine Spannung $U = 1000$ V liegt? *

685 Eine trockene Postkarte 10×15 cm² wird durch Reiben mit Wolle einseitig elektrisch geladen und haftet dann mit der anderen Seite an der Zimmerdecke. Welche Ladungsdichte muß sie tragen, wenn sie $2 \cdot 10^{-2}$ N wiegt und $\varepsilon_r = 2$ gesetzt werden kann? (Behandlung als Plattenkondensator, vgl. 684.)

686 Zwei verschiedene Kondensatoren C_1 und C_2 sind in Serie geschaltet. An die freien Enden ist eine Spannung U angelegt.
a) Wie verteilt sich die Gesamtladung auf C_1 und C_2?
b) Wie verteilt sich U auf C_1 und C_2?
c) Leiten Sie mit Hilfe von a) und b) eine Formel für die gesamte Kapazität C ab!
d) Wie groß ist C für $C_1 = 4\,\mu\text{F}$, $C_2 = 5\,\mu\text{F}$? (Skizze!)

687 Ein Plattenkondensator der Kapazität $C = 10^{-10}$ F ist fest mit einer Spannung von 220 V= verbunden. Wieviel Ladung fließt (zu oder ab),

    a) wenn der Plattenabstand verdoppelt wird;

    b) wenn zwischen die Platten statt Luft Nitrobenzol mit $\varepsilon_r = 35$ gebracht wird?

    c) Ändert sich dabei die Ladungsdichte D oder die Feldstärke E?

688 Luft isoliert bis zu einer Feldstärke von $2,8 \cdot 10^6$ V/m („Durchbruchs-feldstärke").

    a) Auf welche Spannung gegen die Erde und die Zimmerwände kann man die Kugel eines Van-de-Graaff-Generators (Bandgenerators) höchstens aufladen, wenn sie 40 cm Durchmesser hat?

    b) Wie kann man vorgehen, um diesen Generator für noch höhere Spannungen brauchbar zu machen? Vgl. Aufg. 670 und 671!

689 a) Worauf beruht die Wirkung des Blitzableiters?

    b) Wo kann man in der Technik eine Spitzenentladung benützen?

690 (Zylinderkondensator). Für die Kapazität zweier konzentrischer Zylinder mit den Radien r_1 und r_2 und der Länge l gilt $(l \gg r_1 > r_2)$: $C = \dfrac{2\pi\,\varepsilon_0\,l}{\ln r_1/r_2}$ (ln = natürlicher Logarithmus). Wie groß ist demnach in einer Verstärkerröhre die Kapazität zwischen Anode ($r_1 = 4$ mm) und Kathode ($r_2 = 1,5$ mm), wenn $l = 15$ mm ist?

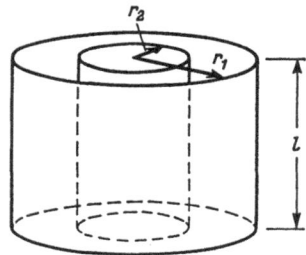

691 Wie groß ist nach der in Aufgabe 690 gegebenen Formel die Kapazität je m Länge bei einem Fernsehkabel, das aus einem Innenleiter mit $r_2 = 2$ mm und einem koaxialen Außenleiter mit $r_1 = 10$ mm besteht, wenn der Zwischenraum mit Luft ausgefüllt ist (außer wenigen Abstandsringen)?

692 a) Vergleichen Sie Hubarbeit und potentielle Energie einer Masse m im (homogen angenommenen) Schwerefeld mit der Arbeit zum Verschieben einer elektrischen Ladung Q in einem homogenen elektrischen Feld E! Welche Größen entsprechen sich formal?

    b) Wie nennt man die potentielle Energie einer Einheitsladung (1 As im SI-System) an einem bestimmten Punkt eines elektrischen Feldes? Was ist die Einheit dieser Größe?

693 Ist das „elektrische Potential" an einem bestimmten Punkt eine absolut oder nur relativ zu einem anderen Punkt anzugebende Größe?

694 Wie hängt die Arbeit, die nötig ist, um eine elektrische Ladung Q zwischen zwei Punkten zu bewegen, mit der Potentialdifferenz ΔU zwischen diesen Punkten zusammen?

695 Wie nennt man gewöhnlich die Potentialdifferenz zwischen zwei Leitern und in welchen Einheiten mißt man sie?

696 Die potentielle Energie einer Ladung Q an einem Punkt 1 bezogen auf einen Punkt 2 ist gleich der Arbeit, die nötig ist, um sie von 1 nach 2 zu bewegen. Wie groß ist diese für $Q = 9{,}65 \cdot 10^7$ As (Ladung von 1 kMol einwertiger Ionen), wenn zwischen 1 und 2 die Spannung $U = 2$ V herrscht (Galvanotechnik)?

697 a) Welche Energie speichert der Kondensator eines Elektronenblitzgerätes bei $U = 600$ V und $C = 80 \ \mu$F?

b) Wie groß ist die mittlere Lichtleistung in Watt, wenn die Lampe mit dieser Energie 1 ms lang brennt und ca. 15% der Energie in Licht verwandelt werden?

698 Ein Kondensator von 30 μF ist auf $U = 500$ V aufgeladen.

a) Welche Ladung Q speichert er?

b) Welche Energie enthält er?

c) Wie viele Meter hoch könnte man mit dieser Energie einen Eisenstab E von $m = 0{,}15$ kg Masse heben, wenn man den Kondensator durch Schließen des Schalters S (Skizze) über eine Magnetspule entladen würde? (Verluste vernachlässigen.)

699 Zwei Aluminiumfolien der Größe 5 cm × 3 m werden durch Wachspapier von $^5/_{100}$ mm Stärke gegeneinander isoliert und zu einem Blockkondensator aufgewickelt. Dabei werden beide Seiten jeder Folie wirksam.

a) Welche Kapazität hat dieser Kondensator, wenn die relative Dielektrizitätskonstante des Wachspapiers $\varepsilon_r = 2{,}4$ ist?

b) Welche Ladung und

c) welche Energie speichert er bei 200 V?

700 Eine flache Gewitterwolke mit 10^4 m² Fläche in ca. 440 m Höhe bildet mit der Erdoberfläche einen Kondensator, der bis 10^9 V aufgeladen sein kann.

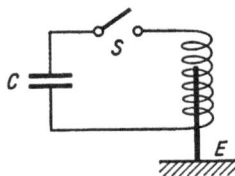

a) Welche elektrische Ladung kann bei dieser Spannung gespeichert werden?

b) Welche Energie kann bei der Entladung von dieser Wolke höchstens umgesetzt werden, wenn keine weitere Ladungszufuhr stattfindet?

c) Tatsächlich können sich Auf- und Entladung während eines Gewitters bis zu 50 mal wiederholen. Was wäre ein solches Gewitter bei einem Strompreis von 25 Pfennig je kWh wert?

d) Lohnte sich demnach ein Versuch, die Gewitter als Energiequelle auszunützen?
(Nur auf 2 Dezimalstellen rechnen!)

701 a) Wie groß ist die Kapazität eines Plattenkondensators (Plattenfläche A, Abstand d) in Luft?

b) Welche Energie W enthält er, wenn er die Ladung Q trägt?

c) Um welchen Betrag ΔW ändert sich diese Energie, wenn man den Plattenabstand d um die Strecke Δx vergrößert? Dazu ist eine mechanische Arbeit $F \cdot \Delta x$ nötig.

d) Welche Formel für die Anziehungskraft F zwischen den Platten des geladenen Kondensators ergibt sich, wenn man $\Delta W = F \Delta x$ setzt? Hängt F bei konstanter Ladung vom Plattenabstand d ab (solange d klein ist)?

702 Ein Plattenkondensator hat bei 1 cm Plattenabstand eine Kapazität von 100 pF. Er wird mit $U = 15\,000$ V geladen, dann von der Spannungsquelle getrennt. Welche Arbeit ist nötig, um nun bei konstanter Ladung die Platten auf 2 cm Abstand auseinanderzurücken?

703 Zwei Kondensatoren, $C_1 = 5\ \mu F$ und $C_2 = 10\ \mu F$, sind zunächst in Reihe geschaltet. Diese „Batterie" wird mit $U = 150$ V aufgeladen.

a) Wie groß ist die gesamte Ladung Q, und wie groß sind die Ladungen Q_1 und Q_2 auf C_1 bzw. C_2?

b) Wie verteilt sich U auf C_1 und C_2?

c) Wie groß ist die gespeicherte Energie, und wie verteilt sie sich auf C_1 und C_2?

Die Kondensatoren werden nun (im geladenen Zustand) voneinander getrennt und in der Weise parallel geschaltet, daß die gleichnamig geladenen Platten miteinander verbunden werden.

d) Wie groß sind nun Kapazität, Ladung, Spannung und Gesamtenergie dieses Systems?

e) Wenn sich die Energie von der unter c) gefundenen unterscheidet, was ist die Ursache? (Hinweis: Erst Skizze mit eingetragenen Ladungsmengen.)

4.2 Elektrischer Strom; Gleichstrom

4.21 Bewegte Ladungen

704 Was stellen Sie sich unter einem elektrischen Strom vor?

705 a) Ein Fußballplatz hat 5 Ausgänge. Nach dem Spiel verlassen 27000 Zuschauer den Platz in 15 Minuten. Wie groß ist der (mittlere) Menschenstrom an einem Ausgang?

b) Wie ist die Stärke eines elektrischen Stromes definiert?

706 Ein elektrischer Strom kann fließen

a) in Elektrolytlösungen und festen Elektrolyten,

b) in Metallen,

c) in Halbleitern,

d) im Vakuum,

e) in Gasen.

Nennen Sie für die Fälle a) – e) Art und Herkunft der Ladungsträger!

707 a) Gibt es Flüssigkeiten, die den elektrischen Strom ohne Ionentransport leiten?

b) Wenn ja, nennen Sie Beispiele!

708 Wieviel Elektronen fließen bei 4,8 A in der Sekunde durch einen Leiterquerschnitt?

709 Wieviel Elektronen treffen den Bildschirm einer Fernsehröhre in der Sekunde bei einem Strom von 10^{-3} A?

710 Durch eine Maschine läuft eine Papierbahn von 1 m Breite mit der Geschwindigkeit 240 m/Min. Das Papier ist durch Reibung elektrisch geladen; Ladungsdichte $D = 10^{-9}$ As/cm². Welchen Strom muß man abnehmen (z. B. mit einem Sprühentlader) um es ladungsfrei zu machen?

711 a) Wie groß ist ungefähr die Elektronengeschwindigkeit bei technischen Strömen in Metallen?

b) Wie schnell breitet sich ein elektrisches Signal (z. B. Einschalten eines Stromes) längs einer Leitung aus?

c) Veranschaulichen Sie den Unterschied zwischen diesen beiden Geschwindigkeiten an einer Wasserleitung als Modell!

712 a) Welche Vorzeichen können die Ladungsträger in Halbleitern haben?

b) Welche Teilchen besorgen den Stromtransport in sog. n-Halbleitern?

c) Wie stellt man sich einen Strom in einem p-Halbleiter vor?

d) Was meint man mit „Löcherleitung"?

713 In einer Fernsehröhre werden aus der Glühkathode emittierte Elektronen über eine Spannung von 20 kV beschleunigt. Mit welcher Geschwindigkeit erreichen sie die Anode bei stoßfreiem Flug? (Die „thermische" Anfangsgeschwindigkeit kann vernachlässigt werden.)

714 Welche Geschwindigkeit hat ein α-Teilchen (He-Kern), das eine Spannung von 10^7 V durchlaufen hat? $Q = 3{,}2 \cdot 10^{-19}$ As (2 positive Elementarladungen).

715 Berechnen Sie mit Hilfe der potentiellen Energie $\dfrac{Q_1 Q_2}{4 \pi \varepsilon_0 r}$ den nächsten Abstand, auf den sich ein α-Teilchen, das mit einer Spannung von $2 \cdot 10^6$ V beschleunigt wurde, dem Kern eines Goldatoms ($Q = +79$ e) nähern kann!

716 Wie groß ist die Kraft, die ein Elektronenstrom von 300 mA auf die Anode einer Verstärkerröhre ausübt, wenn die Elektronen mit 300 V beschleunigt wurden? (Unelastischer Stoß!)

717 An zwei parallelen Metallplatten im Abstand von 4 cm liegt eine Spannung von 200 V.
   a) Wie groß ist die elektrische Feldstärke zwischen den Platten?
   b) Welche kinetische Energie in eV und Nm erreicht ein Elektron, wenn es (bei vermindertem Luftdruck) in diesem Feld 0,5 cm weit fliegt, bevor es mit einem Molekül zusammenstößt?
   c) Reicht diese Energie, um das Molekül zu zerschlagen, wenn die Bindungen zwischen den Atomen eine Energie von ca. 5 eV haben?

4.22 Widerstand; Ohmsches Gesetz

718 a) Wie unterscheidet sich ein Leiter von einem Isolator?
   b) Was wäre demnach der beste Isolator?

719 Nennen Sie je einige praktisch verwendbare Stoffe mit folgenden Eigenschaften:
   a) sehr gute Isolatoren;
   b) technisch genügende, billige Isolatoren;
   c) gute metallische Leiter;
   d) technisch verwendete Halbleiter;
   e) elektrolytische Leiter.

720 Unter welche Gruppe in obiger Frage ist einzureihen:
   a) Glas bei verschiedenen Temperaturen;
   b) Leitungswasser;
   c) destilliertes Wasser;

d) Öl und Benzin;

e) Selen;

f) Porzellan?

721 a) Wie lautet das Ohmsche Gesetz (für Gleichstrom)?

b) Skizzieren Sie eine Anordnung (Schaltbild), mit der man die Gültigkeit des Ohmschen Gesetzes für einen zunächst unbekannten Widerstand R genau prüfen kann! (NB! Was für ein Spannungsmeßgerät muß man verwenden?)

722 Die Widerstände $R_1 = 3\ \Omega$, $R_2 = 5\ \Omega$, $R_3 = 8\ \Omega$ sind in Reihe geschaltet.

a) Welcher Strom fließt, wenn an die Enden eine Spannung von 4 V angelegt wird?

b) Wie groß sind die Teilspannungen U_1, U_2 und U_3 an den einzelnen Widerständen?

723 Die Widerstände $R_1 = 2\ \Omega$, $R_2 = 5\ \Omega$ und $R_3 = 8\ \Omega$ werden parallel geschaltet und an eine Spannung von 2,42 V gelegt.

a) Wie groß ist der Leitwert der Schaltung?

b) Welche Ströme I_1, I_2 und I_3 fließen in den einzelnen Widerständen?

724 In nebenstehender Schaltung zeigt das Amperemeter einen Strom von 105 A. Wie groß ist sein Innenwiderstand?

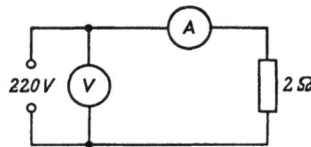

725 Welche Spannung U zeigt das Voltmeter $(R_i \approx \infty)$

a) bei geöffnetem,

b) bei geschlossenem Schalter S?

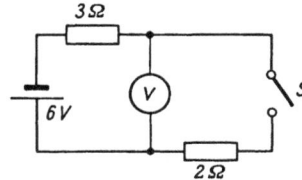

726 Wie groß muß der Regelwiderstand R sein, damit $U_1 = 110$ V wird, wenn $U = 220$ V, $R_1 = 80\ \Omega$, $R_2 = 100\ \Omega$, $R_3 = 150\ \Omega$?

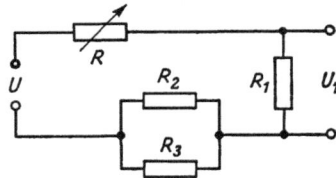

727 a) Warum sinkt die Klemmenspannung einer Span-
nungsquelle (z. B. Batterie)
bei steigender Belastung
(Stromentnahme) ab?

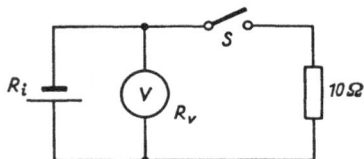

b) Bei geöffnetem Schalter S
zeigt das Voltmeter mit
Innenwiderstand R_v = 100 Ω eine Spannung U_1 = 9,9 V, bei geschlossenem Schalter eine Spannung U_2 = 9,01 V. Wie groß ist der
Innenwiderstand R_i der Spannungsquelle?

728 Ein Voltmeter hat einen inneren Widerstand R_i = 5 · 10⁴ Ω bei einem
Meßbereich von 100 V für Vollausschlag. Was ist zu tun, damit der
Vollausschlag erst bei 3000 V erreicht wird, und wie ist es zu schalten,
wenn die Spannung am Verbraucher R gemessen werden soll?

729 Wie groß soll der Innenwiderstand eines
a) Voltmeters,
b) Amperemeters sein? (Begründung!)

730 Ein Drehspulmeßgerät hat einen Eigenstromverbrauch von 5 mA bei
Vollausschlag. Der Innenwiderstand beträgt 20 Ohm. Anzugeben sind:
a) Spannungsmeßbereich des Gerätes ohne Zusatzwiderstand,
b) Zusatzwiderstand und Schaltung für einen Strommeßbereich bis
1 A,
c) Zusatzwiderstand und Schaltung für einen Spannungsmeßbereich
bis 10 V.

731 a) Was verwendet man als praktisches Spannungsnormal?
b) Was muß man dabei beachten?

732 a) Was ist der Zweck einer Kompensationsschaltung?
b) Skizzieren und erläutern Sie die Poggendorffsche Kompensationsschaltung zur Spannungs-Messung!

733 a) Beschreiben Sie anhand einer Skizze die Wheatstonesche Brücken-
schaltung zur Messung eines Widerstandes R_x!
b) Wie lautet die Bedingung für Stromlosigkeit im Brückenzweig
(Meßinstrument)?
c) R_x sei ca. 100 Ω; wie hoch soll man den Vergleichswiderstand wählen,
um möglichst große Meßgenauigkeit zu erzielen?

734 Um Leiter aus verschiedenem Material vergleichen zu können, kenn-
zeichnet man sie durch ihren spezifischen Widerstand ϱ. Wie ist dieser
definiert?

735 Wie hängt der Widerstand eines Leiters vom konstanten Querschnitt A in mm² und der Länge l in m vom spezifischen Widerstand des Materials ab (Formel)?

736 a) Wie verhält sich der Querschnitt einer Aluminiumleitung zu dem einer Kupferleitung mit gleicher Leitfähigkeit?

b) Wie verhalten sich dann die Gewichte je m Länge? *

737 Beschreiben Sie eine Anordnung zur Messung des Temperaturkoeffizienten eines Widerstandes mittels einer Wheatstonebrücke (Skizze)!

738 a) Wie groß ist der gesamte Widerstand R einer 50 km langen Kupferleitung aus 2 Drähten (Hin- und Rückleiter) mit je 3 mm Durchmesser bei 0 °C?

b) Um wieviel schwankt R bei Temperaturen zwischen −30° und +40 °C?

739 Beim Anschalten einer Glühlampe an eine konstante Spannung kann man mit schnell anzeigenden Geräten (Oszillograph) zuerst eine große Stromstärke beobachten, die rasch auf den Wert abfällt, der der Leistung der Glühlampe entspricht. Wie ist dies zu erklären? (Die gleiche Erklärung gilt für die Beobachtung, daß richtig dimensionierte Sicherungen beim Anschalten eines elektrischen Ofens manchmal durchbrennen.)

740 a) Welche zwei Größen bestimmen die elektrische Leitfähigkeit σ eines Stoffes?

b) Wie ändern sich diese, und damit σ, bei steigender Temperatur für (I) Metalle; (II) flüssige, (III) feste Elektrolyte, (IV) Halbleiter?

4.23 Leistung; Stromwärme

741 Was zahlt man mit der Stromrechnung: die geflossene Ladungsmenge oder die verbrauchte elektrische Energie?

742 a) Zeichnen Sie in diesen Stromkreis ein Volt- und ein Amperemeter so ein, daß die vom Verbraucher R aufgenommene Leistung bestimmt werden kann!

b) Ein vorhandenes Voltmeter zeige Vollausschlag bei 10 V, der Innenwiderstand sei 3500 Ω; ein Ampere-

meter mit $R_i = 1,05\ \Omega$ schlage bei 0,1 A voll aus. Wie kann man die Meßbereiche so ändern, daß die Instrumente in obiger Schaltung bei $U = 220$ V gerade vollen Ausschlag geben?
c) Tragen Sie diese Änderung ebenfalls im Schaltbild ein!

743 Ein Motor soll eine Aufzugskabine mit 600 kg in 10 s 20 m hochziehen. Wieviel Strom nimmt er bei einer Spannung von 380 V auf, wenn der Wirkungsgrad 70% beträgt?

744 Ein Autoanlasser zieht kurzzeitig 120 A aus einer 12 V-Batterie. Welche Leistung kann er dabei bei einem Wirkungsgrad von 55% abgeben?

745 Ein kleiner Motor nimmt in unbelastetem Zustand (d. h. ohne nach außen Arbeit zu leisten) bei 110 V 0,3 A auf und läuft dabei mit einer Drehzahl von 1500 U/Min. Wie groß ist das Drehmoment, das die Reibungskräfte auf den Anker ausüben, wenn 25% der aufgenommenen Energie in Joulesche Wärme verwandelt werden?   *

746 Ein Elektromotor sitzt mit einem Schwungrad auf gemeinsamer Welle. Wenn ein Strom von 11 A bei 220 V 12,5 s lang durch den Motor fließt, erreicht dieser samt Schwungrad eine Drehzahl $n = 300$/Min. Wie groß ist das Trägheitsmoment der gesamten rotierenden Masse, wenn man einen Wirkungsgrad von 80% annehmen kann?

747 In einer Röntgenröhre werden Elektronen mit einer Spannung von $5 \cdot 10^4$ V beschleunigt und treffen auf die sog. Antikathode auf, die mit Wasser gekühlt wird. Um wieviel erwärmt sich das Kühlwasser, wenn die Durchflußmenge 0,1 l/s beträgt und die Röhre mit 100 mA Strom betrieben wird?   *

748 Welchen Widerstand muß eine Heizwicklung haben, die bei 220 V eine Heizleistung von 1 kW abgeben soll?

749 In einer Autolampe fließt bei 12 V ein Strom von 5 A.
a) wie groß ist ihr Widerstand?
b) Welche Leistung wird verbraucht?

750 Ein Kraftwerk speist bei 220 kV eine Leistung von 100 MW in eine Fernleitung aus Kupfer. Welchen Querschnitt muß diese mindestens haben damit beim 200 km entfernten Verbraucher noch 80 MW zur Verfügung stehen?

751 Warum versucht man, den Widerstand der elektrischen Leitung zwischen Stromquelle (Kraftwerk) und Verbraucher möglichst klein zu halten?

752 a) Warum wird elektrische Energie auf Fernleitungen mit möglichst hoher Spannung befördert? (Anwort mit Formel!)

b) Was setzt der weiteren Erhöhung der Spannung praktische Grenzen?

c) Was ändert sich längs der Leitung: U oder I?

753 Wie kann man mittels eines elektrisch geheizten Drahtes die Strömungsgeschwindigkeit eines Gases messen?

754 a) Berechnen Sie die Ströme I_1 bis I_5 und die Spannungen U_{ab} und U_{cd}!

b) Welche Leistung wird verbraucht?

c) Wie groß ist der Gesamtwiderstand?

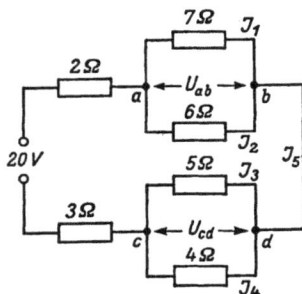

755 Ein Heizstrahler hat bei Rotglut (800 °C) eine Leistungsaufnahme von 1000 W (Betriebsspannung = 220 V). Als Widerstandsmaterial wird Chromnickel verwendet. Zu berechnen sind:

a) Widerstand und Stromaufnahme bei der Betriebstemperatur,

b) Energieaufnahme bei 24 Stunden Dauerbetrieb,

c) Einschaltstromstärke bei Zimmertemperatur (20 °C).

756 a) Worauf beruht ein Hitzdraht-Amperemeter? (Skizze!)

b) Ist sein Ausschlag von der Stromrichtung abhängig? (Begründung!)

c) Ist die Skala linear geteilt?

757 a) Worauf beruht die Wirkungsweise einer Schmelzsicherung?

b) Welche Gefahr besteht, wenn man eine Sicherung verbotenerweise mit einem kräftigen Draht überbrückt?

758 Welchen Widerstand muß ein elektrischer Kochtopf haben, wenn er bei $U = 220$ V 1 l Wasser von 20 °C in 8 Minuten zum Kochen (100 °C) bringen soll (Wirkungsgrad $\eta = 80\%$)? Welcher Strom fließt?

759 Beschreiben Sie einen einfachen Versuch zur Bestimmung der spezifischen Wärmekapazität einer Flüssigkeit! Skizze und wichtigste Formeln!

4.24 Elektrolyse

760 Wie lauten die beiden Faradayschen Gesetze für die Elektrolyse?

761 Wieviel H_2 (in mol; kg; m^3 unter Normalbedingungen) entsteht an der Kathode, wenn ein Strom von 16 A 10 Minuten lang durch angesäuertes Wasser fließt?

762 Wieviel mg Silber (Atomgewicht 108) werden vom Strom $I = 1$ A in 1 s aus einer Lösung von Ag^+ $(NO_3)^-$ (Silbernitrat) an der Kathode abgeschieden? (Dieses „Silbercoulometer" diente früher zur Definition der Stromstärke-Einheit.)

763 Bei der elektrolytischen Reinigung von Kupfer löst sich Cu an der Anode als Cu^{++} und wird an der Kathode gemäß $Cu^{++} + 2\,e \rightarrow Cu$ wieder abgeschieden. Dabei liegt eine Spannung von 1,2 V an den Elektroden. Wieviel Stromkosten fallen auf 1 kg so gereinigten Kupfers bei einem Strompreis von 9 Dpf. je kWh?

764 Bei der Elektrolyse von Säuren entsteht Wasserstoff nach dem Vorgang $2\,H^+ + 2\,e \rightarrow H_2$.
a) Wieviel kg H_2 bzw. wieviel m^3 H_2 unter Normalbedingungen entstehen, wenn 193000 As durch eine Säure fließen?
b) Hängt die entstandene Menge H_2 von der angelegten Spannung ab?

765 Bei der Aluminiumgewinnung läuft die Reaktion $Al^{+++} + 3\,e \rightarrow Al$ ab. Das Aluminium liegt zunächst als Al_2O_3 vor. Man braucht 6 Elektronen um 1 Molekül Al_2O_3 zu zersetzen.
a) Wieviel Moleküle Al_2O_3 zersetzt ein Strom von 1200 A in der Stunde?
b) Wieviel kg Al_2O_3 werden dabei verbraucht und wieviel kg Al abgeschieden?

766 Bei der Elektrolyse einer Kochsalzlösung kann man Natriummetall an einer Quecksilber-Kathode abscheiden, mit der es sich zu Na-Amalgam verbindet, ohne mit dem Wasser zu reagieren.
a) Welche Stromstärke ist nötig, um in 24 Stunden 50 kg Natrium abzuscheiden? Atomgewicht: 23.
b) Welche Stromkosten treffen bei 3 V Elektrolysespannung auf diese 50 kg, wenn 1 kWh 10 Dpf. kostet?
c) Wieviel % davon würden eingespart, wenn es gelänge mit einer verbesserten Anlage schon bei 2 V zu elektrolysieren?

767 Einen Kupferdraht kann man mit einer Stromdichte von 5 A/mm^2 belasten. Welchen Querschnitt muß man den Zuleitungsdrähten zu einem Wasserzersetzungsapparat geben, mit dem in 10 Stunden 1 kg Wasser elektrolytisch zersetzt werden soll?

768 Es werden in Serie geschaltet: Ein Silbercoulombmeter (Silberelektroden in einer Lösung mit Ag^+-Ionen), ein Kupfercoulombmeter (Kupferelektroden in einer Lösung mit Cu^{++}-Ionen), ein Quecksilbercoulombmeter („Stia"-Zähler, Quecksilberanode und Kohlekathode in einer Lösung mit Hg^+-Ionen) und ein Knallgascoulombmeter (Platinelektroden in angesäuertem Wasser mit Meßzylinder für die entstehende Knallgasmenge). Nach Durchfluß eines Gleichstromes hat die Silberkathode um 67,08 mg zugenommen.

a) Welche Vorgänge fanden in den einzelnen Zellen statt?

b) Welche Ladung ist geflossen?

c) Wieviel mg Kupfer wurden auf der Kupferkathode und

d) wieviel mg Quecksilber an der Kohlekathode abgeschieden?

e) Wieviel cm^3 Knallgas unter Normalbedingungen entstanden?

769 In einem Elektrolysegefäß mit Kupfersulfatlösung fließt zwischen zwei Elektroden von je 1 dm^2 Fläche ein Strom von 0,4 A. Die Konzentration der Kupferionen beträgt $10^{25}/m^3$.

a) Schätzen Sie unter der Annahme, daß etwa der halbe Strom von den Cu^{++}-Ionen, die andere Hälfte von den SO_4^{--}-Ionen transportiert wird, die Wanderungsgeschwindigkeit der Cu^{++}-Ionen ab!

b) Wie groß ist die Stromdichte auf den Elektroden in A/cm^2?

4.25 Chemische Stromerzeugung
Polarisation; Akkumulator

770 Worauf beruht die chemische Stromerzeugung?

771 Was bedeutet die Stellung eines Elements in der elektrochemischen Spannungsreihe?

772 a) Wodurch unterscheidet sich ein „edles" von einem „unedlen" Metall?

b) Wenn 2 verschiedene Metalle in einen Elektrolyten eintauchen, welches lädt sich gegen das andere negativ auf?

773 Wieviel Elektronen werden frei (z. B. in einer Taschenlampenbatterie), wenn 1 g Zink als Ionen Zn^{++} in Lösung geht? Atomgewicht 65,4.

774 Eine Taschenlampenbatterie von 4,5 V (3 Zn/Kohle-Zellen in Reihe) liefert 3 Stunden lang einen Strom von 0,2 A. Wieviel Zink wird dabei im Elektrolyten gelöst und wieviel Energie abgegeben? Vgl. 773.

775 a) Was versteht man unter „elektromotorischer Kraft" (EMK) und was unter der „Klemmenspannung" einer Stromquelle?

b) Warum sind diese Größen bei Stromentnahme nicht gleich?

776 Was versteht man unter „elektrochemischer Polarisation" von Elektroden?

777 Warum muß man zur Messung der elektrischen Leitfähigkeit einer Salzlösung Wechselstrom verwenden?

778 a) Wie ist ein Elektrolytkondensator gebaut?
b) Was ist sein Vorteil?
c) Worauf muß man bei seiner Verwendung achten?

779 Was verlangt man von einer technisch brauchbaren galvanischen Stromquelle?

780 a) Wozu dient ein Normalelement?
b) Wie ist ein solches aufgebaut?
c) Was muß man bei seiner Benützung beachten (Stromentnahme)?

781 a) Was ist das Prinzip eines Akkumulators?
b) Welche zwei Ausführungsformen von Akkumulatoren sind am weitesten verbreitet?

782 Was sind die Vor- und Nachteile eines Blei- bzw. Nickelakkumulators?

783 Beschreiben Sie mit Formeln die chemischen Vorgänge an den beiden Elektroden eines Bleiakkumulators:
a) bei der Entladung,
b) bei der Ladung!
c) Wieviel kg PbO_2 (Molekulargewicht $M = 239$) enthält ein mit 100 Ah geladener Bleiakkumulator?
d) Befindet sich das PbO_2 auf der positiven oder negativen Platte?

784 Warum soll man einen Bleiakkumulator nicht zu stark entladen oder ungeladen stehen lassen?

785 Worauf beruht die Messung des Ladezustandes eines Bleiakkumulators mittels eines Aräometers?

786 a) Skizzieren Sie den Verlauf der Lade- und Entladekurve eines Bleiakkumulators! ($I = $ const.)
b) Was versteht man unter der „Stromausbeute",
c) was unter der „Energieausbeute" eines Akkumulators?

787 a) Was versteht man unter der Kapazität eines Akkumulators?
b) In welchen Einheiten wird sie gemessen?

788 Wie lange kann ein 6 V-Akkumulator mit 60 Ah Kapazität mit einer Beleuchtungsanlage von 50 W belastet werden?

789 Vergleichen Sie die Speicherfähigkeit je kg Masse für mechanisch nutzbare Energie bei
a) Bleiakkumulator, $Q = 60$ Ah, $U = 2$ V, $m = 4$ kg;
b) Kondensator, $C = 50\,\mu$F, $U_{max} = 400$ V, $m = 0,15$ kg;
c) Dieselöl, Heizwert $H = 3 \cdot 10^4$ kJ/kg, Wirkungsgrad des Motors 33%.

4.26 Elektronenemission; Elektronenröhren; Braunsche Röhre

790 Wie kann man Elektronen aus einem Metall frei setzen (4 Methoden)?

791 a) Worauf beruht die Elektronenemission beim Feldelektronenmikroskop?
b) Skizzieren Sie ein solches und leiten Sie anhand der Skizze eine Formel für die Vergrößerung ab!
c) Welche Vergrößerung wird praktisch erreicht?

792 a) Worauf beruht die Glühemission von Elektronen?
b) Was versteht man unter Austrittsarbeit?
c) Nennen Sie je ein Metall mit niedriger und mit hoher Austrittsarbeit!

793 a) Wo wird die Glühemission technisch verwendet?
b) Was ist der Vorteil einer sog. Oxidkathode?
c) Wie funktioniert ein Röhrengleichrichter (Diode, elektrisches Ventil)?

794 a) Skizzieren Sie einige Kennlinien einer Röhrendiode (Anodenstrom in Abhängigkeit von der Anodenspannung; für verschiedene Kathodentemperaturen)!
b) Was versteht man unter „Anlaufstrom"?

795 Skizzieren Sie eine Gleichrichterschaltung
a) mit einer Diode (Einweggleichrichtung),
b) mit zwei Dioden (Zweiweggleichrichtung)!
c) Wie sieht bei sinusförmiger Wechselspannung am Eingang der zeitliche Verlauf des durchgelassenen Stromes in den Fällen a) und b) aus?

796 a) Wie steuert man in einer Triode den Elektronenstrom?
b) Zeichnen Sie einige Kennlinien einer Triode (Anodenstrom in Abhängigkeit von der Gitterspannung, für einige Anodenspannungen)!
c) Was nennt man die „Steilheit" der Röhre?
d) Zeichnen Sie eine Verstärkerschaltung mit einer Triode!

797 Was bewirken die verschiedenen Gitter in einer Pentode?

798 a) Skizzieren Sie den Weg des Elektronenstrahls in einer Braunschen Röhre bei angelegter Ablenkspannung!
b) Wo werden solche Röhren verwendet?

799 Die Ablenkplatten einer Braunschen Röhre haben 1 cm Abstand und sind 5 cm lang. Die Elektronen werden mit einer Spannung $U_A = 500$ V zwischen Kathode und Anode beschleunigt. Nach dem Verlassen des Ablenkkondensators fliegen sie geradlinig weiter bis zum Leuchtschirm, der vom Kondensator einen Abstand $L = 15$ cm hat.
a) Mit welcher Geschwindigkeit treten sie in den Kondensator ein?
b) Wie groß ist die Anzeigenempfindlichkeit, d.h. die Vertikalablenkung Y [mm] auf dem Leuchtschirm bei $U_p = 1$ V Ablenkspannung? (Berechnen Sie erst y und v_y beim Verlassen des Kondensators!) Skizze!

800 In einer Fernsehröhre werden die Elektronen mit 15 000 V beschleunigt, der Ablenkungskondensator hat einen Plattenabstand von 5 mm und ist 3 cm lang. Welche Spannung muß an ihn angelegt werden, um eine Ablenkung um 55° (halbe Bildhöhe) zu erreichen? Gibt es noch ein anderes Prinzip der Ablenkung?

801 a) Wozu dient eine Vakuum-Photozelle, b) wie ist sie gebaut, c) wie wird sie geschaltet, und d) welchen Strom kann man ihr (ungefähr) entnehmen (Skizze)?

802 a) Worauf beruht ein sog. Sekundärelektronenvervielfacher? Erklären Sie die Wirkungsweise anhand einer Skizze!
b) Welche Verstärkung des Kathodenstroms kann man damit (ungefähr) erzielen?

4.27 Gasentladung; Zählrohr

803 Was ist Voraussetzung für eine Stromleitung in Gasen?

804 a) Auf welche verschiedene Weisen kann man in Gasen Ladungsträger erzeugen?
b) Welcher Natur sind diese Ladungsträger?

805 Um Schallplatten staubfrei zu halten bestrich man sie früher mit einer geringen Menge radioaktiver Substanz (jetzt verboten). Was bewirkte man damit?

806 Wozu verwendet man Zählrohre und Spitzenzähler?

807 a) Skizzieren Sie Aufbau und Schaltung eines Zählrohres und
b) erklären Sie die Wirkungsweise!

808 Wenn man in einer Röhre mit zwei Elektroden, zwischen denen eine
hohe Spannung liegt, den Gasdruck erniedrigt, so tritt plötzlich ein
Leuchten ein. Wie kommt diese Erscheinung zustande, und warum
hängt sie vom Druck ab?

809 Ein leitendes Gas, in dem sich neben neutralen Molekülen Ionen und
Elektronen befinden, nennt man Plasma. Beschreiben Sie die Entstehung des Plasmas beim Kohlelichtbogen!

810 Wie kommt ein Blitz zustande?

811 Steigt oder fällt die Leitfähigkeit eines Plasmas mit zunehmender Temperatur? Gilt hier das Ohm'sche Gesetz?

812 Warum muß man einen Lichtbogen mit einem Vorschaltwiderstand
betreiben?

813 Welchen Vorteil haben Lichtbögen (Gasentladungen) in Quecksilber-
dampf, Natriumdampf oder Xenon als Lichtquellen gegenüber Glüh-
lampen?

4.28 Thermoelement; Photoelement; Photowiderstand

814 a) Wie ist ein Thermoelement gebaut?
b) Wovon hängt die Thermospannung ab?
c) Wie wird es für Temperaturmessungen geschaltet? (Skizze!)

815 a) Skizzieren Sie den Aufbau eines Sperrschicht-Photoelements!
b) Wie groß ist (ungefähr) sein Innenwiderstand?
c) Was ist der wesentliche Unterschied zu einer Photozelle und zu
einem Photowiderstand?

816 Der Widerstand eines Galvanometers soll ungefähr so groß wie der
innere Widerstand der Spannungsquelle sein. In welchem Fall verwenden Sie ein hochohmiges bzw. niederohmiges Meßinstrument:
a) Photozelle,
b) Thermoelement,
c) Photoelement?

817 Wie funktioniert ein photoelektrischer Belichtungsmesser?

818 a) Zu welcher Art von Leitern gehören Photowiderstände?
b) Aus welchem Material werden sie bevorzugt hergestellt?

4.3 Magnetismus

4.31 Erdmagnetisches Feld; Magnetfeld von Strömen

819 a) Ist das Magnetfeld der Erde homogen oder inhomogen?
b) Kann es innerhalb eines kleinen Raumes (Hörsaal) als homogen betrachtet werden?
c) Welche Richtung hat es (angenähert) in Deutschland?
d) Wie kann man diese Richtung bestimmen?

820 a) Was versteht man unter der Horizontalkomponente des erdmagnetischen Feldes?
b) Ist ihre Größe an allen Orten gleich, oder, wenn nicht,
c) wo ist sie am kleinsten?

821 a) In welchen Einheiten mißt man die magnetische Feldstärke?
b) Welche Richtung hat das magnetische Feld eines stromdurchflossenen geraden Leiters?

822 a) Wie groß ist die magnetische Feldstärke im Innern einer langen, leeren Spule mit 100 Windungen je cm Länge, durch die ein Strom von 0,1 A fließt?
b) Wie groß ist die magnetische Flußdichte (Induktion)?
c) Wie kann man praktisch die Bedingung ,,unendlich lange Spule'' annähernd realisieren?

823 Wie groß ist das Magnetfeld in der Achse eines Rohrs, das der Länge nach von einem elektrischen Strom durchflossen wird?   *

824 Wie groß ist das Magnetfeld genau in der Mitte zwischen zwei gleichen parallelen Leitern, durch die gleich große Ströme I
a) in gleicher,
b) in entgegengesetzter Richtung fließen? Abstand d.

825 Nennen Sie ein Beispiel, wie man auf kleinem Raum (einige cm³) ein homogenes Magnetfeld erzeugen kann!

826 Die magnetische Induktion auf der Erdoberfläche schwankt um kleine Beträge von ca. 10^{-8} T. Die Ursache davon (und von Nordlichtern) sind Protonenströme, die in ca. 10^6 m Höhe fließen und von der Sonne kommen. Schätzen Sie ihre Stärke aus dem Betrag der magnetischen Schwankungen! (Hinweis: rechnen Sie mit einem unendlich langen Draht in 10^6 m Entfernung!)

827 Nach dem Bohrschen Atommodell umkreist ein Elektron einen Atomkern in ca. 1 Å Abstand mit einer Frequenz von ca. 10^{16} s^{-1}.   *
   a) Berechnen Sie mit diesen Zahlenwerten den Strom, der dem bewegten
      Elektron entspricht und
   b) die magnetische Flußdichte B am Ort des Kerns!

828 Ein isolierender Stab von 10 cm Länge trägt an den Enden kleine
   Metallkugeln. Auf jede Kugel wird eine elektrische Ladung von 10^{-6} As
   gebracht, dann läßt man den Stab um seine Mitte mit einer Drehzahl
   von 15 000 U/min rotieren.
   a) Welcher Strom entsteht dadurch?
   b) Wie groß ist das so erzeugte Magnetfeld im Mittelpunkt des Stabes?

829 Ein kreisförmiger Leiter (1 Windung) mit 20 cm Durchmesser steht
   mit seiner Achse genau in Ost-West-Richtung. In seiner Mitte ist eine
   nur in der waagrechten Ebene bewegliche Magnetnadel angebracht,
   die zunächst nach Norden zeigt. Schickt man durch den Leiter einen
   Strom von 2,6 A, so weicht die Magnetnadel um 38,8° von der Nord-
   Süd-Richtung ab. Wie groß ist am Beobachtungsort die Horizontalkomponente des magnetischen Erdfeldes? (,,Tangentenbussole''.)

4.32 Kraftwirkung auf bewegte Ladungen
Meßinstrumente auf magnetischer Grundlage

830 Welche Kraft wirkt infolge des Magnetfeldes der Erde ($B = 0,6 \cdot 10^{-4}$
   Vs/m²) je m Länge auf eine in Ost-West-Richtung verlaufende Gleich-
   stromleitung, in der 1500 A fließen?

831 Ein gerader Leiter wird von einem Strom $I_1 = 10$ A durchflossen.   *
   a) Wie groß ist das Magnetfeld in 10 cm Abstand?
   b) Wie groß ist die Kraft auf 1 m Länge eines zweiten Leiters, der in
      10 cm Abstand parallel zum ersten verläuft und in dem ein Strom
      $I_2 = 20$ A fließt?
      (Hinweis: Ersetzen Sie den Strom im zweiten Leiter durch Ladung,
      Geschwindigkeit und Länge.)

832 Im Luftspalt eines dynamischen Lautsprechers bewegt sich eine Spule
   mit einer Drahtlänge von 1 m, die mit der Membrane verbunden ist.
   Durch die besondere Bauart steht das Magnetfeld überall senkrecht
   zum Draht der Spule. Es habe eine Flußdichte (= Induktion) von
   1 Vsm^{-2}. Welche Kraft wirkt auf diese „Schwingspule", wenn sie von einem Strom der Stärke 0,5 A durchflossen wird? (Die Spulenwindungen
   sind untereinander praktisch parallel.)

833 Welchen Radius hat die Bahn eines mit 200 V beschleunigten Elektrons im Magnetfeld H_E der Erde, wenn es sich senkrecht zu den Feldlinien bewegt? Setzen Sie für die Kraftflußdichte $B_E = 6 \cdot 10^{-5}$ Vs/m² = const. für den Bereich eines Laboratoriums!

834 a) Welche Kraft übt ein Magnetfeld auf ein ruhendes geladenes Teilchen aus?

b) Welche Richtung hat die Kraft, mit der ein Magnetfeld auf ein bewegtes geladenes Teilchen wirkt, zu dessen Bewegungsrichtung?

c) Kann nach a) und b) ein Magnetfeld an einem geladenen Teilchen Beschleunigungsarbeit leisten?

835 Senkrecht zu einem homogenen Magnetfeld werden gleiche geladene Teilchen mit verschiedener kinetischer Energie eingeschossen. Sie beschreiben Kreisbahnen. Zeigen Sie, daß alle Teilchen einen Kreis in der gleichen Zeit durchlaufen, unabhängig von Energie und Bahnradius!   *

836 Ein Elektron bewegt sich mit der Geschwindigkeit $v = 10^7$ m/s senkrecht zu einem Magnetfeld mit der Flußdichte $B = 5 \cdot 10^{-2}$ Weber/m².

a) Wie groß ist der Radius seiner Bahn?

b) Welchen Radius hätte die Bahn eines a-Teilchens gleicher Energie?

837 In einer langen stromdurchflossenen Spule mit $H = 10^4$ A/m befindet sich eine evakuierte Röhre, in die ein Elektronenstrom unter 30° zur Spulenachse mit einer Geschwindigkeit von 10^7 m/s eingeschlossen wird. Berechnen Sie   *

a) den Durchmesser der schraubenförmigen Bahn,

b) den Weg s in Achsenrichtung für einen vollen Umlauf!

c) Welche Größe läßt sich durch Messung von s ermitteln?

838 a) Beschreiben Sie anhand einer Skizze einen Elektromotor für Gleichstrom!

b) Welche zwei Typen in bezug auf die Schaltung von Stator- und Rotorwicklung sind gebräuchlich (Skizze)?

c) Was sind die besonderen Eigenschaften dieser zwei Typen, und wofür werden sie deshalb verwendet?

839 a) Welche Arten von Strommeßinstrumenten auf magnetischer Grundlage sind Ihnen bekannt?

b) Wie funktionieren sie (Skizze)?

c) Wie ist ihre Skala geteilt (linear usw.)?

d) Bei welchem Typ ist die Richtung des Zeigerausschlags von der Stromrichtung unabhängig?

840 Wie groß ist das Drehmoment auf die Spule eines Drehspul-Amperemeters, die 100 Windungen hat und senkrecht zu einem Magnetfeld der Flußdichte $B = 0,1$ Weber/m² steht, wenn die quadratische Windungsfläche 1 cm² groß ist und ein Strom von 2 mA fließt?

841 Warum ist bei einem Drehspulinstrument der Ausschlag über einen größeren Bereich dem Strom proportional? (Skizze!)

842 Wie ist ein elektrischer Leistungsmesser auf magnetischer Grundlage gebaut? (Schaltskizze und Erklärung!)

843 a) Kann man ein Strommeßgerät auch als Spannungsmesser gebrauchen?

b) Wie ist dann die Skala einzuteilen?

844 Was ist der Vorteil eines Lichtzeigergalvanometers gegenüber einem Instrument mit massivem Zeiger?

4.33 Induktion; Permeabilität; Ferromagnetismus; Hysterese

845 a) Was besagt die Lenzsche Regel für die Induktion?

b) Aus welchem wichtigen Satz der Physik kann man sie ableiten?

846 Wie kann man die Stärke eines Magnetfeldes messen?

847 Welchen Spannungsstoß erhält man in einer Spule mit $w_2 = 200$ Windungen und $A = 0,25$ cm² Windungsfläche, wenn man sie mit der Windungsfläche senkrecht zu einem Magnetfeld der Stärke $H = 2 \cdot 10^4$ A/m stellt und dann rasch aus dem Feld herauszieht?

848 a) Was für eine Art von Galvanometer benützt man zur Messung von Spannungsstößen?

b) Was ist ihre besondere Eigenschaft?

849 In einer Spule S_1 von $w_1 = 500$ Windungen auf eine Länge von $l = 10$ cm befindet sich eine kleinere Spule S_2 mit $w_2 = 4000$ Windungen und einem Spulenquerschnitt $A = 2,5$ cm². In S_1 fließt ein Strom $I = 3$ A.

a) Welcher Spannungsstoß $\int U dt$ wird in S_2 induziert, wenn sie 1 mal um 180° um eine zur Spulenachse senkrechten Achse gedreht wird?

b) Wie groß wird $\int U dt$, wenn der Strom in S_1 ausgeschaltet wird?

850 Eine Spule mit $w_2 = 250$ Windungen und einem Querschnitt $A = 125$ cm^2 steht mit ihrer Achse in Richtung einer (waagrecht liegenden) Kompaßnadel. Sie wird um eine dazu senkrechte Achse um 180° gedreht. Dabei wird an den Spulenenden ein Spannungsstoß von $1{,}269 \cdot 10^{-4}$ Vs gemessen. Wie groß ist am Beobachtungsort die Horizontalkomponente des erdmagnetischen Feldes?
(Andere Magnetfelder seien nicht vorhanden.)

851 Die Intensität des magnetischen Erdfeldes beträgt in Mitteleuropa 48 A/m. Ein kreisförmiger Rahmen mit einem Halbmesser von 20 cm und 2000 Windungen wird um eine zur Feldrichtung und zur Ost-West-Richtung senkrechte Achse drehbar aufgestellt. Zu berechnen sind:
a) der Spannungsstoß an den Enden der Spule bei einer Drehung der Rahmenebene aus der Ost-West-Richtung um 90°;
b) der Stromstoß bei dieser Drehung in einem Galvanometer mit dem Innenwiderstand von 10 Ohm. Der Widerstand der Rahmenspule beträgt 500 Ohm.

852 a) Wodurch entstehen Wirbelströme?
b) Wo kann man sie nützen,
c) wo sind sie schädlich?
d) Wie kann man sie unterbinden?

853 Wie hängt die magnetische Flußdichte B mit der magnetischen Feldstärke zusammen
a) im Vakuum,
b) in Materie (besonders Eisen)?

854 Wie groß wird die magnetische Induktion in einer Ringspule, die mit einem Stoff der relativen Permeabilität μ_r ausgefüllt ist?

855 Welche Werte hat μ_r (ungefähr)
a) für einen diamagnetischen,
b) für einen paramagnetischen,
c) für einen ferromagnetischen Stoff?

856 a) Wie kann man dia- und paramagnetische Stoffe durch ihr Verhalten in einem inhomogenen Magnetfeld unterscheiden?
b) Zu welcher dieser Gruppen gehört Kochsalz bzw. Kupfersulfat?

857 a) Skizzieren Sie je eine Hysteresiskurve für ein magnetisch „weiches" und ein „hartes" Material!
b) Erklären Sie an Hand der Skizze a) die Begriffe Koerzitivfeld H_c und Remanenz B_r!
c) Wovon hängen H_c und B_r bei einem bestimmten Material ab?

858 Welche Bedeutung hat die von der Hysteresiskurve eines magnetischen Materials umschlossene Fläche?

859 Wie soll die Hysteresiskurve aussehen für ein Material, aus dem
a) ein Transformatorkern,
b) ein Permanentmagnet
hergestellt werden soll? Begründung!

860 a) Was sind die „Weißschen Bezirke" in einem ferromagnetischen Material?
b) Wie kann man die Sättigung der Magnetisierung verstehen?
c) Wovon hängt die erreichbare Sättigung ab?

861 Was ist das Prinzip der magnetischen Tonaufzeichnung auf Tonband oder ähnlichem Material?

862 Welche Methoden kennen Sie, um ein Material zu entmagnetisieren?

4.34 Induktivität; Energie des Magnetfeldes

863 Welche Gefahr besteht, wenn man einen großen, mit Gleichstrom betriebenen Elektromagneten plötzlich ausschaltet?

864 Wie wickelt man Spulen mit sehr geringer Induktivität?

865 Welcher Spannungsstoß entsteht in einer Magnetspule mit $L = 20$ H, wenn der durch sie fließende Strom von 1,5 A plötzlich ausgeschaltet wird?

866 Wieviel Windungen muß man auf einen geschlossenen Eisenkern (Ringkern) wickeln, um eine Induktivität von 1 H zu erhalten, wenn die mittlere Länge des Kerns 40 cm und sein Querschnitt 4 cm² betragen und das Eisen eine relative Permeabilität von 800 hat?

867 Wie ändern sich Permeabilität und Induktivität bei einer Spule mit Eisenkern, wenn sie mit hohen Strömen belastet wird?

868 Durch eine Spule mit 10 Ω und 2 Henry fließen 3 A.
a) Wieviel Energie enthält das Magnetfeld der Spule?
b) Nach Wegnahme der Spannung fällt der Strom wie $e^{-t/t}$ ab, mit der Zeitkonstante $t = L/R$. Wann ist I auf $\approx 1\%$ gesunken?

4.4 Wechselstrom; elektrische Schwingungen und Wellen

4.41 Erzeugung von Wechselstrom; Transformator

869 Skizzieren Sie einen einfachen Wechselstromgenerator und erläutern Sie das Prinzip!

870 a) Was versteht man unter ,,Scheitelspannung'' und was unter ,,effektiver Spannung'' eines sinusförmigen Wechselstromes?

b) Welche Größe ist auf der Skala der Meßinstrumente für Wechselströme angegeben?

871 Auf welche Spannung kann man an 220 V ≈ (sinusförmig) einen Kondensator über einen Gleichrichter aufladen? (Schaltskizze!)

872 Eine kreisförmige Spule mit 1000 Windungen umschließt eine Fläche von 200 cm². Sie rotiert um einen Durchmesser, der waagrecht in Ost-West-Richtung gelagert ist, mit 150 U/min. Welche effektive Spannung tritt an den Spulenden auf, wenn das Erdfeld eine Stärke von 48 A/m hat?

873 Warum ist für die Praxis Wechselstrom wirtschaftlicher als Gleichstrom?

874 Was bezweckt der Eisenkern eines Transformators?

875 Durch welche Maßnahmen hält man die Verluste in einem Transformator klein?

876 Ein Kraftwerksgenerator erzeugt eine Spannung von 3 kV bei einer Leistung von 12 000 kW. Sie wird auf 60 kV hinauftransformiert. Der Strom fließt über eine Fernleitung von 20 Ω Widerstand, wird dann in 2 Stufen auf 220 V heruntertransformiert und den Verbrauchern zugeführt.

a) Wie groß ist der Leistungsverlust bis zum Verbraucher, wenn auf die Transformatoren insgesamt 2,5 % Verlust entfallen?

b) Wie groß wären die Leitungsverluste bei 240 kV auf der gleichen Fernleitung?

877 a) Was begrenzt die Steigerung der Spannung für Fernleitungen?

b) Warum gleicht man bei niedrigen Spannungen die Leitungsverluste nicht durch dickeren Leitungsquerschnitt aus?

878 Wieviel Windungen müssen Sie auf die Sekundärseite eines kleinen Transformators wickeln, mit dem Sie eine Spannung von 220 V auf 6,3 V transformieren wollen, wenn die Primärwicklung 250 Windungen hat und bei der gewünschten Belastung mit 10% Leistungsverlust gerechnet werden muß?

879 a) Welchen Strom können Sie einem Transformator sekundärseitig entnehmen, wenn die Primärwicklung maximal 1 A aufnehmen kann und die Spannung von 220 V auf 2000 V hochtransformiert wird? (Verluste vernachlässigen!)

b) Worin bestehen die Verluste, die in einem Transformator auftreten?

880 Erklären Sie kurz

a) einen Induktionsschmelzofen,

b) das elektrische Schweißen!

881 Wie entsteht das Summen von Transformatoren?

882 Auf einen senkrechten Eisenstab ist eine Spule geschoben; über ihr liegt lose, den Stab ebenfalls umschließend, ein Kupferring. Wenn man eine Gleichspannung an die Spule legt, fliegt der Ring nach oben weg. Erklärung?

4.42 Wechselstromwiderstand

883 Was geschieht, wenn man einen Transformator an Gleichstrom anschließt? (Begründung!)

884 Welcher Strom fließt bei 220 V und 50 Hz durch einen Transformator, der sekundär nicht belastet ist (Leerlauf), wenn für die Primärspule $L = 1,1$ H und $R = 80\ \Omega$ ist?

885 a) Hängt der Wirkungsgrad eines Transformators von der Frequenz ab?

b) Was setzt einer beliebigen Steigerung der Frequenz Grenzen?

886 a) Warum ist zur Messung hochfrequenter Wechselströme ein Hitzdrahtamperemeter besser geeignet als ein Weicheiseninstrument oder ein Drehspulinstrument mit Gleichrichter?

b) Wie arbeitet ein thermoelektrischer Wandler?

887 Zeichnen Sie in je ein Diagramm den zeitlichen Verlauf von Strom und Spannung eines sinusförmigen Wechselstroms

a) bei rein ohmscher,

b) bei rein induktiver,

c) bei rein kapazitiver Belastung!

d) Erklären Sie daran den Begriff „Phasenverschiebung"!

888 Zeichnen Sie in ein Diagramm mit der Frequenz als Abszisse schematisch für verschwindenden ohmschen Widerstand:

a) den Widerstand eines Kondensators C;

b) den Widerstand einer Induktivität L;

c) den Widerstand eines Serienresonanzkreises aus L und C;

d) den Widerstand eines Parallelresonanzkreises aus L und C!

889 Welche Kapazität kann man einer leitenden Verbindung formal zuordnen?

890 $R = 40\ \Omega$, $L = 0{,}1$ H und $C = 50\ \mu$F sind in Reihe geschaltet und an 120 V $\sim$ /50 Hz angeschlossen.

a) Wie groß ist der Scheinwiderstand?

b) Wie groß ist die effektive Stromstärke?

c) Wie groß ist die Wirkleistung?

891 In nebenstehender Schaltung ist $C = 5\mu$F, R variabel von 0 bis 2000 Ω. Zeichnen Sie die Phasenverschiebung für 50 Hz Wechselstrom in Abhängigkeit von R in ein Diagramm!

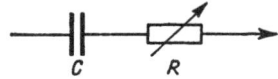

892 Warum darf man keinen Verbraucher an das öffentliche Wechselstromnetz anschließen, der eine große Phasenverschiebung verursacht?

893 Wieviel Leistung wird in nebenstehendem Stromkreis verbraucht?

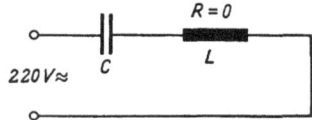

894 Sie wollen einen Lötkolben für 110 V, 55 W an 220 V $\sim$ von 50 Hz betreiben.

a) Welchen ohmschen Widerstand müssen Sie vorschalten?

b) Was für eine Kapazität kann man anstelle des ohmschen Widerstandes von a) vorschalten? Ist ein Elektrolytkondensator geeignet?

c) Wie groß ist in den Fällen a) bzw. b) die gesamte Leistungsaufnahme?

895 $R_1 = 10\ \Omega$, $L_1 = 0{,}2$ H und $C_1 = 80\ \mu$F sowie $R_2 = 20\ \Omega$, $L_2 = 1{,}0$ H und $C_2 = 12\ \mu$F sind jeweils in Reihe geschaltet (Z_1 bzw. Z_2) und an 50 Hz gelegt.

a) Wie groß sind die komplexen Widerstände Z_1 und Z_2 einzeln?

b) Wie groß ist Z für die Reihenschaltung von $Z_1 + Z_2$?

c) Welche der drei Kombinationen Z_1, Z_2 oder $Z = Z_1 + Z_2$ nimmt bei gleicher Spannung die größte Wirkleistung auf?

896 Ein Ohmscher Widerstand $R_0 = 200$ Ohm, eine Kapazität $C = 6{,}75\,\mu\text{F}$
und eine veränderliche Induktivität L sind in Reihe geschaltet.
a) Wie groß ist bei technischem Wechselstrom der Spannung
$U_\text{eff} = 220$ V die effektive Stromstärke, wenn L die Werte 0, 1, 2
und 3 Henry annimmt?
b) In einem rechtwinkligen Koordinatensystem ist I_eff als Funktion
von L zu zeichnen! Für welchen Wert von L tritt Resonanz ein?
c) Wie groß ist sodann I_eff?

897 Ein Stromkreis besteht aus ohmschem Widerstand R und **Induktivität**
L in Serie. Bei der Wechselspannung $U_\text{eff} = 1600$ V und der Frequenz $f = 3$ kHz nimmt er eine Wirkleistung $P_w = 24$ kW auf. Der
Leistungsfaktor ist $\cos\varphi = 0{,}75$, der kapazitive Widerstand $R_c = 0$.
a) Wie groß sind die effektive Stromstärke I_eff, der Scheinwiderstand Z,
der Ohmsche Widerstand R_0 und die Induktivität L des Kreises?
b) Was für eine Kapazität C muß in Reihe geschaltet werden, damit die
Phasenverschiebung Null wird?
c) Wie groß sind dann die Wirk- und Blindleistung?

898 Ein Widerstand R, eine **Induktivität** L und eine veränderliche Kapazität C sind in Reihe geschaltet; $L = 2 \cdot 10^{-4}$ H, $R = 10\;\Omega$.   *
a) Auf welchen Wert ist C einzustellen, um die Frequenz $f = 575$ kHz
maximal durchzulassen? (Radio Mittelwelle.)
b) Wie groß ist dann der Gesamtwiderstand $Z\,(f)$ dieses Filters?
c) Wie groß ist bei unveränderter Einstellung der Widerstand $Z\,(f_1)$ für
eine um 10 kHz von f abweichende Frequenz f_1?
d) Hängt das Verhältnis $Z(f_1) : Z(f)$ von R ab?
e) Was folgt daraus für den Fall, daß man den Durchlaßbereich eines
solchen Filters möglichst schmal machen will?

4.43 Elektrische Schwingungen und Wellen

899 Wie groß ist die Resonanzfrequenz eines Schwingungskreises mit $L = 10^{-4}$ H, $C = 400$ pF?

900 a) Beschreiben Sie das Pendeln der Ladung und Energie in einem
Parallelschwingkreis! (Skizzen!)
b) Warum sind diese Schwingungen gedämpft?

901 Vergleichen Sie einen Schwingkreis mit einem Federpendel! Welche
Größen entsprechen sich formal?

902 a) Welche Erscheinung tritt bei Kopplung zweier gleicher Schwin-
gungskreise auf?
b) Skizzieren Sie die Resonanzkurve eines solchen „Bandfilters"!
c) Skizzieren Sie einige praktische Möglichkeiten der Kopplung!
(Schaltbilder.)

903 Was ist das Prinzip bei der Erzeugung ungedämpfter elektromagnetischer Schwingungen? Schaltbeispiel!

904 a) Wie kann man mit Hilfe stehender elektromagnetischer Wellen auf einer sog. Lecherleitung (zwei parallele Drähte) die Ausbreitungsgeschwindigkeit c der Wellen bestimmen, wenn man L und C des zu ihrer Erzeugung verwendeten Schwingkreises kennt? (Skizze!)

b) Welcher Wert ergibt sich für c in Luft?

c) Welchen Wert hat c, wenn man die Leitung in eine Flüssigkeit (Öl) der relativen Dielektrizitätskonstante ε_r taucht?

905 Ein Radargerät sendet elektromagnetische Wellen mit einer Leistung von 1 kW aus. Die Wellen breiten sich, vom „Schirm" (= Hohlspiegel) gebündelt, gleichmäßig innerhalb eines Kegels von $\varphi = 2 \cdot 10^{-2}$ Öffnungswinkel (Bogenmaß!) aus.   *

a) Welche Leistung trifft auf ein reflektierendes Blech (Flugzeug) von 1 m² Fläche in 10 km Abstand?

b) Wieviel von der reflektierten Leistung wird von dem 3 m² großen Radarschirm im günstigsten Fall bei ebener Reflexion wieder aufgefangen? (Skizze!)

906 Die zwei senkrecht stehenden Sendeantennen einer Rundfunkstation haben einen Abstand von 100 m und schwingen in gleicher Phase mit der Frequenz 1500 kHz. In welchen Richtungen ist die Station am besten zu empfangen?   *

907 Welche Wellenlängenbereiche werden verwendet für
a) Radar,
b) Telephonie,
c) Fernsehen,
d) Radio Mittelwelle, Langwelle?

908 Wie breiten sich
a) lange (> km),
b) kurze elektrische Wellen über der Erde aus? (Skizze!)
c) Welchen Einfluß hat dies auf den Empfang?

909 Was ist das Prinzip der Modulation und Demodulation einer mit Tonfrequenz amplitudenmodulierten Radiowelle? Skizzen? Welche andere Technik wird im UKW-Bereich angewandt?

910 a) Zwischen parallelen Metallwänden bilden sich stehende elektromagnetische Wellen nur aus, wenn die elektrische Feldstärke an den Wänden Knoten hat. Warum?   *

b) Ein hohler, an den Enden geschlossener Metallzylinder ist innen 10 cm lang. Welche Frequenz hat eine stehende elektromagnetische Welle, die, außer auf den Stirnwänden, noch zwei Knoten im Innern dieses „Hohlraumresonators" besitzt? (Phasengeschwindigkeit = Lichtgeschwindigkeit setzen!)

911 Ein sinusförmiges elektrisches Wechselfeld mit $f = 10^8$ Hz wird an die Platten eines Kondensators gelegt; die Amplitude ist 10^4 V/m.   *

a) Beschreiben Sie die Bewegung eines freien Elektrons in diesem Feld (d. h. seinen Abstand zur Zeit t von der Anfangslage, die es ohne Feld einnahm)!

b) Erreicht das Elektron genügend kinetische Energie, um bei einem Stoß ein Wasserstoffatom zu ionisieren (Ionisierungsarbeit 13,6 eV)? (Anwendung: sog. elektrodenlose Entladung in abgeschlossenen gasgefüllten Röhren, die man zwischen die Kondensatorplatten bringt.)

911 A

Laufzeit-Massenspektrometer zur Gasanalyse: In einem Gasgemisch (Molekulargewichte M_i) werden zur Zeit $t = 0$ am Ort $x = 0$ durch einen kurzen (ns) Lichtimpuls eines Lasers Ionen M_i^+ erzeugt. Sie werden über eine Strecke l durch die Potentialdifferenz U gleichförmig beschleunigt, durchlaufen dann feldfrei eine Strecke s und treffen auf eine Elektrode, die den Ionenstrom in Abhängigkeit von der Zeit mißt.

a) Wie hängen die Laufzeiten t_i mit den Molekülmassen m_i zusammen?

b) Welche Zeitauflösung Δt bei der Registrierung ist nötig um Moleküle vom Molekulargewicht 184 (Dioxin) von den benachbarten Massen zu trennen, wenn $l = 1$ cm, $s = 1$ m, $U = 500$ V?

5. OPTIK

5.1 Geometrische Optik

5.11 Reflexion; Brechung; Dispersion

912 Um welchen Winkel wird der Lichtzeiger eines Spiegelgalvanometers abgelenkt, wenn sich die Spule um den Winkel α dreht?

913 Konstruieren Sie für einen kugelförmigen Hohlspiegel den Vereinigungspunkt je zweier parallel und symmetrisch zur Achse einfallender Strahlen für die Fälle:

a) achsnahe Strahlen;

b) achsferne Strahlen!

c) Bei welcher Spiegelform würden diese Punkte exakt zum sog. Brennpunkt zusammenfallen?

914 Mit einer annähernd punktförmigen Lampe und einem Hohlspiegel soll ein Scheinwerfer gebaut werden.

a) Wo muß die Lampe aufgestellt werden?

b) Welche Form des Spiegels ist besser: sphärisch oder parabolisch? Warum?

915 Ein schlankes Lichtbündel („Lichtstrahl") trifft unter 30° zur Normalen auf eine 2 cm dicke planparallele Glasplatte vom Brechungsindex 1,4. Um wieviel wird es beim Durchgang parallel versetzt? (Skizze!)

916 a) Muß man für Photoaufnahmen unter Wasser die mit einem Maßstab gemessene Entfernung einstellen oder welche andere?

b) Funktioniert unter Wasser die Entfernungseinstellung bei einer Kamera mit gekoppeltem Entfernungsmesser?

917 Wie ist die Erscheinung der Fata Morgana zu erklären? (Hinweis: heiße Luft hat einen etwas kleineren Brechungsindex als kalte.)

918 In einem Gefäß befindet sich ein klarer Glaskörper. Man bedeckt ihn mit einer farblosen Flüssigkeit und mischt dann so viel von einer anderen farblosen Flüssigkeit hinzu, bis der untergetauchte Körper nicht mehr zu sehen ist. Was besteht dann für eine Beziehung zwischen dem Brechungsindex des Glaskörpers und dem des Flüssigkeitsgemisches?

919 a) Was versteht man unter dem Grenzwinkel der Totalreflexion? b) Wie kann man mit seiner Hilfe den Brechungsindex einer Flüssigkeit bestimmen? c) Nennen Sie eine andere technische Anwendung!

920 a) Zeichnen Sie den Strahlengang in einem Umkehrprisma!
b) Was bewirken die Prismen in einem Prismenfeldstecher (Skizze)?

921 Ein Fisch steht 1 m unter einer ruhigen Wasseroberfläche ($n[\text{H}_2\text{O}] = 1,33$). Bezeichnen Sie in einer Skizze die Gebiete außerhalb und im Wasser, die er direkt bzw. über eine Reflexion sehen kann! Durch welche Bedingung sind sie voneinander abgegrenzt?

922 Wo wird mehr von der einfallenden Energie reflektiert (d. h. wo ist die Reflexion größer):
an einem guten Metallspiegel oder
bei der Totalreflexion an einer polierten Grenzfläche Glas—Luft?

923 Skizzieren Sie den Strahlengang in einem Pulfrich-Refraktometer und erklären Sie die Funktion bei der Messung des Brechungsindexes einer Flüssigkeit!

924 Skizzieren und erklären Sie ein Abbe-Refraktometer!

925 Den Brechungsindex von Glas (für Licht einer bestimmten Wellenlänge) kann man besonders genau messen, wenn man aus der Probe ein Prisma mit bekanntem brechenden Winkel schleift. Skizzieren Sie den Lichtweg bei symmetrischem Strahlengang!

926 a) Was versteht man unter „Dispersion"?
b) Wo kann man sie leicht beobachten?

927 Warum erscheint die Sonne beim Untergang a) rot und b) flachgedrückt?

928 Mit welchem einfachen Gerät kann man den Krümmungsradius einer Linse messen? Skizzieren Sie es! (Praktikumsversuch.)

929 Aus einem Glas mit dem Brechungsindex 1,4 soll eine plankonvexe Linse mit 15 cm Brennweite hergestellt werden. Welchen Krümmungsradius muß man ihr geben?

930 a) Was ist eine Fresnel-Linse?
b) Wo wird diese Linsenform verwendet?

5.12 Linsenformel; Bildkonstruktion

931 a) Wie groß wird das Bild des Mondes auf dem Film einer normalen Kleinbildkamera mit $f = 5$ cm?
b) Welche Brennweite muß man wählen, damit das Bild 5 mm groß wird?
(Durchmesser des Mondes: $3,5 \cdot 10^6$ m; Entfernung: $3,8 \cdot 10^8$ m)

932 Ein Zuschauer beim Rennen photographiert einen Motorradfahrer, der in 10 m Abstand mit 100 km/h vorbeifährt, von der Seite. Die Kameraoptik hat 5 cm Brennweite. Wie kurz muß er belichten, damit die Unschärfe auf dem Film nicht größer als 0,2 mm wird?

933 Eine Sammellinse bildet ein Ding vergrößert ab. Wenn man die Linse um 24 cm verschiebt, erhält man ein scharfes verkleinertes Bild. Der Abstand Ding—Bild ist 60 cm. Wie groß ist ihre Brennweite?

934 Beschreiben Sie eine Methode zur Bestimmung der Brennweite einer Zerstreuungslinse! (Praktikumsaufgabe.)

935 Welchen Durchmesser muß ein Mondkrater haben, damit er mit bloßem Auge noch als solcher erkennbar ist? Auflösungsvermögen $\alpha \approx 2'$.

936 Zeichnen Sie den Strahlengang (mit eingetragenen Brennweiten)
a) in einem auf ∞ eingestellten Opernglas;
b) ,,   ,,   ,, ∞ ,,   astronomischen Fernrohr;
c) ,,   ,,   ,, ∞ ,,   Spiegelteleskop!

937 Wie ist die Vergrößerung eines Fernrohrs definiert (Skizze!)?

938 Was ist eine Schmidt-Platte, und wozu dient sie?

939 Wie lang ist ein astronomisches Fernrohr bei Einstellung auf unendlich, und wie stark vergrößert es, wenn f_1' (Objektiv) = 60, f_2' (Okular) = 3 cm betragen?

940 a) Skizzieren Sie den Strahlengang im Mikroskop!
b) Wie ist die Vergrößerung definiert?
c) Das Objektiv entwirft ein Bild im Abbildungsverhältnis 40 : 1, das Okular hat 2 cm Brennweite. Wie stark ist die Vergrößerung für ein normales Auge?

941 a) Welche Linsenfehler kennen Sie?
b) Wie kann man sie (im Prinzip) korrigieren?

942 Skizzieren Sie den Strahlengang in
a) einem normalen,
b) einem weitsichtigen, und
c) einem kurzsichtigen Auge und die Korrektion durch Brillengläser!

943 Jemand sieht mit einer Lesebrille von + 2,75 Dioptrien noch gut auf einen Abstand von 25 cm. Wie weit hält er seine Zeitung vom Auge weg wenn er die Brille vergessen hat?

944 Skizzieren Sie den Strahlengang für rotes und blaues Licht in einem Prismenspektrographen!

945 a) Zeichnen Sie den Strahlengang in einem Diaprojektor mit praktisch punktförmiger Lichtquelle!

b) Erläutern Sie an Hand dieser Zeichnung die Wirkung des Kondensors!

c) Welchen Durchmesser muß der Kondensor mindestens haben, und wie weit soll er vom Diapositiv entfernt sein?

d) Nehmen Sie die Bildweite zu ∞ an. Wie groß muß die Brennweite des Kondensors sein, damit bei gegebener Objektivbrennweite f der Abstand Lampe—Objektiv möglichst kurz wird?

946 Berechnen Sie Brennweiten, Bildort und Vergrößerung folgender Anordnung (unter Verwendung der Formeln für dünne Linsen):

$y = 10$ cm, $\quad a = 70$ cm,
$b = 0,5$ cm,
$r_1 = 20$ cm, $\quad r_2 = 30$ cm,
$r_3 = 40$ cm, $\quad r_4 = \infty$,
$n_I = 1,5$, $\quad n_{II} = 1,8$,
Dingweite $\approx a + b/2$.

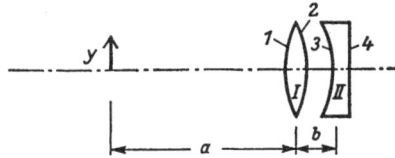

947 Konstruieren und berechnen Sie den Ort und die Größe des Bildes in folgenden Anordnungen dünner Linsen:

a) $y = 15$ cm, $f_1 = 30$ cm,
$f_2 = -10$ cm,
$a = 80$ cm, $b = 40$ cm,

b) $y = 5$ cm, $f_1 = 20$,
$f_2 = -30$, $f_3 = 20$ cm,
$a = 40, b = 50, c = 60$ cm.

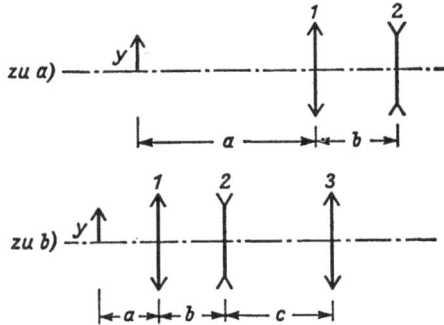

5.2 Wellenoptik
Interferenz und Beugung; Polarisation; optischer Dopplereffekt

948 a) Wie kann man ermitteln, ob die Ausbreitung eines physikalischen Zustandes (z.B. Strahlung) durch Wellen erfolgt?

b) Nennen Sie ein Beispiel!

c) Wie entscheidet man, ob es sich um Longitudinal- oder Transversalwellen handelt? (Nur Stichworte!)

949 Sind Interferenz und Beugung des Lichts voneinander unabhängige Erscheinungen?

950 Erläutern Sie den Unterschied zwischen Beugung und Brechung von Wellen!

951 Skizzieren Sie die Verteilung der Lichtintensität hinter einem schmalen Spalt ($b \approx 1\ \mu$m) in einem Schirm, der von monochromatischen ebenen Lichtwellen senkrecht getroffen wird!

952 a) Welchen Winkelabstand von der geometrischen Strahlrichtung hat das erste Nebenmaximum bei der Beugung einer Welle der Wellenlänge λ an einem Spalt der Breite b?

b) Unter welchen Bedingungen tritt demnach Beugung merklich in Erscheinung?

953 Warum kann man in der Optik meist mit Strahlen rechnen (geometrische Optik) ohne die Beugung an Blenden, Fassungen usw. zu berücksichtigen?

954 a) Was versteht man unter dem Auflösungsvermögen bei einer optischen Abbildung?

b) Wodurch ist es grundsätzlich begrenzt?
Welches Maß ist dafür entscheidend beim

c) Linsenfernrohr,

d) Spiegelteleskop,

e) Mikroskop?

955 Wie groß muß das Objektiv eines Fernrohrs mindestens sein, damit man einen Planeten, der $5 \cdot 10^9$ km entfernt ist und einen Durchmesser von $5 \cdot 10^4$ km hat (Neptun), noch als Scheibe sehen kann?   *

956 a) Warum braucht man für Radarwellen wesentlich größere Hohlspiegel als für Lichtwellen, um sie scharf zu bündeln?

b) Welche Winkelauflösung hat ein Radioteleskop von 100 m Durchmesser für Wellen mit λ = 21 cm (von interstellaren H-Atomen)?

957 a) Wie kann man das Auflösungsvermögen eines Mikroskops erhöhen?

b) Worauf beruht die hohe Auflösung eines Elektronenmikroskops?

958 Was bewirkt die Ölimmersion bei einem Mikroskop?

959 Erläutern Sie mit einer Skizze die Entstehung von Beugungsfiguren hinter zwei parallelen Spalten im Abstand d!

960 Ebene Lichtquellen treffen auf zwei Spalte mit 1 mm Abstand. 15 m hinter den Spalten entstehen auf einer Wand Interferenzstreifen mit einem Abstand von 8,5 mm zwischen benachbarten hellen Streifen. Wie groß ist die Wellenlänge des Lichts?

961 Auf ein Beugungsgitter mit 1000 Strichen je cm fällt paralleles Licht (ebene Wellen). Man beobachtet abgebeugtes Licht unter 3° 22,5′ (1. Ordnung).
a) Welche Wellenlänge hat das Licht?
b) Welcher Farbe entspricht dies ungefähr?

962 Auf ein optisches Beugungsgitter mit der Gitterkonstanten $B = 10^{-3}$ cm fallen ebene Lichtwellen.
a) Um welchen Winkel α wird grünes Licht der Wellenlänge 540 nm in der ersten Ordnung abgebeugt?
b) In welchem Abstand vom unabgebeugten Strahl (nullte Ordnung) wird es mit einer Linse auf einem Schirm abgebildet, der 2 m hinter dem Gitter steht? ($\sin\alpha \approx \operatorname{tg}\alpha \approx \alpha$ im Bogenmaß.)

963 Das Spektrum einer Kohlebogenlampe soll mit Hilfe eines Beugungsgitters auf einem senkrechten Schirm abgebildet werden. Zu berücksichtigen ist dabei der sichtbare Bereich von $\lambda_1 = 700$ nm (rot) bis $\lambda_2 = 400$ nm (violett). *
Zur Verfügung stehen ein Gitter mit 1000 Strichen/cm, Spalt und Linsen.
a) Versuchsaufbau und Strahlenverlauf sind zu skizzieren.
b) Welchen Schirmabstand vom Beugungsgitter muß man wählen, damit das Farbband im Spektrum 1. Ordnung auf eine Breite von 10 cm auseinandergezogen wird? (Näherungslösung für kleine Winkel genügt.)

964 Erklären Sie die Entstehung farbiger Ringe in dünnen, durchsichtigen Schichten, z.B. von Öl auf Wasser!

965 a) Beschreiben Sie die Wirkung einer reflexionsvermindernden Schicht mit Brechungsindex n_s und Dicke d für den Übergang von Licht der Wellenlänge λ aus Luft ($n_L = 1,0$) in Glas ($n_G = 1,4$)! (Skizze!)
b) Wie groß soll n_s sein, um die Reflexionsverluste klein zu halten?

966 Worauf beruhen die genauesten Methoden zur Längenmessung?

967 Nennen Sie einige Beispiele für die Anwendung von Interferenzen gleicher Dicke in der Meß- und Prüftechnik!

968 Ein dünner Quarzfaden liegt auf einem ebenen Spiegel, darauf eine planparallele Glasplatte, die 10 cm vom Faden entfernt den Spiegel berührt. Im Natriumlicht ($\lambda = 589$ nm) sieht man auf 10 cm 20 dunkle Streifen. Wie dick ist der Quarzfaden?

969 Erklären Sie das Prinzip der Messung von Netzebenenabständen in Kristallen mittels Röntgenstrahlung bekannter Wellenlänge!

970 Wie kann man zeigen, daß Lichtwellen Transversalwellen sind?

971 Was bedeutet der Begriff „natürliches Licht"?

972 In Deutschland liegen die Dipole der Fernsehantennen waagrecht, in England stehen sie senkrecht. Was hat das für einen Grund?

973 Welche verschieden Methoden kennen Sie, um polarisiertes Licht zu erzeugen? Worauf beruhen diese Methoden?

974 a) Was versteht man unter Doppelbrechung?
b) Nennen Sie ein doppelbrechendes Material!

975 a) Woraus bestehen Polarisationsfolien? Worauf beruht ihre Wirkung
b) Wie wirkt ein Nicolsches Prisma?

976 Mehrere schräggestellte, parallele Glasplatten bilden einen sog. Plattensatz. Unter welchem Winkel zur Lichtrichtung müssen Platten aus Flintglas stehen, wenn sie möglichst gut polarisieren sollen? $n = 1{,}61$.

977 a) Warum kann man mit einer Polarisationsbrille Fische besser sehen, wenn man schräg auf die Wasseroberfläche blickt?
b) Wie muß die Durchlaßrichtung der Brille orientiert sein: senkrecht oder parallel zur Wasseroberfläche?

978 Nennen Sie eine praktische Anwendung von polarisiertem Licht!

979 a) Worauf beruht das räumliche Sehen?
b) Wie kann man stereoskopische Lichtbilder projizieren und betrachten?

980 Polarisiertes Licht der Amplitude A_0 und Intensität I_0 fällt auf einen „Analysator" (z. B. eine Polarisationsfolie), deren Durchlaßrichtung um $\varphi = 45°$ gegen die Polarisationsrichtung des Lichtes gedreht ist.
a) Welche Amplitude und welche Intensität werden durchgelassen?
b) Zeichnen Sie ein Zeigerdiagramm, wo die Länge des Zeigers die durchgelassene Intensität in Abhängigkeit vom Winkel angibt!

981 a) Was ist das optische Drehvermögen eines durchsichtigen Stoffes?
b) Nennen Sie ein Beispiel, wo es zur Analyse einer Lösung verwendet wird!
c) Skizzieren Sie das dazu verwendete Polarimeter!

982 a) Gibt es auch beim Licht einen Dopplereffekt?
b) Gelten hier die gleichen Formeln wie beim Schall?
c) Wie kann man ihn beim Licht experimentell nachweisen?

983 Die Spektren ferner Sterne erscheinen gegenüber denjenigen ruhender naher Lichtquellen nach langen Wellen verschoben. („Rotverschiebung"). Dies kann, aber muß nicht, als Dopplereffekt einer sich entfernenden Lichtquelle gedeutet werden. Welcher Geschwindigkeit entspricht eine beobachtete Verschiebung der roten Wasserstofflinie $\lambda = 656,3$ nm nach 675,0 nm?

984 Ein Autofahrer, der bei rotem Licht ($\lambda = 650$ nm) über eine Kreuzung fuhr, gab vor der Polizei an, er sei so schnell gefahren, daß ihm das Licht durch den Dopplereffekt grün erschienen sei ($\lambda = 550$ nm). Welche Geschwindigkeit müßte er gehabt haben?

5.3 Photometrie

985 a) Wie bezeichnet man die Einheit der Lichtstärke, und wie stellt man sie für Eichzwecke her?

b) Wie nennt man die Einheit des Lichtstroms?

c) Wie hängt der Lichtstrom mit der Lichtstärke zusammen?

986 Wie bezeichnet man die Einheit der Leuchtdichte, und wie hängt sie mit der Lichtstärke einer Lichtquelle zusammen?

987 Wie hängt die Beleuchtungsstärke vom Abstand r zwischen der beleuchteten Fläche und der Lichtquelle der Lichtstärke I ab?

988 Wie kann man visuell zwei Helligkeiten am besten vergleichen?

989 Beschreiben Sie den Aufbau und die Wirkungsweise des (historischen, Bunsen, $\approx$ 1850) Fettfleck-Photometers zum Vergleich der Lichtstärken zweier Lichtquellen I_1 und I_2! (Mit Formel!)

990 Eine Lichtquelle mit der Lichtstärke I_1 ruft auf einer Fläche im Abstand r_1 bei senkrechtem Lichteinfall die Beleuchtungsstärke E_1 hervor. Wie groß ist die Beleuchtungsstärke,

a) wenn der Abstand auf $^3/_4\,r_1$ verringert wird,

b) wenn die Fläche dann noch um 30° geneigt wird?

991 a) Wie hängt die Beleuchtungsstärke E auf einer Fläche A' mit dem auffallenden Lichtstrom Φ zusammen?

b) In welchen Einheiten mißt man E und wie ist diese Einheit mittels einer Lichtquelle der Lichtstärke $I = 1$ cd zu verwirklichen?

992 a) Welche Lichtstärke muß eine Lichtquelle haben, wenn an einem 3 m entfernten Arbeitsplatz die Beleuchtungsstärke auf einer senkrecht bestrahlten Fläche noch den für Schreibarbeit empfohlenen Wert von 300 Lux haben soll?

b) Wie stark (in cd) muß eine Schreibtischlampe sein, die aus 0,5 m Abstand die gleiche Beleuchtungsstärke erzielt, wenn gleichmäßige Abstrahlung nach allen Raumrichtungen angenommen wird?

993 a) Skizzieren Sie die Richtcharakteristik einer normalen klaren Glühlampe!

b) Wie kann man sie ausmessen?

994 Wie groß ist die Leuchtdichte einer Milchglaskugel von 10 cm Radius, in der eine Mattglaslampe mit 100 cd und kugelförmiger Richtcharakteristik brennt?

995 a) Eine flächenhafte runde Lichtquelle, Durchmesser 5 cm, wird auf 0,5 cm Durchmesser verkleinert auf eine Blende abgebildet. Welche Leuchtdichte hat die Blende, wenn die Leuchtdichte der Lichtquelle 25 sb beträgt? (Skizze!)

b) Kann man demnach durch optische Abbildung eine höhere Leuchtdichte erzielen, als sie die Lichtquelle hat?   •

996 Skizzieren Sie die Augenempfindlichkeitskurve, d.h. die vom Auge wahrgenommene Helligkeit in Abhängigkeit von der Wellenlänge, wenn die Bestrahlungsstärke = Energie/m² s für alle Wellenlängen gleich ist!

997 Bei welcher Wellenlänge hat das Auge die größte Empfindlichkeit?

998 Wie groß sind die Wellenlängen und Frequenzen an den Grenzen des sichtbaren Bereichs?

999 a) Durch welche Wirkungen kann man ultraviolettes Licht nachweisen;

b) wie infrarotes?

1000 a) Mit welcher Art physikalischer Lichtempfänger kann man die Bestrahlungsstärke unabhängig von der Wellenlänge direkt messen?

b) Wäre dazu auch ein Halbleiterphotoelement oder eine Vakuum-Photozelle geeignet?

6. ATOMPHYSIK

6.1 Lichtquanten; Temperaturstrahlung; Materie-wellen; Comptoneffekt

1001 Zeichnen Sie eine logarithmische Skala des elektromagnetischen Spektrums für die Wellenlängen von 10^{-16} bis 10^4 m und schreiben Sie daneben die gebräuchlichen Namen für bestimmte Bereiche an!

1002 Welche Beobachtung LENARDS am photoelektrischen Effekt wies auf einen Zusammenhang zwischen Energie und Frequenz des Lichtes hin?

1003 a) Welche Energie in Ws und eV hat ein Lichtquant der Wellenlänge 550 nm (grünes Licht)?

b) Welche Energie hat 1 mol solcher Lichtquanten (= 1 Einstein)?

1004 a) Was versteht man unter der Austrittsarbeit W eines Elektrons?

b) Ein Metall hat eine Austrittsarbeit von 2,5 eV. Was ist die höchste Geschwindigkeit der Photoelektronen, die mit Licht der Wellenlänge 253,7 nm (Hg-Lampe) ausgelöst werden?

c) Wie kann man mit einer sog. Gegenfeldmethode sowohl W wie die Plancksche Konstante bestimmen, wenn man zur Belichtung Licht zweier verschiedener Frequenzen v_1 und v_2 zur Verfügung hat? (Skizze und Formeln!)

1005 Wie kann man die Wellennatur von Röntgenstrahlen nachweisen und die Wellenlänge messen?

1006 a) Skizzieren Sie eine Röntgenröhre!

b) Was bezeichnet man als „Härte" der Röntgenstrahlen, und wie hängt diese mit der Betriebsspannung der Röhre zusammen?

c) Welche kleinste Wellenlänge ist bei $U = 200$ kV zu erwarten?

d) Nennen Sie die wichtigsten Eigenschaften der Röntgenstrahlen!

e) Warum sind Röntgenstrahlen gefährlich, und wie schützt man sich gegen sie?

f) Sind harte oder weiche Röntgenstrahlen gefährlicher?

1007 a) Skizzieren Sie die Energieverteilung in der Temperaturstrahlung des „schwarzen Körpers" für einige Temperaturen!

b) Welche der folgenden Lichtquellen gehorchen diesem „Planck'schen Strahlungsgesetz" nicht: Sonne; Mond; Leuchtstoffröhre; Laser; Leuchtdiode; Glühwürmchen?

1008 Was besagt das Wiensche Verschiebungsgesetz für die Temperaturstrahlung?

1009 a) Worauf beruht die Messung hoher Temperaturen mit einem Pyrometer?

b) Welche Oberflächentemperaturen haben (ungefähr) ein rötlich,

c) ein bläulich leuchtender Fixstern?

1010 Welche (ungefähre) Temperatur hat

a) die Sonnenoberfläche,

b) der Glühdraht einer brennenden Glühlampe?

c) Welches Licht erscheint uns demnach „roter"?

1011 Was für einen Sinn hat die Angabe der „Farbtemperatur" bei Farbfilmen und Lichtquellen für Farbphotographie?

1012 Wie kann man nachweisen, daß auch bewegte Teilchen, z. B. Elektronen, Wellennatur haben?

1013 Worauf beruht die Messung von Atomabständen mittels Elektronenbeugung?

1014 Wie groß ist die Materiewellenlänge von Elektronen, die eine Spannung von 250 V (z. B. in einer Verstärkerröhre) durchlaufen haben?

1015 Welche Wellenlänge gehört zu einem Proton der Geschwindigkeit 10^7 m/s (aus einem Beschleuniger)?

1016 Besteht Aussicht, daß man an Stecknadelköpfen der Masse 1 mg, die man durch ein feines Sieb fallen läßt, Beugungserscheinungen von Materiewellen beobachten könnte? Begründung!

1017 Ein Teilchen der Masse m läuft mit der Geschwindigkeit v auf einer kreisförmigen Bahn (z. B. ein Elektron in einem Atom). Welche Radien r_n kann diese Bahn haben, wenn sich eine stehende Materiewelle ausbilden soll? (Allgemeine Formel!)   *

1018 Worin besteht der „Tunneleffekt"?

1019 Welchen Impuls haben Röntgenquanten einer Energie von 100 keV?

1020 Beim elastischen Zusammenstoß eines Lichtquants mit einem Elektron wird die Frequenz des Lichtquants vermindert (Comptoneffekt). Wie ist dies zu verstehen? $\left(\text{Energie des Lichtquants: } h\nu; \text{ Impuls: } \dfrac{h\nu}{c}\right)$

6.2 Spektrum; BOHRsches Atommodell
Bindungskräfte zwischen Atomen

1021 Was bedeuten die Spektrallinien für die Erforschung des Atombaues?

1022 Was ist das Termschema eines Atoms?

1023 Wie kann man Atome zur Aussendung von Lichtquanten anregen?

1024 Wozu finden Spektroskope praktische Anwendung? Begründung!

1025 Woher weiß man, daß es auf den Fixsternen (Sonnen) keine anderen chemischen Elemente gibt als auf der Erde?

1026 Worauf beruht die Spektralanalyse?

1027 Was ist der Unterschied zwischen den Spektren eines glühenden festen Körpers und eines zum Leuchten angeregten Gases oder Dampfes?

1028 a) Was versteht man unter „Quantelung" der Energie?
b) Wo tritt sie besonders in Erscheinung?

1029 a) Skizzieren Sie ein einfaches Modell des Wasserstoffatoms (nach BOHR) und erklären Sie daran die Emission und Absorption von Lichtquanten bestimmter Frequenzen!
b) Durch welche Formel kann man die Energieniveaus (Terme) darstellen?

1030 Vergleichen Sie die elektrische Anziehungskraft zwischen einem Proton und einem Elektron im Abstand r mit der Gravitationskraft zwischen diesen Teilchen!   *****
a) Kann man bei Rechnungen nach dem Bohrschen Atommodell die Gravitation vernachlässigen, wenn ein Fehler von 1% noch zugelassen wird?
b) Gilt dies für jeden beliebigen Abstand r zwischen Proton und Elektron?

1031 Modell des Wasserstoffatoms nach BOHR: *****
a) Mit welcher Geschwindigkeit v muß ein Elektron im Abstand r um ein Proton umlaufen, damit sich elektrische Anziehung und Zentrifugalkraft das Gleichgewicht halten?
b) Wie groß ist dann seine kinetische Energie?
Die potentielle Energie ist, bezogen auf
$$E_{pot} = 0 \quad \text{für} \quad r = \infty : E_{pot} = -\frac{e^2}{4\pi\varepsilon_0 r} \,.$$
c) Wie groß ist also die gesamte Energie des umlaufenden Elektrons?

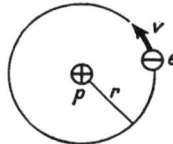

d) Wie groß ist das Verhältnis von kinetischer zu **potentieller** Energie?

e) Ist es vom Abstand r abhängig?

1032 Nach den ‚‚Quantenbedingungen'' von BOHR sind für ein um einen Atomkern umlaufendes Elektron nicht alle Bahnradien erlaubt. Für das Wasserstoffatom haben die innersten drei Bahnen die Radien $r_1 = 0,0531$; $r_2 = 0,2124$; $r_3 = 0,4779$ nm.   ✱

a) Welche Gesamtenergie gehört zu diesen drei verschiedenen Zuständen? (Vgl. Aufg. 1031)

b) Welche Energie und welche Frequenz hat nach der Einsteinschen Beziehung ein Lichtquant, das ausgesandt wird, wenn das Elektron von r_3 auf r_2 zurückfällt?

c) Wie verhalten sich $r_1 : r_2 : r_3$? Wie groß wäre r_{30}?

1033 Ein angeregtes Wasserstoffatom kann u. a. Lichtquanten der Wellenlängen 486 und 434 nm abgeben. Sie entsprechen Übergängen des Elektrons zwischen erlaubten Bahnen der Quantenzahlen 4 und 2 bzw. 5 und 2. Die Bahn zu $n = 2$ hat den Radius 0,212 nm.   ✱

a) Welche Energien und Radien haben die Bahnen zu $n = 4$ und $n = 5$, wenn $E_2 = -5,36 \cdot 10^{-19}$ Nm? Vgl. 1032.

b) Welche Wellenlänge entspricht einem Übergang von der 4. zur 5. Bahn? Fällt sie in den sichtbaren Bereich? (Hinweis: Formel für die Energieniveaus?)

1034 Der Atomkern des Silbers enthält 47 Protonen. Um einem Ag-Atom ein Elektron aus der innersten Bahn (K-Schale) zu entreißen, braucht man Röntgenlicht der Wellenlänge 0,0482 nm (sog. K-Absorptions-Kante). Benützen Sie die in der Lösung zu 1031 c gegebene Formel, um den Radius der K-Schale des Silberatoms abzuschätzen!

1035 a) Wie ist ein schweres Atom aufgebaut (Sitz von Masse und Ladungen)?

b) Wie groß ist (ungefähr) der Durchmesser eines Atoms bzw. eines Atomkerns?

1036 Hat ein Atom ein genau begrenztes Volumen?

1037 a) Welche Größe ist maßgebend für das chemische Verhalten eines Atoms?

b) Worauf beruht die chemische Verwandtschaft gewisser Elemente, die zur Aufstellung des Periodensystems führte?

c) Was sind die besonderen Merkmale der reaktionsfähigen Alkaliatome und der reaktionsträgen Edelgasatome?

1038 Welcher Art sind die Kräfte, die die sog. Ionenkristalle, z. B. NaCl, zusammenhalten?

1039 Was bewirkt den Zusammenhalt *gleicher* Atome in einem Molekül oder Kristall (z. B. H_2, Graphit), oder, anders ausgedrückt: wodurch ist eine sog. „kovalente Bindung" gekennzeichnet?

1040 a) Welche elektrische Eigenschaft zeichnet die Metalle aus?

b) Welches Bild macht man sich vom atomaren Aufbau der Metalle und von der Bindung der Elektronen in ihnen?

1041 Mit Lichtquanten von 200 nm Wellenlänge kann man Moleküle zerschlagen (Photolyse). Wie groß ist demnach ungefähr die Bindungsenergie der Atome in Molekülen, ausgedrückt, in eV und in kJ/mol?

1042 Im CO-Molekül (Kohlenmonoxid) schwingen die Atome gegeneinander mit einer Frequenz von $6{,}43 \cdot 10^{13}$ Hz.

a) In welchen Bereich des elektromagnetischen Spektrums fallen die zugehörigen Wellenlängen?

b) Wie groß ist die Federkonstante der Bindung zwischen den Atomen, wenn die Atomgewichte 12 (C) bzw. 16 (O) sind und in die Schwingungsformel für die freie Schwingung (bei ruhendem Schwerpunkt) die sog. „reduzierte Masse" $\mu = \dfrac{m_1\, m_2}{m_1 + m_2}$ einzusetzen ist?

1043 Ein HCl-Molekül rotiert frei um eine zur Atomverbindungslinie senkrechte Achse. Der Atomabstand beträgt $r = 0{,}127$ nm, die Atomgewichte sind $A_H = 1$; $A_{Cl} = 35$.

a) Wo schneidet die Rotationsachse die Verbindungslinie?

b) Welches Trägheitsmoment hat das Molekül bezüglich der Rotationsachse?

c) Wie groß, ausgedrückt durch m_1 und m_2, müßte eine einzelne Masse μ sein, die bei einem Abstand r von der Achse das gleiche Trägheitsmoment erzeugen würde?

1044 Das elektrische Dipolmoment eines Wassermoleküls beträgt $M = 1{,}79$ Debye-Einheiten, wobei 1 Debye $= 3{,}3 \cdot 10^{-30}$ Asm. Im Feld E ist seine potentielle Energie $E_{pot} = - M \cdot E \cdot \cos\varphi$, wenn φ der Winkel zwischen E und M ist.

a) Wie groß ist für $\varphi = 0$ die potentielle Energie eines Wassermoleküls im Feld $E = 10^5$ V/m? (Absolutbetrag.)

b) Wie groß ist im Vergleich dazu (gleiche Maßeinheit!) die mittlere kinetische Energie ihrer Wärmebewegung bei 27 °C (bezogen auf 1 Rotationsfreiheitsgrad)?

c) Was folgt daraus für die Möglichkeit einer Orientierung von Dipolmolekülen im elektrischen Feld?

7. KERNPHYSIK

7.1 Natürliche und künstliche Radioaktivität Kernreaktionen

1045 a) Welche Elementarteilchen sind die Bausteine der Atomkerne?
b) Welche Ladung und Masse haben sie ungefähr?
c) Welche Größe ist für die chemische Natur eines Atoms maßgebend?
d) Was sind Isotope?
e) Was bedeutet das Symbol $^{238}_{92}U$?

1046 a) Was bezeichnet man als Spin der Elementarteilchen?
Haben Neutronen (Ladung 0) ein b) elektrisches, c) magnetisches Dipolmoment?

1047 Welche Erscheinung bezeichnet man als Radioaktivität? Nennen Sie einige natürliche und einige künstliche radioaktive Isotope! Wie entstehen letztere?

1048 a) Nach welchem Zeitgesetz zerfallen radioaktive Atomkerne?
b) Was versteht man unter „Halbwertszeit" ($T_{1/2}$)? Wie hängt sie mit der „Zerfallskonstante" (λ) zusammen
c) Kann man die Zerfallsrate durch äußere Maßnahmen (wie Druck, Temperatur, chemische Reaktionen) beeinflussen, z.B. um radioaktive Abfälle rascher zu beseitigen?

1049 „Radioaktives Gleichgewicht": in einer Zerfallsreihe stellt sich eine über längere Zeit konstante Gesamtaktivität der ganzen Probe ein. Welche Beziehung besteht dann zwischen den stationären Mengen n_i und n_j zweier Glieder dieser Reihe, wenn λ_i bzw. λ_j die entsprechenden Zerfallskonstanten sind?

1050 Altersbestimmung von Holz mittels ^{14}C-Datierung:
a) Die Atmosphäre enthält eine geringe stationäre Konzentration des β-strahlenden Isotops ^{14}C mit $T_{1/2} \approx 5700$ a. Es wird durch Neutronen aus dem Weltraum gemäß $^{14}_{7}N\,(n, p) \to {}^{14}_{6}C$ erzeugt. Von Pflanzen wird es über die Aufnahme von CO_2 eingebaut. Beim Tod der Pflanze hört der Einbau auf. 1 g C der natürlichen Isotopenzusam-

mensetzung aus frisch geschlagenem Holz hat eine Aktivität von 16,1 Bq, 1 g aus dem Holz eines ägyptischen Sarkophags zeige 11,3 Bq. Wie alt ist es?

b) Warum ergibt diese Methode für frisches Holz vom Rande einer Autobahn ein scheinbar sehr hohes Alter?

1051 a) Was ist die physikalische Natur von α, β, γ- und Röntgenstrahlen?

b) Wie kann man die verschiedenen Strahlenarten unterscheiden,

c) wie nachweisen und messen?

d) Wodurch unterscheiden sich Neutronenstrahlen von den Strahlenarten unter a) bezüglich ihrer Wirkung auf Materie? Wie weist man sie nach?

1052 Worauf beruht die Sichtbarmachung der Bahnen von geladenen Teilchen, z. B. α-Strahlen, in der Nebelkammer?

1053 Welche künstlichen Kernumwandlungen werden durch folgende Formeln beschrieben:

a) $^{27}_{13}\mathrm{Al}$ (α, p) $^{30}_{14}\mathrm{Si}$;

b) $^{10}_{5}\mathrm{B}$ (n, α) $^{7}_{3}\mathrm{Li}$.

Nennen Sie auch die sog. Zwischenkerne!

1054 Ergänzen Sie die Reaktionsgleichung $^{9}\mathrm{Be}$ (α, n) C!

1055 Was geschieht bezüglich der Masse und der Stellung im Periodensystem mit einem Atomkern, der

a) ein α-Teilchen,

b) ein Deuteron,

c) ein Proton,

d) ein Neutron aufnimmt?

Was gechieht mit einem Kern, der

e) ein α-Teilchen,

f) ein Proton,

g) ein Positron,

h) ein Neutron,

i) ein Elektron abgibt?

1056 a) Wie verhält sich die Zahl der Neutronen zur Zahl der Protonen bei den stabilen leichteren Atomkernen,

b) wie bei den schweren?

1057 Warum kommen Elemente mit einer Ordnungszahl über 92 (Uran) in der Natur nicht vor, obwohl sie künstlich hergestellt werden können?

1058 a) Was ist künstliche Radioaktivität?

b) Wo wird sie nutzbringend verwendet?

c) Wo ist sie unerwünscht?

1059 a) Was ist die Ursache der künstlichen Radioaktivität?

b) Welche Strahlung tritt nur bei künstlicher, nicht bei natürlicher Radioaktivität auf?

1060 Nennen Sie einige Anwendungen künstlicher radioaktiver Isotope in Forschung und Technik!

1061 Ein großes Problem bei der Verwendung von Kernenergie sind die radioaktiven Abfälle. Warum?

1062 a) Warum sind Neutronen für künstliche Kernumwandlungen besonders gut geeignet?

b) Warum kann man Neutronen nicht wie ein Gas in Stahlflaschen aufbewahren?

1063 Ein Deuteron (= 1 Proton + 1 Neutron) wird mit einer Spannung $U = 2 \cdot 10^6$ V beschleunigt. Wie nahe kann es sich einem Quecksilberatomkern (Ordnungszahl = Zahl der Protonen = 80) bei zentralem Stoß nähern? (Berechnen Sie erst die potentielle Energie im Abstand r!) Vgl. 715.

1064 Was ist der Grund für die Möglichkeit einer Kettenreaktion beim Uranzerfall?

1065 a) Was versteht man unter Neutronen mit thermischer Energie?

b) Wie groß ist deren mittlere Wellenlänge bei 300 °K?

1066 a) Mit welchen Mitteln bremst man im Reaktor die entstehenden schnellen Neutronen auf die gewünschte „thermische" Geschwindigkeit ab?

b) Auf welchem Satz der Mechanik beruht diese Abbremsung?

c) Welches Material ist dafür geeignet?

7.2 Kernenergie; Masse-Energie-Äquivalenz Dosimetrie

1067 a) Woher kommt die hohe Energie, die bei Kernprozessen frei wird?

b) Woher nimmt die Sonne die abgestrahlte Energie?

1068 a) Was versteht man unter dem „Massendefekt" bei einem Atomkern?

b) Wie drückt sich der Massendefekt in der Bindungsenergie aus?

c) Was hat dies für eine Bedeutung für die Stabilität eines Kernes?

1069 Um wieviel eV ist ein α-Teilchen stabiler als seine getrennten Bestand-teile (2 Neutronen und 2 Protonen)?

1070 Bei der Verbrennung von 1 kg Kohle werden ca. $3,5 \cdot 10^4$ kJ als Wärme frei. Könnte man einen Massendefekt durch Wägung feststellen, wenn man die Reaktion in einem geschlossenen Gefäß ablaufen ließe, so daß keine Materie verloren geht? *

1071 a) Welche Energie wird bei der „Zerstrahlung" eines positiven und eines negativen Elektrons frei, wenn diese zusammentreffen? Masse je $0,91 \cdot 10^{-30}$ kg.

   b) Bei diesem Vorgang entstehen zwei gleiche γ-Lichtquanten. Welche Frequenz haben diese?

1072 Wieviel Kohle müßte man verbrennen, um die gleiche Energie zu erzeugen, die die totale „Zerstrahlung" von 1 kg Kohle (oder eines beliebigen anderen Stoffes) liefern könnte? Heizwert $3,5 \cdot 10^4$ kJ/kg.

1073 Die Sonne strahlt eine Leistung von rund $3,8 \cdot 10^{26}$ W ab. Diese Energie stammt aus einem Kernprozeß. Welcher Bruchteil der Sonnenmasse wird in 1 Million Jahren zerstrahlt?

1074 Die Energiequelle der Sonne ist folgende Reaktion:
$$4\,p \rightarrow \alpha + 2\,e^+ .$$
Wieviel Energie wird je kmol entstandener He-Kerne frei?

1075 Die Sonnenstrahlung führt der Erde bei senkrechtem Einfall eine Strah-lungsleistung von 1,39 kW je m^2 zu. Welcher Massenzufuhr entspricht dies je Tag für die gesamte Erde (als Scheibe vom Radius $6,4 \cdot 10^6$ m be-trachtet)?

1076 a) Welcher Masse entspricht ein γ-Quant von ^{60}Co mit der Energie 1,2 MeV?

   b) Vergleichen Sie diesen Wert mit der Ruhmasse des Elektrons!

   c) Was folgt daraus (mit dem Impulssatz) für die Übertragung von Ener-gie beim Compton-Effekt?

1077 γ-Quanten verursachen chemische Veränderungen, indem sie von einem getroffenen Atom durch den Compton-Effekt ein Elektron mit großer Geschwindigkeit wegschlagen, das dann auf seinem Weg viele andere Atome ionisiert, z.T. mehrfach. Wieviel Atome mit einer Ionisierungsenergie von 10 eV könnte ein einziges γ-Quant aus ^{60}Co mit einer Energie von 1,2 MeV einfach ionisieren? (Dies ist der aus-lösende Schritt bei der sog. Strahlenchemie.)

1078 a) Worauf beruht der Rückstoß der Kerne bei der Emission von Strahlung?

b) Welchen Bruchteil der Energie übernimmt der Rückstoßkern mit einer Masse m_1, wenn ein ausgestoßenes Teilchen die Masse m_2 hat?

1079 Ein angeregter („isomerer") Kern kann unter Abgabe eines γ-Quants in den Grundzustand übergehen. Wie groß ist die kinetische Energie des „Rückstoßkernes" ^{69}Zn, der aus einem angeregten Kern ^{69}Zn* durch Emission eines γ-Quants der Energie 0,436 MeV entsteht? (Impuls eines Lichtquants: $h\,\nu/c$.)

1080 a) Wie schützt man sich beim Umgang mit radioaktiven Substanzen gegen die verschiedenen Strahlenarten?

b) Wann können auch Substanzen relativ geringer Aktivität sehr gefährlich werden?

1081 a) Definieren Sie folgende für Dosimetrie und Strahlenschutz wichtige Größen und Einheiten:
Aktivität a; Energiedosis D; Energiedosisleistung $\dot{D}$; biologischer Bewertungsfaktor q einer Strahlenart; Äquivalenzdosis H; Ionendosis J; Ionendosisleistung j.

b) Welche dieser Größen ist für Strahlenschäden maßgeblich, welche ist leichter meßbar?

c) Bedeutet gleiche Aktivität zweier verschiedener Proben auch gleiche Dosisleistung bzw. gleiche biologische Wirksamkeit?

d) Für eine Röntgenaufnahme des Magens ist eine Dosis von etwa 0,2 Gy nötig; $q = 1$ für Röntgenstrahlen. Liegt die biologische Belastung dabei noch unter dem Grenzwert 0,3 mSv/a für die allgemeine jährliche Strahlenbelastung der Bevölkerung? (Für beruflich exponierte Personen unter Kontrolle gelten höhere Grenzwerte s. z. B. Aufg. 1082; elektrooptische Bildwandler benötigen nur etwa 0,02 Gy).

1082 Beim Durchgang durch x cm Blei wird die Strahlung einer 2 MeV-γ-Quelle von der Intensität I_0 auf $I(x) = I_0 \cdot e^{-0,5x}$ geschwächt. Die Äquivalenzdosisleistung sei proportional zur Intensität. An einem Ort im Labor, wo sie ohne Abschwächung $3 \cdot 10^{-5}$ W/kg beträgt, soll jemand an 240 Tagen im Jahr durchschnittlich 5 Stunden täglich experimentieren. Wie dick muß ein Bleischutz mindestens sein, damit die unter Kontrolle zugelassene Jahresäquivalenzdosis von 0,05 Sv a^{-1} (für beruflich ganzkörper-exponierte Personen) nicht überschritten wird?

8. TABELLEN BENÖTIGTER ZAHLENWERTE

8.1 Wichtige physikalische Konstanten

Boltzmann-Konstante $\quad k \ = 1,381 \cdot 10^{-23}\ JK^{-1}$

Elementarladung $\quad e \ = 1,6022 \cdot 10^{-19}\ As$

Faraday-Konstante $\quad F = N_L \cdot e = 9,6485 \cdot 10^4\ Asmol^{-1}$

Gas-Konstante, allgemeine $\quad R \ = 8,3141\ JK^{-1}\ mol^{-1}$

„ „ spezifische $\quad R_s = \dfrac{R}{m_{mol}} ; \quad m_{mol} =$ Masse eines Mols

Gravitationskonstante $\quad G^* = 6,670 \cdot 10^{-11}\ m^3\ kg^{-1}\ s^{-2}$

magnetische Feldkonstante $\quad \mu_0 = 4\,\pi \cdot 10^{-7}\ VS\ A^{-1}\ m^{-1}$

elektrische Feldkonstante $\quad \varepsilon_0 = 8,8542 \cdot 10^{-12}\ As\ V^{-1}\ m^{-1}$

$$4\,\pi\,\varepsilon_0 = 1,113 \cdot 10^{-10}\ As\ V^{-1}\ m^{-1}$$

Lichtgeschwindigkeit im Vakuum*) $\quad c \ = 2,99792458 \cdot 10^8\ ms^{-1}$

Loschmidtsche Zahl, Avogadrozahl $\quad L \ = 6,0220 \cdot 10^{23}\ mol^{-1}$

Plancksche Konstante $\quad h \ = 6,626 \cdot 10^{-34}\ J\ s$

---

*) ab 20. 10. 1983 als neue Basiseinheit definiert

8.2 Bausteine der Materie

α-Teilchen $\quad$ Masse $\quad m_a = 6,643 \cdot 10^{-27}$ kg; Ladung $+ 2\,e$

Elektron $\quad m_e = 9,109 \cdot 10^{-31}$ kg; Ladung $- e$

Neutron $\quad m_n = 1,6749 \cdot 10^{-27}$ kg;

Proton $\quad m_p = 1,6726 \cdot 10^{-27}$ kg; Ladung $+ e$

Wasserstoffatom $\quad m_H = 1,673 \cdot 10^{-27}$ kg

8.3 Einige Atomgewichte

H	1,008	O	16,00	Cu	63,54	Pb	207,2
He	4,003	Na	22,99	Zn	65,37	U	238,0
C	12,01	Al	26,98	Ag	107,9	Lw	(257)*
N	14,01	Cl	35,45	Hg	200,6		* instabil

8.4 Sonnensystem

Sonne	Masse	$m_S = 1,97 \cdot 10^{30}$ kg	
Erde	Masse	$m_E = 5,98 \cdot 10^{24}$ kg	
	Radius	$r_E = 6,37 \cdot 10^6$ m	
Mond	Masse	$m_M = 7,37 \cdot 10^{22}$ kg $\approx \dfrac{1}{81} \, m_E$	
	Radius	$r_M = 1,74 \cdot 10^6$ m	

Mittlere Entfernungen:
Erde — Sonne $1,5 \cdot 10^{11}$ m
Erde — Mond $3,8 \cdot 10^8$ m
Fallbeschleunigung, Normwert $g = 9,80665$ ms^{-2}

8.5 Materialkonstanten

8.51 Dichte ϱ in kg m^{-3} (bei Gasen Normaldichte)

Aluminium	2 700
Eisen (Stahl)	7 800
Kupfer	8 900
Quecksilber	13 600
Luft	1,293
Wasserstoff	0,090
Sauerstoff	1,429

8.52 Elastizitätsmodul E in MPa

Kupfer	$1,23 \cdot 10^5$
Messing	$0,89 \cdot 10^5$
Stahl	$2,06 \cdot 10^5$

8.53 Längenausdehnungskoeffizient in K^{-1}

Aluminium	$2,4 \cdot 10^{-5}$
Kupfer	$1,7 \cdot 10^{-5}$
Messing	$1,6 \cdot 10^{-5}$
Stahl	$1,1 \cdot 10^{-5}$
Glas	$8 \cdot 10^{-6}$

8.54 Volumenausdehnungskoeffizient in K^{-1}

Ideales Gas	1/273
Glas	$2,4 \cdot 10^{-5}$
Quecksilber	$1,8 \cdot 10^{-4}$

8.55 Spezifische Wärmekapazität in kJ kg⁻¹ K⁻¹

Blei	0,130
Quecksilber	0,183
Wasser	4,187

8.56 Spezifischer elektrischer Widerstand bei 20° in Ω m

Aluminium	$2,9 \cdot 10^{-8}$
Chromnickel	$1,0 \cdot 10^{-6}$
Kupfer	$1,75 \cdot 10^{-8}$

8.57 Temperaturkoeffizient des elektrischen Widerstands in K⁻¹

Aluminium	$4,7 \cdot 10^{-3}$
Kupfer	$4,3 \cdot 10^{-3}$
Chromnickel	$4,0 \cdot 10^{-4}$

8.58 Schmelzwärme von Eis bei 1013 hPa: 333,7 kJ kg⁻¹

8.59 Verdampfungswärme von Wasser bei 100° C:
2259 kJ kg⁻¹

8.6 Energieeinheiten

$1 \text{ J} = 1 \text{ Nm} = 1 \text{ Ws} = 2,78 \cdot 10^{-7} \text{ kWh} = 0,102 \text{ mkp*} =$
$2,29 \cdot 10^{-4} \text{ kcal*} = 6,24 \cdot 10^{18} \text{ eV}$

8.7 Umrechnung technischer Einheiten in SI-Einheiten

techn.*	SI
1 dyn	$= 10^{-5}$ N
1 kp	= 9,80665 N
1 at	= 98066,5 Pa
1 Torr	= 133,3224 Pa
1 bar	$= 10^{5}$ Pa = 0,1 MPa
1 mbar	= 1 hPa
1 kcal	= 4,1868 kJ
1 PS	= 735,49875 W

* ab 1. 1. 1978 nicht mehr zu benutzen.

9. LÖSUNGEN DER AUFGABEN

1 nein

2 Vergleich mit festgelegter Einheit

3 Maßzahl und Einheit

4 Durch Erfahrung bestätigte Regel für den Zusammenhang verschiedener phys. Größen, zweckmäßig durch mathematische Formel ausgedrückt

5 a) Zahl und Art der Grundgrößen, Größe der Grundeinheiten;
  b) Länge, 1 m; Masse, 1 kg; Zeit, 1 s; el. Stromstärke, 1 A; Temperatur, 1 K; Lichtstärke, 1 cd;
  c) Stoffmenge, 1 mol; atomare Energieeinheit, 1 eV.

6 Wahl willkürlich, aber ausreichende Basis zur Bildung weiterer Größen durch Multiplikation und Division.

7 Reproduzierbarkeit, Unveränderlichkeit, zweckmäßige Größe

8 1 m ist die Strecke, die Licht im Vakuum während der Zeitdauer von 1/299792458 Sekunden durchläuft (gilt ab 20. 10. 1983); 1 kg durch einen „Normalklotz" in Paris; 1 s durch die Frequenz der Strahlung, die einem bestimmten Übergang in der Atomsorte ^{133}Cs entspricht.

9 Z. B. Geschwindigkeit, $1 \frac{m}{s}$; Beschleunigung, $1 \frac{m}{s^2}$; Kraft, $1 \text{ N} = 1 \frac{kgm}{s^2}$; Energie, $1 \text{ J} = 1 \text{ Nm} = 1 \frac{kgm^2}{s^2}$; Druck, $1 \text{ Pa} = \frac{N}{m^2}$ usw.

10 a) Mikrometerschraube, Meßmikroskop; b) Fühlhebel, Schublehre;
  c) Strichmaßstab; d) Metallmaßband; e, f, h) trigonometrische Vermessung von einer „Basis" aus; g) Lot, Echolot u. a.

11 Glasgefäß mit genau bekanntem Volumen zur Bestimmung der Dichte von Flüssigkeiten

12 a) Dichte ϱ = Masse/Volumeneinheit
  b) ϱ in kg/m³: Eisen $7,8 \cdot 10^3$, Wasser 10^3, Luft 1,29 (Normalbedingungen) usw.
  c) Gaszustand

13 Skalar festgelegt durch Maßzahl und Einheit, Vektor (im R_3) durch Maßzahl, Einheit und Richtung

14 Weg, Geschwindigkeit, Kraft

15 a) 1 cm; b) 10^8 kg

16 5,5 m

17 Absatz 1,63 MPa; Elefant 0,206 MPa

18 Kupfer

19 $A_x = \sum_i a_{ix}$; $A_y = \sum_i a_{iy}$; $\tan \alpha = \dfrac{2}{8} = 0{,}25$; $\alpha = 14°$

20 a) 1034 m; b) 72,7° westlich von N

21 7,34 km

22 8,6 km/h; 125,5° von Strömungsrichtung aus

23 $F : N = b : s$; mit $F = g\,(78 + 2)$ kg $= 784{,}8$ N; $N = 1962$ N

24 a) absoluter Fehler: Abweichung vom wahren Wert, angegeben durch Maßzahl und Einheit;

b) relativer Fehler = absoluter Fehler/Meßwert, reine Zahl, meist angegeben in %;

c) noch die erste unsichere Dezimalstelle, entsprechend der Fehlerabschätzung

25 a) Parallaxe; b) durch Messerzeiger und Spiegelskala

26 Durch Eichung

27 ± 0,1 mm

28 1 cm: Schublehre, $10^{-2} = 1\%$; Komparator, 10^{-4}; Interferometer, 10^{-7}; 10 m: Stahlbandmaß, 10^{-3}; 1 km: Meßkette, wiederholtes Anlegen, 10^{-3}; Mikrowellen-Interferenz, 10^{-5}

29 0,5 $^0/_{00}$

30 $\Delta t/t = 3 \cdot 10^{-14}$; $\Delta t = 365$ Tage $\cdot 8{,}64 \cdot 10^4$ s/Tag $\cdot 3 \cdot 10^{-14} \approx 1\ \mu$s

31 a) $5 \cdot 10^{-3}\%$; b) 5 cm; c) $50\,\mu$m

32 a) nach Tab. 8.4: $\pm 3{,}8 \cdot 10^8 \cdot 3 \cdot 10^{-10}$ m $\approx \pm 0{,}11$ m
b) $\pm 7{,}3 \cdot 10^{-10}$ s

33 Raumerfüllung, Masse, Aufbau aus Atomen

34 Atome

35 Elemente

36 Stabiler Komplex aus mehreren gleichen oder verschiedenen Atomen. Ein einheitlicher Stoff besteht nur aus gleichartigen Molekülen.

37 a) Unteilbar;
b) nein: Atome können zertrümmert werden (Kernspaltung)

38 Wegen ihrer außerordentlichen Kleinheit

39 a) A = Masse eines Atoms des Elements im Verhältnis zu $\dfrac{1}{12}$ der Masse eines Kohlenstoffatoms des Isotops ^{12}C;
b) reine Zahl;
c) M = Summe der Atomgewichte der in einem Molekül der Verbindung enthaltenen Atome

40 a) Ihre Molmasse; b) $6,022 \cdot 10^{23}$;

41 a) 18; b) $6,023 \cdot 10^{26}$; c) $3,35 \cdot 10^{19}$; d) $0,63 \cdot 10^{10} \approx 10^{10}$ mal

42 Fest, flüssig, gasförmig (bei sehr hohen Temperaturen: Plasmazustand, vgl. Aufg. 809!)

43 Praktisch vernachlässigbar klein

44 a) Nur geringe Kräfte zwischen den Molekülen; diese sind deshalb leicht gegeneinander verschieblich;
b) in Gasen großer Abstand zwischen den Molekülen, in Flüssigkeiten dichte Packung

45 a), b) Atome in regelmäßiger geometrischer Anordnung, dicht gepackt; meist auch regelmäßige äußere Gestalt

46 Amorph: auch in kleinen Bereichen keine regelmäßige Anordnung der Atome (Beispiel: Glas)

47 a) Kristallin; b) nein; c) ja

48 a) 113,3 N; 49°; c) 226,6 N bzw. 299,7 N

49 F_x = 35,6 N; F_y = -28,5 N; F = 45,5 N; a = 38,7°

50 a) a = 0, $F_1 = F_2 = F$ = 125 N;
b) Senkrecht nach oben wirkt $2F \cos \dfrac{a}{2}$ = G = 250 N;
mit F = 200 N folgt $\cos \dfrac{a}{2}$ = 0,625; $\dfrac{a}{2}$ = 51,4°; a = 102,8°

51 227 N

52 Wenn sie, als Vektoren aneinandergereiht, ein geschlossenes Polygon ergeben (Vektorsumme = 0)

53 a) Wenn in einer Ebene senkrecht zu einer Drehachse eine Kraft wirkt,
die nicht durch die Drehachse geht;

b) Summe aller Drehmomente bezüglich Drehachse = 0

54 $M_1 : M_2 = r_1 : r_2 = d_1 : d_2$

55 $M_1 : M_2 = d_1 : d_2$; $\quad F = \dfrac{M_1}{r_1} = \dfrac{M_2}{r_2}$; $\quad r = d/2$

56 b) Vom Abstand Schwerpunkt–Drehpunkt des Waagbalkens

57 a) Schwerpunkt (eines starren Körpers) = Punkt, um den bei belie-
biger Lage im Schwerefeld kein resultierendes Drehmoment auftritt

b) Wenn man von einer Rotation absehen kann

58 Summe aller Kräfte ist 0; Summe aller Drehmomente = 0

59 a) D: 654 N; $\quad G$: 654 N; $\qquad\qquad$ b) D: 436 N; $\quad G$: 629 N

60 G: 943 N; $\quad A$: 522 N

61 a) S = Schnittpunkt der Seitenhalbierenden, teilt diese im Verhältnis

$\quad$ 1 : 2; $\quad$ b) $F_1 = F_2 = F_3 = \dfrac{G}{3} = 490{,}5$ N; $\quad$ c) nein ($G = m \cdot g$)

62 Gleichgewichtsbedingung mit m = Masse, $G = m \cdot g$ Gewichtskraft:

$$A \cdot L = G\,(L - x); \quad A = \frac{G}{L}\,(L - x), \quad M_x = A \cdot x = \frac{G}{L}\,(L\,x - x^2);$$

Bedingung für Maximum: $\dfrac{\mathrm{d}M_x}{\mathrm{d}x} = 0 = \dfrac{G}{L}\,(L - 2\,x); \quad x = \dfrac{L}{2}$.

63 $z = \dfrac{a}{r}$; $\quad \mathrm{d}z = -\dfrac{a}{r^2}\,\mathrm{d}r$ (z wächst, wenn r abnimmt)

$$V = \int_{r_1}^{r_0} r^2\,\pi\,\mathrm{d}z = a\,\pi \int_{r_0}^{r_1} r^2\,\frac{\mathrm{d}r}{r^2} =$$

$$a\,\pi\,(r_1 - r_0) = 37{,}75 \text{ cm}^3$$

$$m = \varrho_{\text{Fe}} \cdot V = 294{,}4 \text{ g}$$

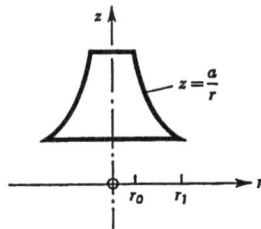

64 $y = 0$ für $x = a$: $\quad m = -\dfrac{1}{2\,a}$, $\quad y = -\dfrac{x^2}{2\,a} + \dfrac{a}{2}$

Physikalische Bedingung: Schwerpunkt senkrecht unter Aufhängepunkt,
$x_0 = x_s$. Das Gewicht G, im Schwerpunkt vereint, übt auf irgendeine

Achse, z.B. z, das gleiche Drehmoment (M_z) aus wie der wirkliche Körper.

$$G \cdot x_0 = \int_{x=0}^{a} \mathrm{d}M(x) = M_z \quad \text{mit} \quad \mathrm{d}M(x) = \sigma\, y\, \mathrm{d}x \cdot x$$

$$G = \sigma \int_0^a y\, \mathrm{d}x = \sigma\, \frac{a^2}{3}\,; \qquad M_z = \sigma \int_0^a y\, x\, \mathrm{d}x = \sigma\, \frac{a^3}{8}$$

$$x_0 = \frac{M_z}{G} = \frac{3}{8}\, a\,.$$

65 x_0, y_0 Schwerpunktskoordinaten; aus Symmetriegründen ist $x_0 = 0$. Drehmoment bezgl. x-Achse $G \cdot y_0 = M_x$

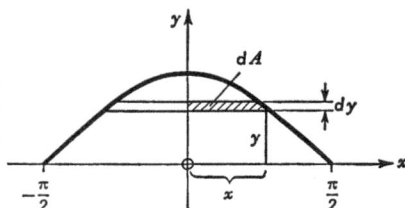

$$G = \sigma \int_{-\frac{\pi}{2}}^{\frac{\pi}{2}} y\, \mathrm{d}x = \sigma \int_{-\frac{\pi}{2}}^{\frac{\pi}{2}} \cos x\, \mathrm{d}x = 2\,\sigma$$

$$\mathrm{d}M_x(y) = 2\,\sigma\, \mathrm{d}A\, y = 2\,\sigma\, x\, y\, \mathrm{d}y\,; \quad y = \cos x, \quad \mathrm{d}y = -\sin x\, \mathrm{d}x$$

$$\int_{y=0}^{1} y\, \mathrm{d}A = -\int_{x=\frac{\pi}{2}}^{0} x \cos x \sin x\, \mathrm{d}x = +\frac{1}{2}\int_0^{\frac{\pi}{2}} x \sin 2x\, \mathrm{d}x$$

partielle Integration mit $u = x$, $\mathrm{d}u = \mathrm{d}x$, $\mathrm{d}v = \sin 2x\, \mathrm{d}x$,

$v = -\dfrac{1}{2}\cos 2x$ liefert

$$M_x = 2\,\sigma\, \frac{\pi}{8} \quad \text{und} \quad y_0 = \frac{M_z}{G} = \frac{\pi}{8}$$

66 In gleichen Zeitabschnitten werden gleiche Strecken zurückgelegt.

67 a) Graphischer Fahrplan; b) durch eine Gerade;
c) die Geschwindigkeit

68 Ja: Fahrzeit $(0,354 + 0,199)$ h; bisheriger Rekord $0,567$ h

69 a) 5 m/s; b) 25 m; c) $22,4$ m

70 a) 36 s; b) $1,1$ km

71 a) Zeit für Schiff 1: $t_1 = \dfrac{s}{v_1} + 24\,\text{h} + \dfrac{s}{v_2} =$

$= \left(\dfrac{6000}{20} + 24 + \dfrac{6000}{40}\right)\text{h} = 474\,\text{h};$

Schiff 2: $t_2 = \left(\dfrac{2 \cdot 6000}{30} + 24\right)\text{h} = 424\,\text{h}$, also 50 h weniger als 1

b) $\bar{v}_1 = \dfrac{2 \cdot s}{t_1} = \dfrac{12\,000}{450}\,\text{km/h} = 26{,}6\,\text{km/h}$

72 a) Änderung der Geschwindigkeit in der Zeiteinheit;   b) nein;
c) gleiche Geschwindigkeitsänderung in gleichen Zeitabschnitten

73 Ja: wenn die Beschleunigung in jedem Augenblick senkrecht zur
Bewegungsrichtung erfolgt, bewirkt sie nur eine Richtungsänderung

74 $2{,}22\,\text{m/s}^2$

75 $v_r = 17{,}9\,\text{m/s};$ $v_t = 8{,}95\,\text{m/s}$

76 Durch eine a) zur Zeitachse parallele,
b) mit zunehmender Zeit ansteigende,
c) fallende Gerade

77 a)

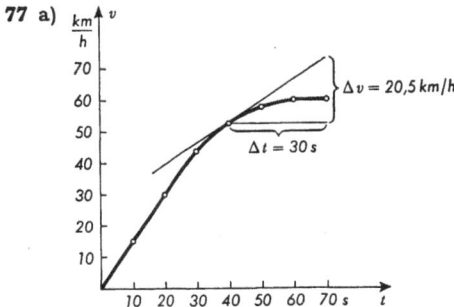

b) $\bar{a} = \dfrac{60\,\text{km/h}}{60\,\text{s}} = 0{,}28\,\dfrac{\text{m}}{\text{s}^2};$

c) aus der Steigung bei $t = 40\,\text{s}$:

$a\,(40) = \dfrac{\Delta v}{\Delta t} = \dfrac{20{,}5\,\text{km/h}}{30\,\text{s}} = 0{,}19\,\dfrac{\text{m}}{\text{s}^2}$

78 $a = 8{,}18\,\text{m/s}^2;$ $t_1 = 1{,}2\,\text{s}$

79 a) 35 s

80 Radfahrer: $v = \dfrac{14{,}4 \cdot 10^3\,\text{m}}{3{,}6 \cdot 10^3\,\text{s}} = 4\,\text{m/s};$ hat nach 15 s 60 m Vorsprung;
im nächsten Zeitabschnitt t holt ihn das Auto ein, wenn $s = \dfrac{a}{2}\,t^2 =$

$= v \cdot t + 60$ m; mit $a = 0,7$ m/s^2 wird $t = 20$ s und $s = v t + 60$ m $= 140$ m. Geschwindigkeit des Autos ist dann $a \cdot t = 14$ m/s $= 50,4$ km/h

81 a) 15 km; b) 1080 km/h

82 $\varDelta s = 45$ mm; $\varDelta t = 1,5 \cdot 10^{-10}$ s; Formel für maximalen relativen Fehler: $\dfrac{\varDelta v}{v} = \dfrac{\varDelta s}{s} + \dfrac{\varDelta t}{t}$

83 $(3 \pm 0,03) \cdot 10^8$ m/s

84 Nein; Ursachen: verschiedener Abstand vom Erdmittelpunkt, Einwirkung schwerer Massen, größte Zentrifugalkraft am Äquator

85 Messung der Fallzeit einer Kugel aus etwa 0,5 m Höhe mittels elektrischer Stoppuhr

86 a) $\approx 7,7$ m/s; b) 200 s

87 Thermometer fallen lassen, Fallzeit t messen; $h = \dfrac{1}{2} g t^2$

88 a) 20,4 m; b) mit 20 m/s nach 4,08 s

89 $W = v_0 \sqrt{2 h/g}$; $h^2 = s^2 - W^2$; $h = 1\,m$

90 a) 29,8 m; b) nein

91 $v_0 = \sqrt{2 g h}$; $W = \dfrac{v_0{}^2 \sin 2\alpha}{g} = 2 h \sin 2\alpha$; $W(30°) = W(60°) = 38$ m; $W(45°) = 44$ m

92 6,25 m

93 a) Genau in der Mitte der Straße; b) überhaupt nicht, weil $v_x =$ const

94 $1,7 \cdot 10^5\, g$

95 a) ≈ 30 km/s $= \dfrac{2 \pi \cdot 1,5 \cdot 10^8 \text{ km}}{8,64 \cdot 10^4 \cdot 3,65 \cdot 10^2 \text{ s}}$; b) $\omega = 7,29 \cdot 10^{-5}$/s
In 365 Tagen $365 + 1$ Umdrehungen

96 $v_1 = v_2 = v = 2,35$ m/s; $\omega_1 = 15,7$/s; $\omega_2 = 6,7$/s

97 9,4 m/s

98 $v = \sqrt{g\, r} = 3,43$ ms^{-1}

99 a) $1,27 \cdot 10^4$; b) $\varphi = 7,85 \cdot 10^4$; c) 20,3 m/s $= 73$ km/h; d) 20,3 /s

100 a) Null; b) 5 m/s; c) 10 m/s

101 $r = 0,5$ m; $\quad t = 5$ s; $\quad a = \dfrac{\omega}{t} \quad a_t = a \cdot r = \dfrac{\omega}{t} r = a_r = \omega^2 r$;

daraus $\omega = \dfrac{1}{t} = 0,2/$s; $\quad a_t = a_r = \omega^2 r = 2 \cdot 10^{-2}$ m/s^2;

$a = \sqrt{a_t{}^2 + a_r{}^2} = 2,83 \cdot 10^{-2}$ m/s^2

102 $0,034$ m/s^2

103 a) $a_r = 2,4 \cdot 10^{-2}$ m/s^2; $\quad$ b) $a_{||} = 1,7 \cdot 10^{-2}$ m/s^2
c) $\gamma = 1,7 \cdot 10^{-3} = 5'50''$

104 a) $8,73$ /s^2; $\quad$ b) 10^4

105 a) $a_t = 6$ m/s^2; $\quad a_r = 3,6 \cdot 10^4$ m/s$^2 \approx a$;
b) $\gamma = 1,6 \cdot 10^{-4} \triangleq 0,55'$

106 a) $a_t = 1,5$ m/s^2; $\quad$ b) 12 m/s; $\quad$ c) $a_r = 480$ m/s^2; $\quad s = 48$ m;
$\quad n = 25,5$; $\quad$ d) nur für a) und b)

107 $\omega = \dfrac{\mathrm{d}\varphi}{\mathrm{d}t}$; $\quad v_x = \dfrac{\mathrm{d}x}{\mathrm{d}t} = \dfrac{\mathrm{d}x}{\mathrm{d}\varphi} \cdot \dfrac{\mathrm{d}\varphi}{\mathrm{d}t} = r \sin\varphi \cdot \omega$

Maximum für $|\sin\varphi| = 1$, $\quad \varphi = 90°$ oder $270°$

$a_x = \dfrac{\mathrm{d}v_x}{\mathrm{d}t} = r\,\omega \cos\varphi \,\dfrac{\mathrm{d}\varphi}{\mathrm{d}t} = r\,\omega^2 \cos\varphi$

Maximum für $|\cos\varphi| = 1$, $\quad \varphi = 0$ oder $180°$

108 Kraft = Masse mal Beschleunigung

109 a) Kräfte; $\quad$ b) Kräfte; besser: Drehmomente

110 a) Gewicht = Masse mal Fallbeschleunigung
b) $588,6$ N; $\quad$ c) in den Beinen

111 $1591,5$ N

112 (Trägheits-)Kraft proportional Beschleunigung

113 $4,8 \cdot 10^4$ N

114 a) $3,48$ m/s^2; $\quad$ b) $2,08 \cdot 10^5$ N

115 a) 3750 N; $\quad$ b) $\approx 4,2$ cm

116 a) $6,4 \cdot 10^4$ N; $\quad$ b) $9,82 \cdot 10^4$ N $= m_1 a_1 + m_2 a_2 + m_3 a_3$
$\quad m_1 = m_2 = m_3 = m$; $\quad a_1 = \dfrac{v^2}{2\,s_1}$; $\quad a_2 = \dfrac{v^2}{2\,s_2}$; $\quad a_3 = \dfrac{v^2}{2\,s_3}$;

mit $s_1 = 0,1$ m; $\quad s_2 = s_1 + 2 \cdot 0,1 = 0,3$ m; $\quad s_3 = s_2 + 2 \cdot 0,1 =$
$= 0,5$ m; $\quad v = 0,8$ m/s; $\quad m = 2 \cdot 10^4$ kg $\qquad$ folgt b)

117 a) $7,96 \cdot 10^3$ N; $\quad$ b) $1,203 \cdot 10^4$ N

118 a) Aufwärts; $\quad$ b) $0,915$ m/s²; $\quad$ c) 736 N; $\quad$ d) 5095 N

119 $m = 3,5$ kg; $\quad$ a) $a = \dfrac{v^2}{2\,s} = \dfrac{0,64}{2 \cdot 5}$ m/s² $= 0,064$ m/s²;

b) $F = m \cdot a = 0,224$ N

c) $s = \dfrac{a}{2}\,t^2 = \dfrac{a\,t}{2} \cdot t = \dfrac{v}{2}\,t; \qquad t = \dfrac{2\,s}{v} = 12,5$ s

d) $s_1 = \dfrac{0,064}{2} \cdot 5^2$ m $= 0,8$ m; $\qquad v_1 = 0,064 \cdot 5$ m/s $= 0,32$ m/s

e) Fallzeit $t_F = \sqrt{\dfrac{2\,h}{g}} = 0,34$ s

f) Wurfweite $W = v_x \cdot t_F = 0,27$ m

g) $v_x = 0,8$ m/s; $\qquad v_y = \sqrt{2\,g\,h} = \sqrt{10,8} \cdot$ m/s; $\qquad v = \sqrt{v_x^2 + v_y^2} =$
$= 3,38$ m/s

120 a) 225 m; $\quad$ b) 6486 N

121 $51,9°$

122 a) 14 cm; $\quad$ b) $66,7$ N

123 232 m/s $= 836$ km/h

124 ohne Schwerkraft: $\quad$ a) $94,6$ N; $\quad$ b) $1,13$/s
mit Schwerkraft: $\quad$ a) $96,7$ N; $\quad$ b) $1,12$/s

125 a) 100 N; $\quad$ b) $165,5$ N und $231,1$ N

126 a) Zug in der Stange;
b) elastische Kräfte zwischen Kugel und Rinne;
c) zwischen Rad und Straße (Reibung); $\quad$ d) Druck auf Tragflächen

127 $l =$ Seillänge; $\quad r =$ Bahnradius; $\quad \alpha =$ Winkel Seil − Lot;

$$\frac{r}{l} = \sin \alpha; \qquad \frac{a_r}{g} = \frac{v^2}{r\,g} = \tan \alpha = \frac{\sin \alpha}{\sqrt{1 - \sin^2 \alpha}} = \frac{r}{l\,\sqrt{1 - \dfrac{r^2}{l^2}}}$$

durch Quadrieren: $r^4 + \dfrac{v^4}{g^2}\, r^2 - \dfrac{v^4\, l^2}{g^2} = 0$;

$r^4 + 13{,}47\, r^2 - 54{,}9 = 0$;   daraus $r^2 = 3{,}27\ \text{m}^2$,

$r = 1{,}81\ \text{m}$; $a_r = \dfrac{v^2}{r} = 20\ \text{m/s}^2$

a) $F = m\,a = m\,\sqrt{g^2 + a_r^2} = 223\ \text{N}$;   b) 2,27 mal;

c) $\sin a = 0{,}905$; $a = 64{,}7°$

128 $m = m_0 \left(1 - \dfrac{v^2}{c^2}\right)^{-1/2}$; $\dfrac{dv}{dt} = a(v)$; $\dfrac{dm}{dv} = m_0\, \dfrac{v}{c^2}\left(1 - \dfrac{v^2}{c^2}\right)^{-3/2}$

$\dfrac{dm}{dt} = \dfrac{dm}{dv}\cdot\dfrac{dv}{dt} = m_0\, a\, \dfrac{v}{c^2}\left(1 - \dfrac{v^2}{c^2}\right)^{-3/2}$

$F = \dfrac{d}{dt}\,(m\,v) = \dfrac{dm}{dt}\,v + m\,\dfrac{dv}{dt} = m_0\, a\, \dfrac{v^2}{c^2}\left(1 - \dfrac{v^2}{c^2}\right)^{-3/2} +$

$\qquad + m_0\, a\left(1 - \dfrac{v^2}{c^2}\right)^{-1/2} = m_0 \cdot a(v)\left(1 - \dfrac{v^2}{c^2}\right)^{-3/2}$

mit $v = 0{,}95\, c$, $\left(\dfrac{v}{c}\right)^2 = 0{,}9025 \approx 0{,}9$,

$\left(1 - \dfrac{v^2}{c^2}\right)^{3/2} \approx (10^{-1})^{3/2} = 3{,}16 \cdot 10^{-2}$:

$a(0) = \dfrac{F}{m_0}$; $a(v) = \dfrac{F}{m_0}\left(1 - \dfrac{v^2}{c^2}\right)^{3/2} = a_0 \cdot 3{,}16 \cdot 10^{-2}$

$\dfrac{a(0)}{a\,(0{,}95\, c)} \approx 31{,}6$

129 $x = \displaystyle\int_0^t v_x\, dt = \int_0^t \left[\int_0^t a_x\, dt\right] dt$,   mit $a_x = C \cdot \xi(t)$;   analog für y und z.

Abstand $r = +\sqrt{x^2 + y^2 + z^2}$

Die Richtung ist durch die Verhältnisse $\dfrac{x}{r}$, $\dfrac{y}{r}$, $\dfrac{z}{r}$ gekennzeichnet

130 a) $F = m\,a = m\,\ddot{x} = 2\,x\,\dfrac{m}{l}\,g$

$\ddot{x} = \dfrac{2g}{l}\,x$,   homogene lin. Dgl. m.

konst. Koeff.

Ansatz (b) $x(t) = A\,e^{at} + B\,e^{-at}$;

daraus (c) $\dot{x}(t) = A\,a\,e^{at} - B\,a\,e^{-at}$

Anfangsbed. 1) $\dot{x}(0) = 0 = a\,(A - B)$;

$A = B$,   damit aus (b) $x(t) = A\,(e^{at} - e^{-at}) = 2\,A \cosh a\,t$;

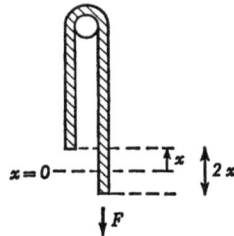

2) $x(0) = \varepsilon = A\,(1+1) = 2\,A, \quad A = \dfrac{\varepsilon}{2};$ damit aus (c)

$\dot{x} = a\,\dfrac{\varepsilon}{2}\,(e^{at} - e^{-at}); \quad (d)\ \ddot{x} = a^2\,\dfrac{\varepsilon}{2}\,(e^{at}+e^{-at}) = a^2\,x$

(d) in (a): $a = \sqrt{\dfrac{2g}{l}};$ in (b): $x(t) = \varepsilon\,\cosh\left(\sqrt{\dfrac{2g}{l}}\,t\right) =$

$= \varepsilon\,\cosh\,(a\,t)$

Ende für $x(\tau) = \dfrac{l}{2} = \varepsilon\,\cosh\,(a\,\tau)$

Umkehrfunktion: $\operatorname{arcosh} x = \ln\left(x + \sqrt{x^2 - 1}\right)$

$a\,\tau = \operatorname{arcosh}\dfrac{l}{2\,\varepsilon},$

$\tau = \sqrt{\dfrac{l}{2g}}\,\operatorname{arcosh}\dfrac{l}{2\,\varepsilon};$ Einsetzen der Zahlenwerte ergibt

$\tau \approx 0{,}64 \cdot \ln 16\,\text{s} = 0{,}64 \cdot 2{,}303 \cdot \log 16\,\text{s} = 1{,}77\,\text{s}$

Anderer Weg:

$\dfrac{dv}{dt} = \dfrac{2g}{l}\,x = v\,\dfrac{dv}{dx} \quad \left\{ \begin{array}{l} \text{mit}\ \dfrac{dx}{dt} = \dot{x} = v; \\[2mm] \ddot{x} = \dfrac{dv}{dt} = \dfrac{dv}{dx}\cdot\dfrac{dx}{dt} = \dfrac{dv}{dx}\cdot v \end{array} \right.$

$\dfrac{2g}{l}\int_{\varepsilon}^{x} x\,dx = \int_{0}^{v} v\,dv : \dfrac{2g}{l}\cdot\dfrac{1}{2}\,(x^2 - \varepsilon^2) = \dfrac{v^2}{2} = \dfrac{\dot{x}^2}{2};$

$\dot{x} = \dfrac{dx}{dt} = \sqrt{\dfrac{2g}{l}}\cdot\sqrt{x^2 - \varepsilon^2}; \quad \sqrt{\dfrac{2g}{l}}\int_{t=0}^{\tau} dt = \int_{x=\varepsilon}^{l/2}\dfrac{dx}{\sqrt{x^2 - \varepsilon^2}}$

$\sqrt{\dfrac{2g}{l}}\cdot\tau = \ln\left(x + \sqrt{x^2 - \varepsilon^2}\right)\Big]_{\varepsilon}^{l/2}$

131 Brenndauer t_B aus $\mu\,t_B = 400\,\text{kg}$, $t_B = 10\,\text{s}$

Physikalische Grundlagen: 1) Veränderliche Masse $m(t)$;

2) $m(t) \cdot a(t) = F(t) =$ Schubkraft — Gewicht zur Zeit t,

$m(t) \cdot \dfrac{dv}{dt} = F_s - m(t) \cdot g$

3) Schubkraft $F_s =$ zeitliche Änderung des Impulses der Antriebsgase, bezogen auf die Rakete (Relativgeschwindigkeit u einsetzen!). Für $u = $ const.:

$F_s = \dfrac{d}{dt}\,(m_{\text{Gas}} \cdot u) = u \cdot \dfrac{dm_{\text{Gas}}}{dt} = u \cdot \mu = \text{const}; \quad m(t) = m_0 - \mu\,t;$

damit aus 2):

$$(m_0 - \mu\,t)\,\frac{\mathrm{d}v}{\mathrm{d}t} = u\,\mu - (m_0 - \mu\,t)\cdot g$$

Integration nach Trennung der Variabeln

$$v(t) = \int\limits_0^t \mathrm{d}v = \int\limits_0^t \left(\frac{u\,\mu}{m_0 - \mu\,t} - g\right)\mathrm{d}t =$$

$$= -u\,\mu \cdot \frac{1}{\mu}\left[\ln\,(m_0 - \mu\,t)\right]_0^t - g\,t = -u\cdot\ln\left(1 - \frac{\mu}{m_0}\,t\right) - g\,t.$$

a) $v\,(10\ \mathrm{s}) = 4730\ \mathrm{ms^{-1}} = 4{,}73\ \mathrm{kms^{-1}}$

b) $\displaystyle h(t) = \int\limits_{t=0}^{t_B} v(t)\,\mathrm{d}t = -u\int\limits_0^{t_B}\ln\left(1 - \frac{\mu}{m_0}\,t\right)\mathrm{d}t - \int\limits_0^{t_B} g\,t\,\mathrm{d}t$

Substitution: $\quad 1 - \dfrac{\mu\,t}{m_0} = x;\qquad \mathrm{d}t = -\dfrac{m_0}{\mu}\,\mathrm{d}x;$

Grenzen: $\quad x_0 = 1\quad$ für $\quad t = 0;\quad \ln x_0 = 0;$

$$x_B = 1 - \frac{\mu}{m_0}\,t_B\quad \text{für}\quad t = t_B;$$

$$h(t_B) = +u\,\frac{m_0}{\mu}\left[(x\ln x - x)\right]_{x_0}^{x_B} - \frac{g\,t_B^2}{2};$$

für $\quad t_B = 10\ \mathrm{s}:\quad h\,(10\ \mathrm{s}) = 17434\ \mathrm{m}\ \approx\ 17{,}4\ \mathrm{km}$

132 a) Drehmoment = Trägheitsmoment mal Winkelbeschleunigung;
b) Drehmoment; Trägheitsmoment; Winkelbeschleunigung

133 a) $4{,}43\ s^{-1}$;
b) nein. Skizze ergibt geom. Beziehung $2\,m\,g : m\,\omega^2 r = \sin 30° = 0{,}5$

134 a) $r_1 : r_2 = m_2 : m_1$; b) ja

135 4600 km vom Erdmittelpunkt, noch in der Erde

136 $J_{A_1} = 2{,}2\cdot 10^{-45}\ \mathrm{kgm^2}$; $\quad J_{A_2} = 1\cdot 10^{-45}\ \mathrm{kgm^2}$
$J_{A_3} = 3{,}2\cdot 10^{-45}\ \mathrm{kgm^2}$

137 39,8

138 Je 200 Nm

139 a) $a = -3{,}77/\mathrm{s^2}$; b) 3000

140 a) $2\cdot 10^{-3}\ \mathrm{kgm^2}$; b) $2{,}066\cdot 10^{-3}\ \mathrm{kgm^2}$

141 a) 3,01 s; b) 3,08 s

142 Zugkraft im Faden $F = m\,(g - a)$; Drehachse = Zylinderachse;
mit α = Winkelbeschleunigung, J = Trägheitsmoment:

Drehmoment $Fr = M = m \, (g - a) \, r = a \cdot J = \dfrac{a}{r} \left(\dfrac{m \, r^2}{2} \right)$

$g - a = \dfrac{a}{2};$ a) $a = \dfrac{2}{3} \, g;$ b) $F = m \, (g - a) = 0{,}33 \, \text{N}$

143 a) Das System kommt nicht von selbst in Bewegung;
     b) stabil, labil, indifferent: c) $\vec{F} = \Sigma \, \vec{F_i} = 0$: $\vec{M} = \Sigma \, \vec{M_i} = 0$
     d) $\vec{F} = m \cdot \vec{a}$; $a = 0$ für $F = 0$; ähnlich: $\alpha = 0$, wenn $\vec{M} = 0$

144 a) Cardioide, Sonderfall der gewöhnlichen Epizykloide. $\varphi = \omega \, t$;
     $r = \text{const}$;
     $x = 2 \, r \cos \omega t - r \cos 2 \, \omega t$
     $y = 2 \, r \sin \omega t - r \sin 2 \, \omega t$
     $a_x = \ddot{x} = - 2 \, r \, \omega^2 \cos \omega t + 4 \, r \, \omega^2 \cos 2 \, \omega t$
     $a_y = \ddot{y} = - 2 \, r \, \omega^2 \sin \omega t + 4 \, r \, \omega^2 \sin 2 \, \omega t$
     Gesamtbeschleunigung $a = \sqrt{a_x^2 + a_y^2}$;
     $a^2 = 4 \, r^2 \, \omega^4 \cdot 1 + 16 \, r^2 \, \omega^4 \cdot 1 - 16 \, r^2 \, \omega^4 \cdot Z$ mit
     $Z = \cos \omega t \cdot \cos 2 \, \omega t + \sin \omega t \sin 2 \, \omega t = \cos \omega t$ folgt
     für $\omega t = a$, $2 \, \omega t = \beta$ aus
     $\cos a \cos \beta + \sin a \sin \beta = \cos (a - \beta) = \cos (\beta - a) = \cos \omega t$
     Damit $a^2 = 4 \, r^2 \, \omega^4 \, (5 - 4 \cos \omega t)$;
     Maximum für $\cos \omega t = \cos \varphi = 0$, $\varphi = 90°$ und $270°$

145 $J_{\text{Tang}} = J_{\text{S}} + m \, r^2$ (Steiner) dm

$J_{\text{S}} = \displaystyle\int_{\varphi = 0}^{2\pi} x^2 \, dm = 4 \int_{\varphi = 0}^{\pi/2} x^2 \, dm$

$x = r \sin \varphi$; $x^2 = r^2 \sin^2 \varphi$; $r = \text{const}$.;

$dm = \dfrac{m}{2 \, r \, \pi} \, dl = \dfrac{m}{2 \, r \, \pi} \, r \, d\varphi = \dfrac{m}{2 \, \pi} \, d\varphi$

$J_{\text{S}} = 4 \, \dfrac{m}{2 \, \pi} \, r^2 \displaystyle\int_{0}^{\pi/2} \sin^2 \varphi \, d\varphi = \dfrac{4 \, m \, r^2}{2 \, \pi} \left[\dfrac{\varphi}{2} - \dfrac{1}{4} \sin 2 \, \varphi \right]_0^{\pi/2} =$

$= \dfrac{4 \, m \, r^2}{2 \, \pi} \cdot \dfrac{\pi}{4} = \dfrac{m \, r^2}{2}$; $J_{\text{Tang}} = \dfrac{m \, r^2}{2} + m \, r^2 = \dfrac{3}{2} \, m \, r^2$

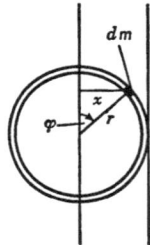

146 Wenn die Kraft durch eine Gegenkraft (z. B. Reibung) kompensiert wird

147 Reibungskraft nimmt ab in der Reihe: ruhend, gleitend, rollend.

148 a) nein; b) ja

149 a) Ruhende Reibung $\geq$ angewandte Kraft;
b) Luftwiderstand nimmt mit der Geschwindigkeit zu, bis er die wirkende Kraft kompensiert.

150 a) $\mu = \dfrac{\text{Reibungskraft}}{\text{Normalkraft}}$;
b) mit schiefer Ebene: $\mu = \tan\varphi$, $\varphi = $ Grenzwinkel für Gleiten; auf waagrechter Ebene: Reibungskraft mit Kraftmesser, Normalkraft = Gewicht

151 a) 235,4 N; b) 0,105

152 a) 1,79 m/s²; 335 N; b) 0,452 m/s²; 353 N

153 a) $a = -\dfrac{v^2}{2\,s} = -0,5$ m/s²
b) $F_R = -\mu mg = ma$; $\mu = \dfrac{a}{g} \approx 0,05$
c) erforderliche Beschleunigung $\dfrac{v}{t} = \dfrac{1,35}{2}$ m/s² $> -a$; nicht möglich

154 a) 17,0 N; b) 3,2 m/s²; c) gleich; d) 11,3°; e) nein

155 1,2 m

156 a) Gleichgewicht der Kräfte für $v = $ const (s. Skizze bei b) für $\beta = 0°$, $F_N = $ Normalkraft, $G = m\,g$):

$$F \cos\alpha = F_R = \mu\,F_N = \mu\,(G - F \sin\alpha)$$

$$F = \frac{\mu\,G}{\cos\alpha + \mu \sin\alpha} \; ;$$

für $\alpha = 30°$,
$G = 490,5$ N: $F = 123,6$ N

b) Gleichgewichtsbedingung:
$F \cos\alpha + G \sin\beta = F_R = \mu\,F_N = \mu\,(G \cos\beta - F \sin\alpha)$

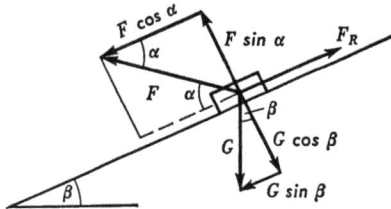

$$F = \frac{G\,(\mu \cos\beta - \sin\beta)}{\cos\alpha + \mu \sin\alpha} \; ; \quad \text{für} \quad \beta = 10°, \quad \alpha = 30°,$$
$$F = 35,5 \text{ N}$$

c) Minimumsaufgabe: willkürlich (= frei) veränderlich ist a.

Extremalbedingung: $\dfrac{\mathrm{d}F}{\mathrm{d}a} = 0$.

Aus der allgemeinen Lösung 156 a) mit $\mu G = $ const:

$$\frac{\mathrm{d}F}{\mathrm{d}a} = 0 = \mu \cdot G \; \frac{1}{(\cos a + \mu \sin a)^2} \; (-\sin a + \mu \cos a)$$

folgt $\sin a = \mu \cos a$, $\operatorname{tg} a = \mu$;

für $\mu = 0{,}25$ wird $a = 14^0$,

dies eingesetzt in Lösung 156 a) liefert $F_{\min} = 118{,}7$ N

157 a) Grenzfall: Reibungskraft $=$ Fliehkraft $\mu \, m \, g = m \; \dfrac{v_{\max}^2}{\varrho}$;

$\varrho = $ Krümmungsradius der Bahn; daraus $v_{\max} = \sqrt{\mu \, g \, \varrho}$
Gefährlichste Stelle (kleinste Höchstgeschwindigkeit), wo ϱ am kleinsten. Aus Differentialgeometrie:

$$\varrho = \frac{(1 + y'^2)^{3/2}}{y''} ; \quad \text{hier} \quad y' = 2 \, a \, x; \quad y'' = 2 \, a$$

$$\varrho = \frac{(1 + 4 \, a^2 \, x^2)^{3/2}}{2 \, a}, \quad \text{Minimum für} \quad x = 0:$$

$$\varrho_{\min} = \frac{1}{2 \, a} = 40 \text{ m}; \quad v_{\max} = \sqrt{0{,}25 \cdot 9{,}81 \cdot 40} \text{ ms}^{-1} = 35{,}7 \text{ km/h}$$

b) Mit $v = 40$ km/h $= 11{,}1$ ms^{-1}; $a_z = \dfrac{v^2}{\varrho_{\min}} = 3{,}1$ ms^{-2}

$$\tan a = \frac{a_z}{g} = \frac{3{,}1}{9{,}81} = 0{,}315, \quad a = 17{,}5^0$$

158 a) Reibungskraft F_R entgegen Fallrichtung. Beschleunigung

$$a = g - a_R = g - \frac{F_R}{m} = g - \frac{c \, v^2}{m} = g \, (1 - b^2 v^2) \quad \text{mit} \quad b^2 = \frac{c}{m \, g} ;$$

v_∞ erreicht, wenn $a = 0 : v_\infty = \dfrac{1}{b} = \sqrt{\dfrac{m \, g}{c}} = 19{,}8$ ms^{-1}

b) $a(t) = \dfrac{\mathrm{d}v}{\mathrm{d}t} = g \, (1 - b^2 v^2)$, Differentialgleichung für $v(t)$;

Trennung der Variablen: $g \, \mathrm{d}t = \dfrac{\mathrm{d}v}{1 - b^2 v^2}$;

Integration mit Anfangsbedingung $v_0 = 0$ für $t = t_0 = 0$:
(s. Formelsammlung oder Partialbruchzerlegung)

$$g \cdot t]_0^t = \frac{1}{2 \, b} \ln \frac{1 + b \, v}{1 - b \, v} \Big]_0^v$$

mit $v = 0{,}9 \, v_\infty$, $b = \dfrac{1}{v_\infty}$, $\ln x = 2{,}303 \log x$

$$t = \frac{1}{9{,}81} \cdot \frac{19{,}8}{2} \ln 19 = 2{,}97 \text{ s}$$

159 Gesamtenergie = kinetische Energie + potentielle Energie = konstant

160 Kleine Kraft, großer Weg

161 a) Lageenergie, kinetische Energie der fortschreitenden und der Dreh-Bewegung

b) Hochgehobenes Gewicht, gespannte Feder

162 Änderung der kinetischen Energie = Beschleunigungsarbeit

163 Arbeit = Kraftkomponente in Wegrichtung mal Weg

164 Keine

165 135 m

166 $7{,}52 \cdot 10^4$ N

167 Keine; unabhängig vom Gewicht des Koffers

168 $6{,}25 \cdot 10^4$ N

169 498 m

170 19,6 kW

171 $a = 10°$; Hangabtrieb $F_H = mg \sin a$; Reibungskraft am Hang

$F_R = \mu mg \cos a$; Beschleunigung am Hang $a_H = \dfrac{F_H - F_R}{m} = 0{,}75$ m/s² für beide.

Verzögerung auf der Ebene $a_E = - \mu g = -1$ m/s² für beide.

Wege am Hang: $s_1 = \dfrac{h_1}{\sin a} = 14{,}4$ m; $s_2 = 28{,}8$ m .

1 erreicht die Ebene (Punkt A) nach $t_1 = \sqrt{\dfrac{2 s_1}{a_H}} = 6{,}2$ s mit der Geschwindigkeit $v_1 = a_H t_1 = 4{,}65$ m/s;

2 erreicht A nach $t_2 = 8{,}77$ s mit $v_2 = 6{,}58$ m/s, also $t_v = 2{,}57$ s nach 1. Bis zum Überholen legen beide auf der Ebene die gleiche Strecke s_E zurück; wenn 1 dazu die Zeit t' braucht, vom Erreichen der Ebene an gerechnet, gilt:

$$s_E = v_1 \cdot t' + \frac{1}{2} a_E t'^2 = v_2 (t' - t_v) + \frac{1}{2} a_E (t' - t_v)^2 ,$$

weil 2 die Ebene erst um t_v später erreicht.

Einsetzen der Zahlenwerte von v_1, v_2, t_v und a_E (negativ!) liefert $t' = 4{,}49$ s $\approx 4{,}5$ s und für die gesamte Fahrzeit bis zum Überholen $t = t' + t_1 = 10{,}7$ s, unabhängig von m_1 und m_2.

172 Mit v .

   a) Aus Energiesatz: am Boden $E_{pot} = 0$, $E_{ges} = \dfrac{m\,v_1^2}{2} - \dfrac{m\,v_2^2}{2}$; $v_1 = v_2$

   b) Steigzeit $t = \dfrac{v_1}{g}$; Steighöhe $h = v_1\,t - \dfrac{g}{2}\,t^2 = \dfrac{v_1^2}{2\,g}$; Geschwindigkeit nach Fall aus Höhe h: $v_2 = \sqrt{2\,g\,h} = v_1$;

   a) ist einfacher

173 $9{,}76 \cdot 10^8$ N; $1{,}63 \cdot 10^4$ kW; kinet. Energie (Wirbel) und Erwärmung der Luft

174 3380 kW

175 36,7 m

176 6 m

177 a) 8,94 kW; b) 1900 N

178 $6{,}7 \cdot 10^5$ N

179 a) $a_1 = 4{,}90$ m/s²; $a_3 = -3{,}92$ m/s²
   b) $h_3 = h_1 = 20$ m; c) 24,2 s

180 a) Verwandlung in Wärme; b) Bremsen laufen heiß.

181 a) $9{,}81 \cdot 10^6$ kW; b) überwiegend in Wärme

182 a) $6{,}19 \cdot 10^7$ Nm; b) 824 kW

183 15,7 kW

184 $W_{Hub} + W_R = 1636$ J

185 a) 55,4 N; b) Mann: 277 J; Schwerkraft : 587 J c) 866 J

186 $2{,}7 \cdot 10^5$ Nm, in Wärme umgesetzt

187 a) Kinetische Energie = Reibungsarbeit: $\dfrac{m\,v^2}{2} = \mu\,m\,g\,s$ (bei Annahme blockierter Räder) ; b) Reibungskoeffizient zur Straße μ;
   c) nein: m kürzt sich in a) heraus; d) $v_2 = 2\,v_1$; $v_2^2 = 4\,v_1^2$; $s_2 = 4\,s_1$

188 a) 71,5 m; b) ja

$$v = \frac{70 \cdot 10^3\ \text{m}}{3{,}6 \cdot 10^3\ \text{s}} = 19{,}45\ \text{m/s}; \qquad \frac{m\,v^2}{2} = R\,s = \mu\,m\,g\,s$$

$$s = \frac{v^2}{2\,\mu\,g} = 71{,}5\ \text{m}; \qquad -a = \mu\,g = 2{,}65\ \text{m/s}^2$$

189 a) $\mu = 0,46$;   b) 67,7 kW

190 $1,15 \cdot 10^8$ J; Praxis: Motorbremse, Kompressionsarbeit

191 2850 m;   374 s = 6 min 14 s

192 6,4 m/s

193 a) 2 m/s   b) $\approx$ 6000 N; mit $G = m \cdot g$:

$$G \cdot h = F_R \cdot s; \quad F_R = \frac{G \cdot h}{s}$$

194 a) 2,45 kW;   b) $5,4 \cdot 10^4$ N

195 $\dfrac{m \, v^2}{2} + \dfrac{J \, \omega^2}{2}$

196 $h = l \sin \alpha = 0,259$ m; $m \, g \, h = \dfrac{m}{2} \, v^2 + \dfrac{J}{2} \, \omega^2$; $\omega = \dfrac{v}{r}$

Kugel: $J = \dfrac{2}{5} \, m \, r^2$;   damit $g \, h = (0,5 + 0,2) \, v^2$; $v = 1,905$ m/s Endgeschwindigkeit; $t = \dfrac{s}{v/2} = 1,05$ s

Zylinder: $J = \dfrac{1}{2} \, m \, r^2$; $g \, h = 0,75 \, v^2$; $v = 1,84$ m/s;

$t = 1,09$ s, unabhängig von r und m

197 Weg–Drehwinkel; Geschwindigkeit–Winkelgeschwindigkeit; Beschleunigung–Winkelbeschleunigung; Masse–Trägheitsmoment; Kraft–Drehmoment

198 Arbeit: Skalar;   Drehmoment: Vektor

199 Drehimpuls $J \, \omega$ = konstant; Verkleinern von J erhöht ω. Dabei muß Arbeit gegen die Zentrifugalkraft geleistet werden.

200 a) $\omega = 29,7$ s^{-1}; $f = 4,73$ s^{-1};   b) 3,83 N

201 a) 100 kgm²;   b) 4770

202 a) 120 N;   b) 5 s;   c) 10 s

203 53,2 kgm²

204 a) $E_{kin} = m \, g \, h = 6 \cdot 9,81 \cdot 2$ Nm = 117,7 Nm

b) $E_{kin} = \dfrac{m}{2} \, v^2 + \dfrac{J}{2} \, \omega^2 = \dfrac{1}{2} \, m \, v^2 + \dfrac{1}{5} \, m \, v^2$ mit $J = \dfrac{2}{5} \cdot m \, r^2$;

$$\omega = \frac{v}{r} \; ; \quad E \text{ (fortschr.)} : E \text{ (Rot.)} = 5 : 2$$

$$E \text{ (fortschr.)} = \frac{5}{7} E_{kin} = 84,1 \text{ Nm}; \quad E \text{ (Rot.)} I = \frac{2}{7} E_{\text{kin}} = 33,6 \text{ Nm}$$

205 Vgl. 204: E_{kin} (Kugel) $= \frac{7}{5} E_{\text{fortschr.}} = 1,4 E$ (Klotz);
h (Kugel) $= 1,4$ m

206 Ortsabhängige Kraft. Energiesatz:

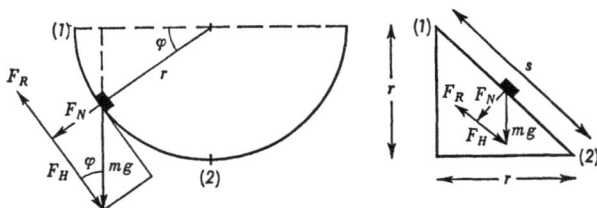

a) $\dfrac{m \, v^2}{2} = m \, g \, h - W_R;$ hier $h = r$ (Anfangshöhe).

$$W_R = \text{Reibungsarbeit}; \quad W_R = \int\limits_{\varphi = 0}^{\pi/2} F_R \, \mathrm{d}s = r \int\limits_{0}^{\pi/2} F_R \, (\varphi) \, \mathrm{d}\varphi;$$

$\mathrm{d}s = r \, \mathrm{d}\varphi;$ $r = \text{const};$ mit $F_R = \mu \, F_N = \mu \, m \, g \sin\varphi$ wird

$$W_R = \mu \, m \, g \, r \int\limits_{0}^{\pi/2} \sin\varphi \, \mathrm{d}\varphi = \mu \, m \, g \, r \quad \text{in a)}$$

$$\frac{m \, v^2}{2} = m \, g \, r \, (1 - \mu); \quad v = \sqrt{2 \, g \, r \, (1 - \mu)} = 2,58 \text{ ms}^{-1}$$

b) $s = r \sqrt{2};$ $F_R = \mu \, F_N = \mu \, m \, g \sin 45^0 = \dfrac{\mu \, m \, g}{\sqrt{2}} = \text{const.}$

$$W_R = F_R \cdot s = \mu \, m \, g \, r \quad \text{wie bei a): gleiche Endgeschwindigkeit.}$$

207 $F(x) = k(x) \, x = k_1 \, x + k_2 \, x^3$

$$E = \int\limits_{0}^{x_E} F(x) \, \mathrm{d}x = k_1 \int\limits_{0}^{x_E} x \, \mathrm{d}x + k_2 \int\limits_{0}^{x_E} x^3 \, \mathrm{d}x = \frac{k_1}{2} \, x_E^2 + \frac{k_2}{4} \, x_E^4;$$

quadratische Gleichung für $x_E^2 = y;$

2 Lösungen $y_1 = \dfrac{-\dfrac{k_1}{2} \pm \sqrt{\dfrac{k_1^2}{4} + k_2 E}}{2 \dfrac{k_2}{4}}$;
$_{(2)}$

physikalisch sinnvoll ist die positive Wurzel

$$y_1 = \left(\sqrt{\frac{10^6}{4} + 10^7 \cdot 0,3} - 0,5 \cdot 10^3\right) : 0,5 \cdot 10^7 \text{ m}^2 = 2,604 \cdot 10^{-4} \text{ m}^2;$$

$$x_E = + \sqrt{y_1} = 1,612 \cdot 10^{-2} \text{ m} \approx 1,6 \text{ cm}$$

208 In abgeschlossenem System: gesamte Bewegungsgröße = konstant;
b) keine äußeren Kräfte

209 a) Vektor; b) null

210 $p = m\,v$; $\quad \dfrac{p^2}{2\,m} = \dfrac{m\,v^2}{2} = E_{kin}$

211 a) 20 Ns; b) 20 Ns; c) 28,6 Ns

212 2,06 m/s

213 a) $1,4 \cdot 10^5$ N; b) 1 m

$$m\,(v - v_0) = F \cdot t; \quad v_0 = 0; \quad F = \frac{m\,v}{t} = \frac{7 \cdot 10^2 \cdot 20}{0,1} \text{ N}$$

$$\frac{m}{2}\,v^2 = F\,s; \quad s = \frac{m\,v^2}{2\,F} = 1 \text{ m}$$

214 a) Null; b) $v_1 : v_2 = m_2 : m_1$

215 1,2 km/h

216 9,15 m/s

217 a) Wird in Wärme verwandelt

b) $m_1\,v_1 = (m_1 + m_2)\,v_2$; $\quad v_2 = v_1\,\dfrac{m_1}{m_1 + m_2}$

Energie vor dem Stoß: $E_1 = \dfrac{m_1\,v_1^2}{2}$;

nach dem Stoß: $E_2 = \dfrac{m_1 + m_2}{2}\,v_2^2 = \dfrac{m_1\,v_1^2}{2} \cdot \dfrac{m_1}{m_1 + m_2} < E_1$

218 a) $2,38 \cdot 10^{-2}$ N; b) $2 \cdot 10^{-2}$ N

219 a) 13,3 m/s; b) 20 m/s

220 Anfangsgeschwindigkeit v_0, Anfangssteigung α:

Steighöhe $H = \dfrac{v_0^2 \sin^2 \alpha}{2\,g}$; $\quad$ Wurfweite $W = \dfrac{v_0^2 \sin 2\alpha}{g} = \dfrac{v_0^2\,2 \sin \alpha \cos \alpha}{g}$

$$\frac{4 H}{W} = \tan a = \frac{120}{160} = 0,75; \quad \sin a = \frac{\tan a}{\sqrt{1 + \text{tg}^2 a}} = 0,6;$$

$$v_0^2 = \frac{2 g H}{\sin^2 a} = 1635 \frac{\text{m}^2}{\text{s}^2}; \quad v_0 = 40,4 \text{ m/s}$$

a) $F \cdot t = m \, v_0 = 1,82$ Ns;   b) $F = 910$ N

221 a) 5 m/s;   b) 89%;   c) geht auf Lastwagen über.

222 $F \cdot t = 1,73 \cdot 10^4$ Ns;   150° gegen ursprüngliche Richtung

223 $F \cdot t = 1,6 \cdot 10^6$ Ns;   90° zur ursprünglichen Richtung

224 a) Kraftstoß = Änderung der Bewegungsgröße (des Impulses)

b) $\frac{\Delta p}{\Delta t} = m \, g$ = Gewichtskraft, lotrecht nach unten

225 Impulssatz: Kahn schwimmt nach rückwärts weg.

226 Geschoß: hohe Beschleunigung auf kurzem Weg (Rohrlänge)

227 8 Ns; $6,4 \cdot 10^3$ N

228 160 N

229 a) 333 kg/s;   b) 500 kg/s

$$m \, v = F \cdot t; \quad \frac{m}{t} = \frac{F}{v}; \quad \text{a) } F = G; \quad \text{b) } F = G + m \, a$$

230 Erhaltung von a) Energie, Impuls und b) Drehimpuls

231 $m_1 v_1 = m_2 v_2; \quad \frac{m_1 v_1^2}{2} = \frac{m_2 v_2^2}{2}$ (1 vor, 2 nach dem Stoß); beide Bedingungen nur erfüllt, wenn $m_2 = m_1, \quad v_2 = v_1$

232 a) 0,5 m/s;   b) 124,9 Nm, in Wärme verwandelt;   c) 6,25 cm

233 $F \cdot t = m \, v = m \sqrt{2 g h} = 0,58$ Ns mit $m = 1$ kg

234 a) 890 m/s;   b) 0,999

235 $\sqrt{2} \, m \, v$

236 $v_{1s} = v_1 \cos a_1 = 1,73$ m/s;

$v_{1p} = v_{2p} = v_1 \sin a_1 = 1$ m/s;

a) $m (v_{1s} - v_{2s}) = 0.4 \cdot 2.31 \text{ Ns} = 0.92 \text{ Ns}$

b) $v_2 = \dfrac{v_{2p}}{\sin a_2} = 1.15 \text{ m/s}; \quad v_{2s} = v_2 \cos a_2 = -0.58 \text{ m/s}$

c) $\dfrac{m\, v_1^2}{2} = 0.8 \text{ Nm}; \quad \dfrac{m\, v_2^2}{2} = 0.264 \text{ Nm}; \quad$ Verlust $0.536 \text{ Nm}, 67\%$

237 a) $v_2' = \dfrac{2\, m_1 v_1}{m_1 + m_2}\,; \quad$ b) $v_2' = v_1;\quad$ c) $v_1' = 0$

238 $v_1' = 0 = \dfrac{2}{m_1 + m_2} (m_1 v_1 + m_2 v_2) - v_1;$ Einsetzen von m_1, m_2, v_1 ergibt

$v_2 = 1.8 \text{ m/s};$ dies in $v_2' = \dfrac{2}{m_1 + m_2} (m_1 v_1 + m_2 v_2) - v_2$ ergibt $v_2' =$
$= 4.2 \text{ m/s}$

239 a) Für $v_2 = 0$ wird nach dem Stoß $v_1' = \dfrac{2\, m_1 v_1}{m_1 + m_2} - v_1 = 0,$ wenn
$m_1 = m_2;$ in diesem Fall überträgt m_1 seine ganze Energie an m_2

b) Für $m_1 \gg m_2$ wird $v_1' = v_1;$ für $m_1 \ll m_2$ wird $v_1' = - v_1;$ in beiden Fällen keine Übertragung von Energie.

c) leichte.

240 Impuls in x-Richtung:

$m_1 v_1 = m_1 v_1' \cos \vartheta_1 + m_2 v_2' \cos \vartheta_2$ (1)

in y-Richtung: $0 = m_1 v_1' \sin \vartheta_1 + m_2 v_2' \sin \vartheta_2$ (2)

Energiesatz: $\dfrac{m_1 v_1^2}{2} = \dfrac{m_1 v_1'^2}{2} + \dfrac{m_2 v_2'^2}{2}$ (3)

Für $m_1 = m_2$ wird:

(1): $v_1 = v_1' \cos \vartheta_1 + v_2' \cos \vartheta_2$

(2): $0 = v_1' \sin \vartheta_1 + v_2' \sin \vartheta_2$

(3): $v_1^2 = v_1'^2 + v_2'^2$

Quadrieren und Addieren von (1) und (2) und Vergleich mit (3):

$v_1^2 = v_1^2 + 2 v_1' v_2 (\cos \vartheta_1 \cos \vartheta_2 + \sin \vartheta_1 \sin \vartheta_2),$
also $\cos \vartheta_1 \cos \vartheta_2 + \sin \vartheta_1 \sin \vartheta_2 = \cos (\vartheta_1 + \vartheta_2) = 0,\ \vartheta_1 + \vartheta_2 = 90°;$
$\vartheta_1 = 60°;$ in diesem Fall ist (Skizze!) $v_1' = v_1 \cos \vartheta_1 = 150 \text{ m/s};$
$v_2' = v_1 \cos \vartheta_2 = 260 \text{ m/s}$

241 b) Vgl. 240: $\vartheta_1 + \vartheta_2 = 90°;\quad$ c) nein

242 $F(t) = a\, t^2 e^{-bt}.$

Bedingung für Extremwert $\dfrac{dF}{dt} = 0 = a \cdot e^{-bt} (2\, t - b\, t^2)$

erfüllt für $t = 0$ $(F = F_{min})$ und $t = \dfrac{2}{b} = t_{max}$ $(F = F_{max})$.

a) $t_{max} = 1$ s; $F_{max} = a \cdot t_{max}^2 \cdot e^{-b\,t_{max}} = \dfrac{3}{e^2}$ N $= 0{,}407$ N

b) $F(2) = 0{,}222$ N; $F(3) \approx 0{,}07$ N; $F(10) \approx 6 \cdot 10^{-7}$ N   d.h. für
$t \geqq 10$ s ist F vernachlässigbar klein und liefert keinen merklichen
Beitrag zum Kraftstoß

$$m\,v = \int\limits_{t=0}^{10\,s} F(t)\,dt \approx \int\limits_{t=0}^{\infty} F(t)\,dt = a \int\limits_{0}^{\infty} t^2\,e^{-bt}\,dt = a \cdot \frac{2}{b^3}$$

(aus Formelsammlung oder durch wiederholte partielle Integration)

Daraus $\quad v = \dfrac{2\,a}{m\,b^3} = \dfrac{2 \cdot 3}{0{,}25 \cdot 8} = 3 \text{ ms}^{-1}$

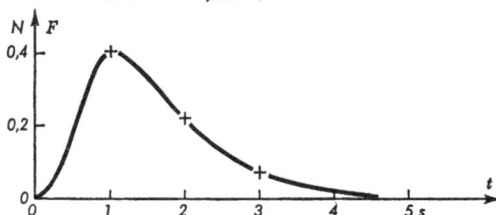

243 a) $J_E = \dfrac{2}{5}\, m_E r_E^2 = 9{,}7 \cdot 10^{37}$ kgm^2;

$\omega_E = 2\,\pi\,/\,86400$ s $\approx 0{,}73 \cdot 10^{-4}$ s^{-1}. Drehimpuls der Erde:
$L_E = J_E \cdot \omega_E \approx 7{,}1 \cdot 10^{33}$ kg m^{2}s^{-1}; $E_{Rot} = \dfrac{1}{2}\, J_E \omega_E^2 \approx 2{,}6 \cdot 10^{29}$ J

b) Annahmen: $5{,}3 \cdot 10^9$ Menschen, mittl. Masse 35 kg, Geschwindigkeit
$v = 6$ ms^{-1}, Abstand von Erdachse $5 \cdot 10^6$ m. Zusatzdrehimpuls
$L' = m_M \cdot v \cdot r_m = 5{,}3 \cdot 10^9 \cdot 35 \cdot 6 \cdot 5 \cdot 10^6 = 5{,}6 \cdot 10^{18}$ kgm^{2}s^{-1}

$= -J$ (Erde) $\cdot\, \Delta\,\omega_E$, Drehimpulserhaltung. $\dfrac{\Delta\omega_E}{\omega_E} \approx 8 \cdot 10^{-16}$, nicht meßbar.

244 Änderung des Trägheitsmoments durch Verlagerung von Massen

245 $a = \sqrt{\dfrac{M\,t}{\omega\,m}}$

246 $L = 2{,}27 \cdot 10^{27}$ Nms; $E = 6{,}3 \cdot 10^{16}$ Nm $= 1{,}75 \cdot 10^{10}$ kWh

247 a) Gesamtdrehimpuls $= 0$; Scheibe dreht sich entgegen dem Zug

b) $\omega = 0{,}2$ /s   c) $v_{rel} = 0{,}18$ m/s

d) Zug und Scheibe bleiben gleichzeitig stehen

248 Umfangsgeschwindigkeit (West—Ost) nimmt vom Äquator zu den
Polen ab. Infolge der Trägheit weichen Winde usw. von der Erde aus
gesehen nach Osten ab, wenn sie sich vom Äquator zu einem Pol
bewegen; nach Westen, wenn sie vom Pol zum Äquator strömen.

249 Zeitlich konstante Horizontalgeschwindigkeit der Kugel relativ zum Fußpunkt des Lots:

$v_K = \omega h_o$ mit $\omega = 2\,\pi\cos\varphi\,/\,86400\,\mathrm{s} \approx 5{,}40\cdot10^{-4}\mathrm{s}^{-1}$.

Horizontalgeschwindigkeit des Lots in Höhe $h(t)$, die die Kugel nach einer Fallzeit t passiert:

$$v_L(t) = \omega\cdot h(t) = \omega\left(h_o - \frac{1}{2}gt^2\right) = v_K - \frac{1}{2}\omega gt^2.$$

Relativgeschwindigkeit Kugel-Lot zur Zeit t:

$v^{\mathrm{rel}}(t) = v_K - v_L(t) = \frac{1}{2}\omega gt^2$. Ostabweichung in der gesamten Fallzeit $t_F = \sqrt{2h_o/g}$:

$$x = \int_o^{t_F} v_{\mathrm{rel}}(t)\,\mathrm{d}t = \frac{1}{2}\omega g \int_o^{t_F} t^2\mathrm{d}t = \frac{1}{2}\omega g\cdot\frac{1}{3}\,t^3{}_F \approx 0{,}065\,\mathrm{m} = 6{,}5\,\mathrm{cm}$$

250 a) Anziehung zwischen (ungeladenen) Massen

b) $F = G^*\,\dfrac{m_1\,m_2}{r^2}$; G^* Gravitationskonstante

251 a) 75 kg; b) 75 kg; c) 120 N

252 a) Vgl. Aufg. 253 (Drehwaage)!

b) Gewicht = Massenanziehungskraft: $m\,g = G^*\,\dfrac{m_E\,m}{R^2}$;

$R =$ Erdradius; daraus $m_E = \dfrac{g\,R^2}{G^*}$

253 a) $3{,}3\cdot10^{-8}\,\mathrm{Nm}$; b) $\varphi = 3{,}3\cdot10^{-3}$; c) 19,8 mm

254 Überall: Astronomie

255 a) $2{,}76\cdot10^{-3}\,\mathrm{N}$; b) $3{,}41\cdot10^{-5}\,\mathrm{N}$

256 a) $\approx 2\cdot10^{30}\,\mathrm{kg}$; b) $1:580 = \sqrt{\dfrac{m_E}{m_S}}$

257 In einem frei, d. h. mit der Beschleunigung g, fallenden Kasten (Flugzeug im Sturzflug)

258 $g(r) = \dfrac{G^*\,m_E}{r^2}$; an der Erdoberfläche: $r = 6{,}4\cdot10^6\,\mathrm{m}$

Fehlerformel: $\dfrac{\Delta g}{g} \approx 2\,\dfrac{\Delta r}{r} = \dfrac{2\cdot10\,\mathrm{m}}{6{,}4\cdot10^6\,\mathrm{m}} \approx 3\cdot10^{-6}$, also nachweisbar

259 Über Erz (große Dichte) ist g größer, über Salz (kleine Dichte) kleiner als über Erdreich durchschnittlicher Dichte.

260 Anziehungskräfte von Sonne und Mond auf das Wasser plus Zentrifugalkräfte der Rotation um den jeweils gemeinsamen Schwerpunkt; vgl. 265.

261 a) $G^*m_E\,(r_E + h_0)^{-2} = \omega_E^2\,(r_E + h_0)$; $h_0 = 35900\,\mathrm{km}$

b) nein; er kreist wegen a) um den Erdmittelpunkt

c) periodische ($T = 24$ h) Nord-Süd-Bewegung zwischen 50° nord und 50° süd.

262 a) $2.3 \cdot 10^{20}$ N;   b) $4.76 \cdot 10^{20}$ N;   c) $6.3 \cdot 10^{20}$ N

263 $\approx$ 80 Tage

264 a) 9,81; 7,35; 5,68; 4,54; 3,72 m/s²

   c) die Arbeit, um 1 kg auf 2000 km Höhe zu heben

265 a) $r = 4600$ km vom Erdmittelpunkt, in der Erde;

   b) maximal $2\,\omega\,r = 24$ m/s, ω für Mondumlauf

266 Fixsternsystem; $F_\mathrm{R} = \dfrac{m}{R}(v_\mathrm{E} \pm v)^2$; R Erdradius, v_E Umfang-Geschwindigkeit der Erde am Äquator; a) 41,5 N; b) 909 N

267 a) $m\,\dfrac{v^2}{r} = mg$; $v = \sqrt{g \cdot r} = \sqrt{9{,}81 \cdot 6{,}4 \cdot 10^6}$ m/s $= 7{,}94 \cdot 10^3$ m/s ≈ 8 km/s;

   b) $\approx$ 83 min;   c) nein: relativ zum Fixsternsystem
   d) Umfangsgeschwindigkeit der Erde wird ausgenützt.

268 7,36 km/s

269 nein: auf stabiler Umlaufbahn halten sich Anziehungs- und Zentrifugalkraft das Gleichgewicht.

270 a) $-2{,}16 \cdot 10^{10}$ Nm;   b) $3{,}4 \cdot 10^9$ Nm;   c) $3{,}4 \cdot 10^9$ Nm;

   d) 7,3 mal;   e) $E_\mathrm{pot} : E_\mathrm{kin} = -2 : 1$;   f) nein

271 Erde: 2 m $= (1 + 1)$m; Mond: $(1 + 6 \cdot 1)$m $= 7$ m

272 ∞ weit

273 a) $\approx$ 10 Min.   b) Rückstoßkraft (Gaspistole)

274 a) $-7{,}75 \cdot 10^{28}$ Nm;   b) $4{,}51 \cdot 10^{30}$ Nm

   c) $3{,}88 \cdot 10^{28}$ Nm;   d) $-3{,}88 \cdot 10^{28}$ Nm

275 a) $F = G^* m \left(\dfrac{m_S}{(R-r)^2} - \dfrac{m_E}{r^2} \right)$

   b) $6{,}1 \cdot 10^7$ Nm;   11 km/s

276 b) $\dfrac{G^* m\, m_E}{r} = \dfrac{m}{2}\,v^2$; $v = \sqrt{\dfrac{2\,G^*\,m_E}{r}} = 11{,}3$ km/s, nicht realisierbar

277 a) Zeitliche Periodizität;   b) Sinusschwingung

278 a) Rückstellkraft proportional Auslenkung;

   b) einfache Sinusfunktion

279 a) nein;   b) ja

280 a) Der Schatten eines gleichförmig auf einem Kreis umlaufenden Punktes, parallel zur Kreisebene projiziert, vollführt eine harmonische Schwingung;

b) abgestimmtes Federpendel neben Anordnung a)

281

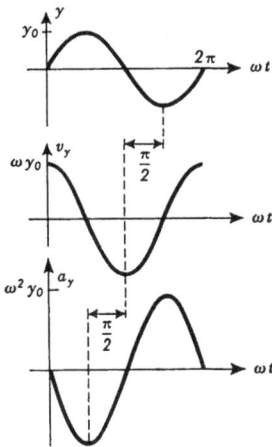

$$y = y_0 \sin \omega t$$

$$v_y = \omega y_0 \cos \omega t = \omega y_0 \sin\left(\omega t + \frac{\pi}{2}\right)$$

$$a_y = -\omega^2 y_0 \sin \omega t = -\omega^2 y_0 \cos\left(\omega t + \frac{\pi}{2}\right)$$

a_y eilt gegen v_y, v_y gegen y um die Phasenverschiebung $\frac{\pi}{2}$ voraus.

282 a) Durchgang durch Nullage;   b) Umkehrpunkte

c) 0,955 /s;   d) 0,083 m

283 8 *m*

284 $\sin \omega t_1 = -\dfrac{1}{2}$; $\omega t_1 = -\dfrac{\pi}{6}$; $\sin \omega t_2 = \dfrac{1}{2}$;

$\omega t_2 = \dfrac{\pi}{6}$; $t_2 - t_1 = \dfrac{\pi}{3 \omega} = \dfrac{T}{6} = \dfrac{1}{3}$ s

285 1,18 s

286 40 s

287 a) 2,42 s;   b) 10 cm

288 a) nein;   b) $\sqrt{l_1} : \sqrt{l_2} : \sqrt{l_3} : \sqrt{l_4}$

289 a) $1,6 \cdot 10^{-4}$;   b) 97 s

290 a) Ein schwingungsfähiges System der Eigenfrequenz f wird mit einer Kraft gleicher Frequenz zu Schwingungen großer Amplitude angeregt.

b) Beispiel Aufg. 294;   c) Kritische Drehzahl von Maschinen

291 a) Kleine Auslenkungen, gegenphasig zur Kraft;

b) Kleine Auslenkungen, gleichphasig;

c) Resonanz: große Auslenkungen, Phasenverschiebung $\dfrac{\pi}{2}$

292 Durch Dämpfung (Energieverlust)

293 a) $7{,}85 \cdot 10^5$ Nm^{-1};   b) 0,078 s;   c) 774 min^{-1}

294 a) $5 \cdot 10^3$ Nm^{-1};   b) 216 min^{-1}

295 Ursache: Böen periodisch mit Schwingungsfrequenz der Brücke: Resonanz

296 Metallfedern mit verschiedenen Eigenfrequenzen werden periodisch erregt. Diejenige Feder, für die die Resonanzbedingung erfüllt ist, schwingt stark.

297 a) Überlagerung von Schwingungen verschiedener Schwingungsrichtung;

b) Masse, von mehreren nicht parallelen Schraubenfedern gehalten

298 $x = a \sin \omega t$; $y = a \sin \left(\omega t + \dfrac{\pi}{2} \right) = a \cos \omega t$

$x^2 + y^2 = a^2 (\sin^2 \omega t + \cos^2 \omega t) = a^2$: Kreis mit Radius a.

299 $x = a \cos \alpha \sin \omega t = 12 \sin \omega t$; $y = a \sin \alpha \sin \omega t = 9 \sin \omega t$

300 Die Schwingungsenergie wandert zwischen beiden Pendeln hin und her: Schwebung

301 Zerlegung in überlagerte harmonische Schwingungen verschiedener Amplitude und Frequenz

302

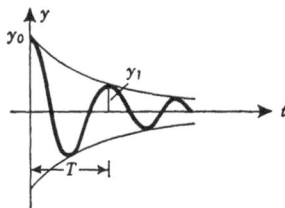

$y = y_0 \, e^{-\delta t} \cos \omega t$

Logarithmisches Dekrement:

$\Delta = \ln \dfrac{y_0}{y_1} = \ln \dfrac{y_k}{y_{k+1}} = \delta T$

303 a) um ein Überschwingen zu vermeiden;

b) Pendeln um den Endwert;

c) Kriechende Annäherung an den Endwert;

d) Kritische Dämpfung, kürzeste Einstellzeit

304 $T = 2\pi \sqrt{\dfrac{J}{m\,g\,s}}$; mit $m = 40$ kg, $s = 0,3$ m,

$J = J_s + m\,s^2 = \dfrac{T^2\,m\,g\,s}{4\,\pi^2} = 60,6$ kgm²

$J_s = J - m\,s^2 = (60,6 - 3,6)$ kgm² $= 57$ kgm²

305 a) $2,86 \cdot 10^{-3}$ kgm²; b) $D^* = 5,53 \cdot 10^{-3}$ Nm

c) $G = 5,7 \cdot 10^{10}$N/m²

306 a) $J = \dfrac{m\,l^2}{12} + m\left(\dfrac{l}{2}\right)^2 = \dfrac{m\,l^2}{3}$;

b) $T = 2\pi \sqrt{\dfrac{J}{m\,g\,s}}$; $g = \dfrac{4\,\pi^2\,J}{m\,s\,T^2} = \dfrac{8\,\pi^2\,l}{3\,T^2}$

mit $s = \dfrac{l}{2} = 1$ m; $T = 2,32$ s wird $g = 9,78$ m/s²

c) $\left|\dfrac{\Delta g}{g}\right| = \left|\dfrac{\Delta l}{l}\right| + 2\left|\dfrac{\Delta T}{T}\right|$; $\dfrac{\Delta T}{T} \leq 5 \cdot 10^{-4}$;

mit $\Delta T = 0,1$ s wird $T \geq 200$ s oder mindestens 87 Schwingungen

d) $4/3$ m

307 a) $0,996$ m: b) $1,49$ m; c) $\alpha < 10^{-6}$ K⁻¹

308 $V = l \cdot A$, $l = \dfrac{V}{A} = 15$ cm

$m\,\ddot{y} = -F(y)$ liefert (ϱ = Dichte der Flüssigkeit):

$V\varrho\,\ddot{y} = -2\,A\,\varrho\,g \cdot y$, $\ddot{y} + \dfrac{2\,A\,\varrho\,g}{V\,\varrho} = 0$

(a) $\ddot{y} + \dfrac{2\,g}{l}\,y = 0$

a) (a) ist die Differentialgleichung einer harmonischen Schwingung: $F(y) \sim y$

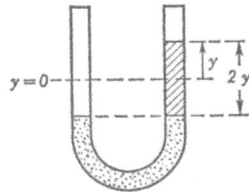

b) Frequenz $\nu = \dfrac{\omega}{2\,\pi} = \dfrac{1}{2\,\pi}\sqrt{\dfrac{2\,g}{l}} = 1,82$ s⁻¹

$T = 0,55$ s, unabhängig von der Dichte ϱ

c) $y(t) = y_0 \cos(\omega t + \varphi_0)$; $y_0 = 5$ mm; $\omega = 2\,\pi\,\nu = 11,43$ s⁻¹

$\dot{y}(t) = -y_0\,\omega \sin(\omega t + \varphi_0)$; $\dot{y}(0) = 0$ liefert $\varphi_0 = 0$

damit $y(t) = 5 \cdot \cos\sqrt{2\,g\,\dfrac{A}{V}}\,t$ mm

309 a) $\frac{\Delta l}{l} = 1$;   b) als die Spannung, für die $\frac{\Delta l}{l} = 1$ würde;

   c) $D = \frac{E \cdot A}{l}$

310 Dehnung eines Drahtes (Querschnitt A, Länge l) durch eine Kraft F um Δl; $\frac{\Delta l}{l} = \frac{F}{A \cdot E}$

311 $\Delta l = 1,05$ cm ≈ 1 cm; $l = 4,51$ m

312 Elastische Verformung geht nicht augenblicklich zurück (z.B. Dehnung eines Drahtes nach Aufhören der Kraftwirkung).

313 Gleitmodul

314 a) $2,05 \cdot 10^5$ M Pa;   b) Stahl

315 Doppel-T-Träger

316 Arbeit zur Vergrößerung der Oberfläche um eine Flächeneinheit (spezifische Oberflächenarbeit); N/m

317 Vgl. Aufg. 322, 323, 326!

318 Der Strahl zerfällt in Tropfen.

319 Benetzung und Oberflächenspannung

320 Verminderung der Oberflächenspannung

321 Vgl. Antwort zu 316!

322 $2\sigma/r = \rho g h$ (hydrostat. Druck); $h = 29,8$ mm

323 a) 2 Grenzflächen, $r_i \approx r_a$; $\Delta p = 4$ Pa; b) 10^7 Pa

324 $p \sim 1/r$ (vgl. 322), also in der kleineren Blase größer: die große wächst auf Kosten der kleinen. Mark $\cdot$ 4.25.

325 Oberfläche und damit Oberflächenenergie des vereinigten Tropfens kleiner: Tropfen vereinigen sich unter Energiegewinn.

326 $4,8 \cdot 10^{-5}$ Nm (Oberfläche $2 \cdot 2 \cdot 4$ cm^2)

327 a) allseitige Druckausbreitung in Flüssigkeiten, geringe Zusammen-drückbarkeit;

   c) z.B. Pumphebel 10 : 1, Kolbendurchmesser 0,5 und 10 cm

328 Wegen geringer Zusammendrückbarkeit des Wassers entsteht hoher Druck, der sich mit Schallgeschwindigkeit allseits ausbreitet.

329 a) Mikromanometer;   b) U-Rohr mit Wasser;   c) mit Hg

330 Plattenfeder-, Rohrfeder-Manometer

331

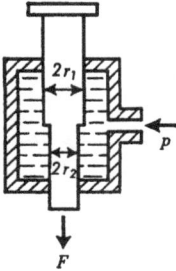

$$A = (r_1^2 - r_2^2) \cdot \pi \quad (Kreisring)$$

$$p = \frac{F}{A}$$

332 Senkrecht zu dieser Fläche

333 a) $2 \cdot 10^4$ N;   b) wie a)

334 18,53 cm

335 $2,55 \cdot 10^6$ Pa

336 $1,61 \cdot 10^6$ Pa

337 $3,68 \cdot 10^4$ N

338 $\varrho_K \gtreqless \varrho_F$; Gewicht $\gtreqless$ Auftrieb; > Sinken; < Steigen; = Schweben

339 10 m²

340 Sie sind um den Auftrieb leichter.

341 Dichte von Meerwasser größer (Salz!)

342 Der statische Druck des Wassers nimmt nach oben ab.

343 a) 10^3 kg m⁻³; b) durch Volumenänderung der Schwimmblase

344 a) 0,1 MPa;   b) 0,7 MPa

345 9/10

346 Fische können im Wasser unter der Eisdecke überwintern.

347 a) Schwimmkörper, von dem nur ein stabförmiger Ansatz mit Skala aus der Flüssigkeit ragt. Die Einsinktiefe ist ein Maß für die Dichte der Flüssigkeit;

b) Vom Querschnitt des herausragenden Stabes

348 a) Prinzip: Kompensation des Auftriebs eines Senkkörpers durch Gewichte;

b) 4–5 Dezimalstellen;   c) mit Pyknometer und Analysenwaage

349 Gewicht an Luft: $V_K \cdot g \cdot \varrho_K = 18 \cdot 10^{-3} \cdot g$ N(a)

unter Wasser: $V_K g (\varrho_K - \varrho_{Fl}) = 16{,}3 \cdot 10^{-3} g$ N(b)

$$\frac{a}{b} : \quad \frac{\varrho_K}{\varrho_K - 10^3 \text{ kg/m}^3} = \frac{18}{16{,}3} \; ; \text{ daraus } \varrho_K = 10{,}6 \cdot 10^3 \text{ kg/m}^3$$

entspricht Silber

350 1 cm

351 $1{,}35 \cdot 10^5$ N

352 124 kg;   Hinweis: Formel für Kreisabschnitt (Fläche):

$$A = \frac{1}{2} [l \, r - a \, (r - h)], \; l = \text{Bogenlänge} = \frac{2 \pi r a}{360} ,$$

a = Zentriwinkel, a = Sehnenlänge, h = Bogenhöhe (= Eintauchtiefe)

353 $4{,}8 \cdot 10^5$ Pa

354 Sinkt: Wasserverdrängung des untergetauchten Steins kleiner als des „schwimmenden" Steins

355 a) 1,62 cm;   b) 1,65 cm

356 $1{,}025 \cdot 10^3$ kg/m³

357 Die Oberflächenspannung verhindert das Untertauchen, wenn eine (immer vorhandene) Fettschicht die Benetzung verhindert.

358 Auftrieb proportional Eintauchtiefe: harmonische Rückstellkraft, harmonische Schwingungen

359 Ein geschlossener Glasballon an einem Waagbalken erleidet einen Auftrieb proportional zur Dichte des umgebenden Gases. Eichung durch Druckänderung: $\varrho_1 : \varrho_2 = p_1 : p_2$,   wenn T = const.

360 78,5 N

361 Abzug des Auftriebs der Gewichsstücke und des zu wägenden Körpers

362 Waagschale mit Holzklotz sinkt, weil hier der Auftrieb größer war.

363 $1{,}1^0/_{00}$

364 Das Gewicht der Luft

365 Aus einer oben verschlossenen, unten offenen, zunächst ganz mit Hg gefüllten Röhre läuft nur so viel aus, bis der Druck der Quecksilbersäule am offenen Ende gleich dem atmosphärischen Luftdruck ist.

366 $1{,}014 \cdot 10^5$ Pa

367 Abnahme des Luftdrucks mit zunehmender Höhe

368 a) 8000 m;   b) nimmt ab

369 947 hPa

370 $\approx$ 2950 m (Zugspitze)

371 Bei geringem äußerem Druck drückt die eingeschlossene Luft die Tinte heraus.

372 $1{,}05 \cdot 10^5$ Pa

373 617 N

374 a) ca. 10^5 N;   b) Druck von beiden Seiten gleich

375 Nein: 10^5 Pa!

376 Nein; Kraft in beiden Fällen praktisch gleich

377 11 200 N

378 a) $r = 12{,}5$ m;   b) $r = 11{,}6$ m

379 a) Bei A_2 tritt gleich viel aus wie gleichzeitig bei A_1 eintritt;
b) wegen a) bilden sich keine Hohlräume in der Flüssigkeit;
c) nur bei konstantem Druck.
Zu a): Flüssigkeiten $\approx$ inkompressibel

380 $p + \dfrac{1}{2}\,\varrho\,v^2 = \text{const} = p' = $ Gesamtdruck; $p = $ hydrostatischer Druck; $\dfrac{1}{2}\,\varrho\,v^2 = $ Staudruck

381 Anwendbar soweit Kompression zu vernachlässigen; Versagen bei hohen Staudrucken

382

| Venturirohr | Staurohr |

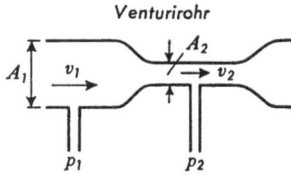

$$\Delta p = p_1 - p_2 = \frac{1}{2}\,\varrho\,(v_2^2 - v_1^2)$$

$$v_1 : v_2 = A_2 : A_1$$

$$v_1^2 = \dfrac{\Delta p}{\dfrac{\varrho}{2}\left(\dfrac{A_1^2}{A_2^2} - 1\right)}$$

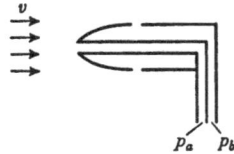

$$p_a - p_b = \frac{\varrho}{2}\,v^2$$

p_a = Gesamtdruck
p_b = stat. Druck

383 3,2 m

384 140 m/s

385 20 cm

386 a) 3,13 m/s;   b) 60 cm³/s

387 a) 44,4 m/s;   b) 8,7 m³/s;   c) 8530 kW

388 a) Venturirohr, vgl. Aufg. 382;

b) Δp = Differenz der Staudrucke an zwei verschiedenen Querschnitten A_1 und A_2;

c) Aus $A_1 v_1 = 1{,}6 \cdot 10^{-2}\ \mathrm{m^3/s}$; $A_1 = \dfrac{d_1^2\,\pi}{4}$ folgt $v_1 = 0{,}51$ m/s;

$$\left(\frac{A_1}{A_2}\right)^2 = \left(\frac{d_1}{d_2}\right)^4 = 7{,}71;$$

$$\Delta p = 9 \cdot 10^2\ \frac{\mathrm{N}}{\mathrm{m^2}}\quad \text{oder}\quad 9{,}2\ \text{cm Wassersäule}$$

389 8,75 m/s

390 a) 1030 Pa;   b) 1030 N;   c) nein, Wirbelbildung verbraucht Energie

391 3480 N/m² = 355 mm WS

392 13 m/s;   460 m³/h

393 a) Die innere Reibung;   b) Zähigkeit η;   c) kg m⁻¹ s⁻¹ = Pa s

394 Moleküle in Flüssigkeit dicht gepackt; Anziehungskräfte wirksam; in Gasen großer Abstand, verschwindende Kräfte

395 a) Stokessches Gesetz:

Reibungskraft $= 6 \pi \eta r v =$ Gewicht $-$ Auftrieb $= V_K \cdot g (\varrho_K - \varrho_F)$;

b) nach HAGEN-POISEUILLE: Durchflußmenge pro Zeiteinheit durch Rohr mit Radius r, Länge l, bei Druckdifferenz $\varDelta p$: $\dot{Q} = \dfrac{\pi r^4 \varDelta p}{8 \eta l}$ (laminare Strömung!)

396 a) laminar; turbulent; b) Reynoldssche Zahl (Re);

c) $\mathrm{Re} = \dfrac{v d \varrho}{\eta} \sim \dfrac{\text{Beschleunigungsarbeit}}{\text{Reibungsarbeit}}$

397 Mittels Rauchfäden oder leichten Fäden

398 a) Flüssigkeitsfilm, der fest an der begrenzenden Wand haftet;

b), c) Geschwindigkeitsprofil $=$ Parabel

399 a) Stromlinienform; Abreißkante legt Ansatz der Wirbelstraße fest

b) durch Leitbleche

400 a) hoher Widerstand, b) $v_{\mathrm{krit}} = \dfrac{2300 \, \eta}{d \, \varrho} = 4,21 \cdot 10^{-2} \, \mathrm{m/s}$;

$\dot{Q}_{\mathrm{krit}} = r^2 \pi v_{\mathrm{krit}} = 0,12 \, \mathrm{l/s}$

401 16 mal; Nachteil: teuer, große Reibung, erfordert viel Energie

402 Die äußere Reibung zwischen festen Körpern wird durch die kleinere innere Reibung im Schmiermittel bzw. im Gas ersetzt.

403 laminare Strömung zu langsam

404 Ausflußmethode; Kugelfallmethode; vgl. Aufg. 395

405 a) $V = \dfrac{4}{3} \pi r^3 = 4,185 \cdot 10^{-6} \, \mathrm{m^3}$; $G' = G - V \cdot g \cdot \varrho_F = 4,84 \cdot 10^{-3} \, \mathrm{N}$;

b) Keine Beschleunigung: $G' = F_R = 6 \pi \eta r v$;

c) $v = \dfrac{F_R}{6 \pi \eta r} = \dfrac{4,84 \cdot 10^{-3}}{6 \pi \cdot 6 \cdot 10^{-1} \cdot 10^{-2}} \, \mathrm{m/s} = 0,043 \, \mathrm{m/s}$

406 a) $\approx 1,3 \cdot 10^{-3} \, \mathrm{m/s}$; b) nein

407 a) $\dot{Q} = 0,036 \, \mathrm{l/s} = 2,16 \, \mathrm{l/min}$

b) $\dot{Q} = 4,02 \, \mathrm{l/s} = 241 \, \mathrm{l/min}$

c) Wasser: 917 hPa; Öl: 1020 MPa, praktisch undurchführbar

408 Vgl. Aufgabe 395 b!

$$v_{krit} = \frac{2300\,\eta}{d \cdot \varrho} = 0,115 \text{ m/s};$$

$$\dot{Q}_{krit} = r^2\,\pi\,v_{krit} = 3,61 \cdot 10^{-5} \text{ m}^3/\text{s}$$

$$\Delta p_{krit} = \frac{\dot{Q}_{krit} \cdot 8\,\eta\,l}{r^4\,\pi} = 9,2 \cdot 10^3 \text{ Pa}$$

$\Delta p = 0,25$ MPa $> \Delta p_{krit}$: Turbulente Strömung

409 a) 166 s;   b) 17,3 m

410 Räumliche und zeitliche Periodizität

411 Longitudinal-(Längs-) bzw. Transversal-(Quer-)Wellen

412 a) b) nur Longitudinalwellen (keine Schubspannung);
c) beide Arten

413 a) Transversalwellen sind polarisierbar;   b), c) transversal

414 a) $c = \sqrt{\dfrac{E}{\varrho}}$; E Elastizitätsmodul, ϱ Dichte

b) Longitudinalwellen sind schneller. Bei Transversalwellen: G für E;
G (Gleitmodul) $\lessdot E$

415 Jeder Punkt einer Wellenfront ist Ursprung einer (kugelförmigen) Elementarwelle. Die Ausbreitung der Welle wird durch die Überlagerung dieser Elementarwellen beschrieben.

416 $3 \cdot 10^8$ m/s (Licht)

417 Aus der Laufzeit eines Signals für Hin- und Rückweg folgt $2\,s = v\,t$

418 Abstand Sender-Empfänger $= 2\,x = 1$ km $= 10^3$ m

Geschwindigkeit der Welle $v = \dfrac{2\,x}{t_1} = \dfrac{10^3}{1,5}$ m/s $= 667$ m/s

Weg der reflektierten Welle (in Tiefe d):

$2\,y = v \cdot t_2 = 667 \cdot 2,05$ m $= 1367$ m;

$d = \sqrt{y^2 - x^2} = 10^2 \sqrt{6,835^2 - 5^2}$ m $= 464$ m

419 $\lambda \approx 80$ m: das Schiff kann an den Enden gehoben werden und in der Mitte durchbrechen.

420 a) 1 m/s;   b) 20 m;   c) 0,05 Hz

421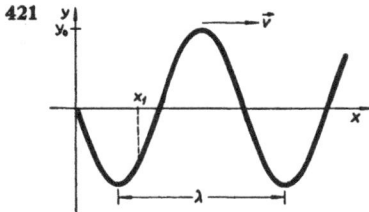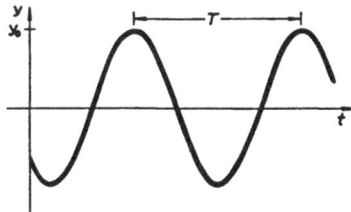

$$a) \quad t = const. = 0$$
$$y(x,0) = y_0 \sin\frac{-2\pi x}{\lambda}$$

$$b) \quad x = const = x_1 = \frac{3}{8}\lambda$$
$$y(x_1,t) = y_0 \sin 2\pi \left(\frac{t}{T} - \frac{3}{8}\right) =$$
$$= y_0 \sin (\omega t - \varphi_1)$$

$$c) \quad \varphi_1 = 2\pi \cdot \frac{3}{8} = 0.75\,\pi$$

422 a) $y = 5 \cdot 10^{-2} \cdot \sin 188{,}4 \left(t - \dfrac{x}{30}\right)$ m; x in m

b) 30 Hz

423 a) $W \sim r^{-2}$;   b) $A \sim r^{-1}$;   c) $W' \sim r^{-1}$, $A' \sim r^{-1/2}$;   d) 3,16 cm

424 a) $\dfrac{v}{c} = 1$, $v = c =$ Schallgeschwindigkeit

b) 60° (Ausbreitungsrichtung der Welle)

425 Wenn sie schräg auf die Grenze zweier Gebiete mit verschiedener Phasengeschwindigkeit trifft.

426 a) $A = \sqrt{13} = 3{,}6$;   b) $\tan\varphi = \dfrac{2}{3}$; $\varphi = 33{,}6°$ (Zeigerdiagramm)

427 110 m

428 a) Überlagerung zweier gegeneinander laufenden Wellen gleicher Frequenz und Amplitude;

b) Knoten;   c) Bäuche

429 Leichter Sand sammelt sich auf den Knotenlinien.

430 Wellen liefern Interferenzerscheinungen.

431 a) Eindringen von Wellen in den Schattenbereich;

b) Überlagerung mehrerer Wellen; (a) kann durch Interferenz der HUYGHENSschen Elementarwellen beschrieben werden, vgl. Aufg. 415).

432 a) Dispersion;   b) mit $f = \dfrac{c}{\lambda}$: $c = \dfrac{g\lambda}{2\pi c}$, $c^2 = \dfrac{g\lambda}{2\pi}$, $c = \sqrt{\dfrac{g\lambda}{2\pi}}$

c) $\lambda = c \cdot T = 6{,}25$ m

433 a) Mechanische Wellen; b) 16–20000 Hz;
c) Infraschall bzw. Ultraschall; d) obere Hörgrenze sinkt im Alter ab

434 a) KUNDTsche Staubfiguren: bei stehenden Schallwellen sammelt sich Staub auf den Knoten; Knotenabstand $= \dfrac{\lambda}{2}$;

b) $f = \text{const} = \dfrac{c_L}{\lambda_L} = \dfrac{c_G}{\lambda_G}$; $c_G = c_L \cdot \dfrac{\lambda_G}{\lambda_L}$

435 $c = \sqrt{\dfrac{\varkappa p}{\varrho}}$; $\varkappa = \dfrac{5}{3}$ für einatomige, $\dfrac{7}{5}$ für zweiatomige Gase;
c_{max} für ϱ_{min}; a) He; b) H_2 (jeweils geringste Dichte)

436 a) $\dfrac{p}{\varrho} = R\,T$; $c = \sqrt{\varkappa R\,T}$, unabhängig von p; b) $c \sim \sqrt{T}$

437 $4{,}86 \cdot 10^{-10}$ m²/N $\left(\text{oder } \dfrac{\text{m s}^2}{\text{kg}}\right)$ aus $c = \left(\dfrac{V}{\varrho} \cdot \dfrac{\Delta p}{\Delta V}\right)^{1/2}$

438 3: Längswelle, Querwelle, Luftschall haben verschiedene Geschwindigkeit

439 a) 650 Ws/m³ (oder N/m²); b) $6{,}05 \cdot 10^{-6}$ m $\approx 6\ \mu$m

440 100 km

441 Länge L der Pfeife: a) $\dfrac{1}{2}\,\lambda_1$; λ_2; $\dfrac{3}{2}\,\lambda_3$; b) $\dfrac{1}{4}\,\lambda_1'$; $\dfrac{3}{4}\,\lambda_2'$; $\dfrac{5}{4}\,\lambda_3'$
c) $1 : 2 : 3 : 4 \ldots$ bzw. $1 : 3 : 5 : 7 \ldots$

442 a) 8,5 m, b) 4,25 m

443 4 mal

444 b) 34,4 cm; c) $c = 344$ m/s, $f = 10^3$ Hz; d) stehend

445 1,7; 5,1; 8,5; 11,9; 15,3; 18,7 kHz

446 Nein; bei Flöte (offene Pfeife) der Länge l ist $f = \dfrac{c}{2\,l}$;
$f \sim c \sim \sqrt{T}$ (vgl. Aufg. 436)

447 ≈ 440 m/s; Dichte kleiner, K größer (Methan); vgl. 435.

448 $1700 \cdot n_1$ Hz, $n_1 = 1 \ldots 11$
$1133 \cdot n_2$ Hz, $n_2 = 1 \ldots 17$
$850 \cdot n_3$ Hz, $n_3 = 1 \ldots 23$

449 $\approx 10^{-2}$ mm

450

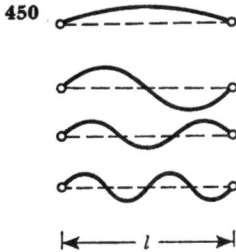

Grundschwingung, f
1. Oberschwingung, $2f$
2. Oberschwingung, $3f$
3. Oberschwingung, $4f$

451 Verkürzen der Saite oder Erhöhung ihrer Spannung

452 Vergrößern der Masse je cm bei gleicher Spannung erniedrigt die Frequenz.

453 $\lambda = 2\,l$, $v = c/\lambda = 1749,5$ Hz

454 Auf dem Anteil an Obertönen und auf dem Anschwingverhalten.

455 Alle, deren Schwingungsbild in der Mitte einen Knoten hat: 1., 3., 5. ... Oberschwingung (vgl. Aufg 450)

456 Durch den Ort der Anregung werden bestimmte Obertöne bevorzugt angeregt (vgl. Aufg. 455), mit „Bauch" an dieser Stelle

457 Mit abgestimmten Resonatoren, die nur durch Wellen mit ihrer Eigenfrequenz zum Mitschwingen angeregt werden.

458 Eine Schwebung (periodisches An- und Abschwellen) mit 1 Hz

459 a) λ;   b) $\lambda = \dfrac{c}{f}$; $\dfrac{\lambda_1}{\lambda_2} = \dfrac{c_1}{c_2}$, $f = $ const

460 Beugung!

461 (Beugung) a) senkrecht zur Membran;   b) 1700 Hz;
c) Halb-Kugelwelle, Mebran als praktisch „punktförmige" Schallquelle;   d) die tiefen, vgl. c)

462 a) 90°;   b) 14,5°; 30°; 48,6°; 90°

463 Bei gegebenen Blenden und Spiegeln Beugung um so kleiner, je kleiner Wellenlänge. Anwendung: Abbildung mit Ultraschall (Medizin, Materialprüfung).

464 a) Die Schallgeschwindigkeit relativ zur Luft ist unabhängig von der Bewegung von Sender und Empfänger;
b) Beim Vorüberfahren eines hupenden Autos sinkt die Tonhöhe.

465 $\dfrac{c+v}{c-v} = \dfrac{373}{307} = 1{,}21 : 1 \approx 6 : 5$ (Kleine Terz)

466 948...1060 Hz

467 a) je 532 Hz, keine Differenz;   b) 563 Hz

468 a), b), c) Schmelzpunkt des Eises bei 1013 mbar: 0 °C = 273,15 K; Unterkühlung vermeiden; Siedepunkt des Wassers bei 1013 mbar: 100 °C = 373,15 K; Siedeverzug vermeiden (Reinheit)!

469 a) 727,5 K;   b) 574 K

470 77,36;   90,16;   351,16 K.

471 a) gleich dem äußeren Druck;
b) Siedepunkt steigt mit zunehmendem Druck.

472 a) Siedetemperatur hängt vom Luftdruck, dieser von der Höhe ab;
b) Dampfdruckkurve des Wassers und barometrische Höhenformel
c) ± 0,03°

473 Höhere Siedetemperatur unter Druck, vgl. Aufg. 471

474 a) 98,2 °C; 90,1 °C; 70,6 °C;   b) etwa 20 km;   c) Druckanzug

475 a) Dampfdruck steigt exponentiell mit der Temperatur;
b) (T_F: Gefrierpunkt):

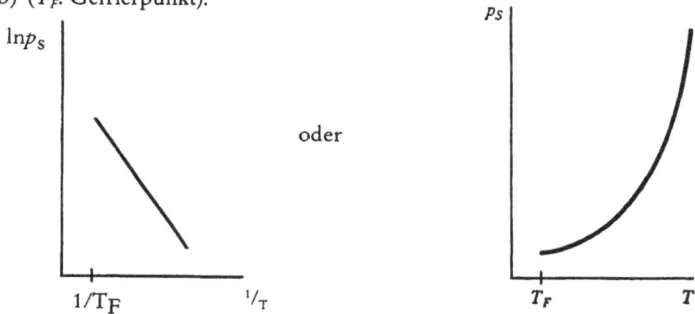

476 a) Wärmeausdehnung;   b) Stab- und Einschlußthermometer

477 Nein; der Ausdehnungskoeffizient ist nicht ganz konstant, sondern für Alkohol und Quecksilber in verschiedener Weise von der Temperatur abhängig.

478 a) 0,9 mm;   b) $\gamma' = \gamma(\text{Hg}) - \gamma(\text{Glas})$;   0,78 mm

479 30,2 g

480 a) Größte Dichte bei $+ 4 °C$;

b) nein: Anzeige wäre nicht eindeutig

481 3,6%

482 a) $V = a^3 (1 + \gamma t) = [a (1 + a t)]^3 \approx a^3 (1 + 3 a t)$, solange $a t \ll 1$;

b) $(1 + x)^n \approx 1 + n x$ für $x \ll 1$

483 Volumenänderung des Gefäßes

484 (Z. B.) Längenänderung Δl eines in einem Rohr eingeschlossenen Metallstabes (Länge l) wird mit Mikrometer gemessen, während der Stab von Zimmertemperatur t_1 durch strömenden Dampf auf die Siedetemperatur t_2 des Wassers erwärmt wird (t_2 vom Barometerstand abhängig)

$$a = \frac{\Delta l}{l (t_2 - t_1)}$$

485 Ein Streifen aus zwei aufeinander gewalzten Metallbändern mit verschiedener Wärmeausdehnung krümmt sich bei Temperaturänderung.

486 a) 0,88 m; b) Ausgleichsrohre, – Bögen

487 $h = 2 a - b = 1\,\text{m}$; $\Delta h = (2 a\, a_{Fe} - b\, a_{Al}) \Delta t = 0$;

$b = 2 a\, a_{Fe}/a_{Al}$; $a = 0,926\,\text{m}$; $b = 0,852\,\text{m}$

488 1,0015 cm

489 756,35 mm

490 Längenausdehnungskoeffizient der Skala (Messing), Volumenausdehnungskoeffizient des Quecksilbers (Änderung der Dichte).

491 $6,3 \cdot 10^4\,\text{N}$; $\Delta l = l\, a\, \Delta t = \dfrac{l \cdot F}{A \cdot E}$; $A =$ Querschnitt,

$E =$ Elastizitätsmodul; daraus F

492 b) 255°; c) $4,9 \cdot 10^8$ Pa

493 709 N

494 a) $2,9 \cdot 10^7$ bzw. $9,7 \cdot 10^7$ Pa; b) Verlegen im Sommer, gute Wärmeableitung durch die Schwellen, gute Befestigung

495 Δl klein gegen l: Formel für maximalen relativen Fehler anwendbar.

$$T = 2 \pi \sqrt{\frac{l}{g}} = \text{const.}\, l^{1/2}; \frac{\Delta T}{T} = \frac{1}{2} \frac{\Delta l}{l} = \frac{1}{2} a\, \Delta t =$$

$= 0,5 \cdot 1,1 \cdot 10^{-5} \cdot 20 = 1,1 \cdot 10^{-4} =$ relativer Gangfehler; absoluter Fehler in 1 Tag: $8,64 \cdot 10^4 \cdot 1,1 \cdot 10^{-4}\,\text{s} = 9,5\,\text{s}$

496 Auftrieb $F_A = g \cdot V_K \cdot \varrho_F = g \cdot m_F \cdot \dfrac{V_K}{V_F}$

V_K und V_F temperaturabhängig

$$\frac{\Delta F_A}{F_A} \approx \frac{\Delta V_K}{V_K} - \frac{\Delta V_F}{V_F} = (\varrho_K - \varrho_F)\,\Delta T = -5{,}7 \cdot 10^{-3}$$

F_A nimmt um $5{,}7^0/_{00}$ ab

497 Gase erfüllen jeden Raum gleichmäßig

498 a) Zustand bei 0 °C und 1013 hPa
b) Dichteänderung durch Druck und Temperatur sehr gering

499 a) Den Beitrag des betreffenden Gases zum Gesamtdruck eines Gasgemisches;
b) Gesamtdruck = Summe der Partialdrucke

500 213 hPa

501 Luftdruck minus Dampfdruck des Wassers (temperaturabhängig)

502 $\dfrac{\varrho_1}{\varrho_2} = \dfrac{M_1}{M_2}$

503 $3{,}15 \text{ kg/m}^3$

504 Bei gleichem Druck und gleicher Temperatur enthalten gleiche Volumina verschiedener Gase gleich viel Moleküle.

505 a) M kg;   b) $6{,}023 \cdot 10^{26}$;   c) nein;   d) $22{,}4 \text{ m}^3$

506 a) $2{,}69 \cdot 10^{16}$;   b) $3{,}34 \cdot 10^{19}$

507 a) $4{,}46 \cdot 10^{-2}$;   b) 28;   c) N_2 oder CO oder C_2H_4

508 a) 4 kg;   b) $6{,}65 \cdot 10^{-27}$ kg;   c) $0{,}178 \text{ kg/m}^3$

509 a) 844 N;   b) 746 N;   c) unbrennbar; teuer

510 Auf das n-fache

511 $2{,}4 \cdot 10^5$ Moleküle/cm^3

512 Am Gewicht

513 7,92 kg

514 Gesamtmasse 115,5 kg

515 $p = (p_1\,V_1 + p_2\,V_2) : (V_1 + V_2) = 4{,}36 \text{ MPa}$

516 10 MPa

517 a) $1,087\,\text{MPa}$ b) $pV = \text{const}$, $p_1 = 0,1\,\text{MPa}$, $p_2 = 1,087\,\text{MPa}$; $p_1 A\,l_1 =$

$= p_2\,A\,l_2$; $l_2 = \dfrac{l_1\,p_1}{p_2} = \dfrac{33\cdot 0,1}{1,087}\,\text{cm} \approx 3\,\text{cm}$; also um 30 cm niedergedrückt

518 2 cm

519 a) Füllgas dehnt sich aus;

b) wenn der Ballon prall ist ($V = \text{const}$), nimmt der Auftrieb mit zunehmender Höhe ab.

520 $\approx 80\,\text{MPa}$

521 a) $p = \varrho \cdot g \cdot h \approx 10^5\,\text{Pa}$

Annahme: $g = \text{const.}$, $\varrho = \text{const.}$: $h \approx 7,8 \cdot 10^3\,\text{m} \ll$ Erdradius r;

Volumen $V \approx A \cdot h = 4\,\pi\,r^2 \cdot h \approx 4 \cdot 10^{18}\,\text{m}^3$

Masse $m = \varrho \cdot V \approx 5 \cdot 10^{18}\,\text{kg}$

b) g und ϱ nehmen mit der Höhe ab, höhere Luftschichten tragen weniger zu p bei.

c) $h_1 = p/\varrho_F \cdot g \approx 11,6\,\text{m}$.

522 $1,66 \cdot 10^{12}$

523 $p = \text{const}$; $\dfrac{V_1}{T_1} - \dfrac{V_2}{T_2}$; $V_{1\,(2)} = A \cdot h_{1\,(2)}$; $A\,h_2 = \dfrac{A\,h_1\,T_2}{T_1}$;

$h_2 = \dfrac{373}{293} \cdot h_1 = 1,27\,h_1$

524 a) $124,3\,\text{m}^3$;   b) $3,6\%$

525 137 K höher

526 a) $2,14\,\text{kg}$;   b) $31,5\,\text{MPa} \approx 315\,\text{bar}$

527 Erwärmung auf 65 °C durch Reibungs- und Verformungsarbeit

528 Unterdruck: Glas erstarrt, kühlt sich dann weiter ab bei $V = \text{const}$

529 a) Es gehorcht dem idealen Gasgesetz;   b) He, N_2, H_2

530 a) $pV = m\,R_s\,T$;   b) $R_s = \dfrac{R}{M\,(\text{kg})}$; R = allgemeine Gaskonstante

531 a) $pV = n\,R\,T$;   b) auf $M\,g$:   c) $R = 8,31\,\text{J/K mol}$

d) $R_s = \dfrac{R}{m_M}$; $m_M = M$ Gramm

532 a) 12,15 dm³;   1,09 g;   b) 9,82 cm³;   12,7 mg

533 Zwischenmolekulare Kräfte und Molekülvolumen

534 a) N_2 : 7,43 kMol; O_2 : 1,98 kMol;   b) 2710 N

535 a) $V_2 = 793$ cm³;   b) $\dfrac{a_2}{a_1} = \sqrt[3]{\dfrac{V_2}{V_1}} = 9,6$

536 $7,058 \cdot 10^{-3}$ mol

537 1,2 kg/m³

538 a) $p\,V = m R_s T$; $\dfrac{m}{V} = \varrho = \dfrac{p}{R_s\,T}$

b) $R(\text{Luft}) = \dfrac{p}{\varrho\,T} = \dfrac{1,013 \cdot 10^5 \text{ N/m}^2}{1,293 \cdot 273 \text{ kg K/m}^3} = 287$ J kg⁻¹ K⁻¹

539 a) $V_0 = \dfrac{22,4 \text{ m}^3 \cdot 1,5 \text{ kg}}{2 \text{ kg}} = 16,8 \text{ m}^3$; $\;G = 100$ N

$F_0 = A_0 - G = V_0 \cdot g\,[\varrho_0\,(\text{Luft}) - \varrho_0\,(H_2)] - G =$
$= 16,8 \cdot 9,81\,(1,293 - 0,090) - 100 = 98,3$ N

b) $V_1 = \dfrac{V_0\,p_0\,T_1}{p_1\,T_0}$; $\varrho_1 = \dfrac{\varrho_0\,p_1\,T_0}{p_0\,T_1}$; $V_1 \varrho_1 = V_0 \varrho_0$ für H_2 und
Luft, also $F_1 = F_0$, solange sich das Füllgas H_2 ungehindert ausdehnen kann.

540 Reibung; Verbrennung; Kompression eines Gases; elektrische Heizung

541 a) Zunahme der inneren Energie eines Systems = zugeführte Arbeit
+ zugeführte Wärme;   b) Satz von der Erhaltung der Energie

542 Zerkleinerungsarbeit wird (überwiegend) in Wärme verwandelt, dazu
Oberflächenarbeit (neue Oberflächen)

543 Mechanische Energie + Wärmeenergie = const
Reibungsarbeit tritt als Wärmeenergie auf

544 Wärmemenge, die bei der Verbrennung von 1 kg des Stoffes frei wird
(bzw. von 1 mol → molare Verbrennungswärme)

545 a) Isoliertes Gefäß mit Wasserfüllung, Thermometer und Rührer,
Wärmekapazität bekannt (geeicht);   b) Wärmemengen

546 a) Zwei Körper verschiedener Temperatur tauschen Wärme aus bis sie
gleiche Temperatur haben;   b) vom heißeren zum kälteren

547 Wärmeinhalt aller Körper vor dem Ausgleich = Wärmeinhalt aller
Körper nach dem Ausgleich

548 Messung der Reibungsarbeit an einer als Kalorimeter ausgebildeten Metalltrommel ($W = M \cdot \varphi$; M Drehmoment, φ Drehwinkel) und Bestimmung der entstandenen Wärmemenge Q; $Q = W$

549 a) Spezifische Wärmekapazität c = Wärmeumsatz je kg Masse und Grad Temperaturänderung;
b) molare Wärmekapazität = Wärmeumsatz je mol (M g) und Grad Temperaturänderung

550 a) Wärmeumsatz je Grad $= c \cdot m = C$;   b) Wärmekapazität mal Temperatur (in °C);   c) Temperatur unter 0 °C

551 Mit Wasser etwa den doppelten

552 Etwa 10 mal kleiner

553 Meere und Seen wirken als Wärmespeicher ausgleichend auf das Klima

554 a) 31,3 °C;   b) nein

555 10,7 K

556 $\approx 10^3$ kWh, 260 DM

557 0,2 K, Erwärmung durch frei werdende potentielle Energie

558 27,4 °C

559 Kalorimeter, Wärmekapazität C, Anfangstemperatur t_1; Metallstück, Masse m, spezifische Wärmekapazität c_M, Anfangstemperatur $t_2 > t_1$; nach dem Einwurf des Metallstücks stellt sich eine Mischungstemperatur t_m ein. $C \cdot t_1 + c_M \cdot m \cdot t_2 = (C + c_M \cdot m)\, t_m$ (vgl. Aufg. 547); daraus c_M

560 $1,14 \cdot 10^4$ kJ/kg

561 18 min 40 s

562 um 893 K

563 30%

564 Erde als Scheibe mit $A = r^2 \pi \approx 1,28 \cdot 10^{14}$ m² gesehen;
a) $\approx 1,5 \cdot 10^{18}$ kWh/Jahr;
b) $\approx 2 \cdot 10^{18}$ kg $\approx 1^0/_{00}$ des gesamten Wassers;
c) $\approx 1,3 \cdot 10^{31}$ kJ/Jahr;   d) ≈ 5300 Jahre

565 a) Verdampfungswärme, b) gleich viel

566 Große Verdampfungswärme des Wassers

567 Abkühlung durch Entzug von Verdampfungswärme

568 a) Äußere und innere Verdampfungswärme;   b) die äußere

569 In der Flüssigkeit dichte Packung; einzelne Moleküle verlassen die
Flüssigkeit, gleich viele andere kehren aus dem Dampfraum zurück
(,,stationärer Zustand'').

570 Partialdruck des Dampfes $\lessgtr$ Sättigungsdampfdruck bei der herrschen-
den Temperatur; < ungesättigt (überhitzt); = gesättigt; > übersättigt

571 a) Schmelz-, b) Verdampfungs-, c) Sublimationswärme; a + b = c

572 Temperatur über Zeit aufgetragen: 3 Bereiche:
1. fallend (flüssig); 2. waagrecht (flüssig und fest nebeneinander; frei
werdende Schmelzwärme verhindert weitere Abkühlung, ,,Haltepunkt'';
3. fallend (alles fest)

573 10,71 kg schmelzen;   55 °C Endtemperatur

574 54 g

575 um 0,84 K

576 a) $\approx 10^5$ kJ;   b) 3,35 kg

577 a) $5,76 \cdot 10^4$ kcal = $2,41 \cdot 10^5$ kJ;   b) 89,5 kW

578 Lösungswärme ist bei gespannter Feder größer.

579 a) Bei Erwärmung unter konstantem Druck dehnt sich das Gas gegen
diesen Druck aus. Die Ausdehnungsarbeit muß als Wärme zugeführt
werden;

b) $c_p - c_v = \dfrac{8314}{M} \dfrac{\text{J}}{\text{kg} \cdot \text{K}} = R_s$

580 Eine Gasmenge (Masse *m*) fließt durch eine Kupferschlange in einem
Kalorimeter. Das Gas kühlt sich um Δt ab und gibt dabei die Wärmemenge $c_p \cdot m \cdot \Delta t = Q$ an das Kalorimeter ab (p = const.).

581 a) Durch 1. Konvektion (Mitnahme durch bewegte Materie, z.B. Luft),
2. Wärmeleitung, 3. Wärmestrahlung;
b) 1. Behinderung von Strömungen durch poröse Stoffe (großer Strömungswiderstand) oder Fernhalten beweglicher Stoffe; 2. Trenn-
schichten mit geringer Wärmeleitung, am besten Vakuum; 3. reflek-
tierende Schichten (Spiegel)

582 Metalle

583 Beton leitet Wärme besser als Holz.

584 Ein nasser Lappen leitet Wärme besser als ein trockener.

585 Schlechte Wärmeleitung durch Bimsstein

586 Die Dampfschicht zwischen Tropfen und heißer Unterlage leitet die Wärme schlecht; ähnlich eine Luftschicht zwischen warmer Hand und flüssiger Luft

587 11,6 kW; Abhilfe: isolieren!

588 Bei Dampf (100°) sind die Wärmeverluste wegen der größeren Temperaturdifferenz zur Umgebung höher.

589 a) 964 kJ; b) $k = 0,031 \ Wm^{-2} \ K^{-1}$

590 Konvektion (vgl. Aufg. 581)

591 Vakuum

592 Vergrößerung der Oberfläche erleichtert Wärmeabgabe

593 15,9 l

594 a) Durch elektromagnetische Strahlung; b) Sonne – Erde

595 Schwarze Körper strahlen besser ab als helle; Kühlflügel vergrößern die Oberfläche.

596 Helle Kleidung reflektiert einfallende Strahlung besser.

597 Verhinderung der Wärmeabgabe über Strahlung

598 Strahlung: tags Sonneneinstrahlung, nachts Ausstrahlung der warmen Erde; Konvektion: Luft- und Meeresströmungen

599 Auf das 16 fache; nach Stefan-Boltzmann: Strahlungsleistung $\sim T^4$

600 Vakuummantelgefäß verhindert Wärmeleitung und Konvektion, Verspiegelung verhindert Strahlung

601 a) Nimmt bei sehr kleinen Drucken ab ($p < 1$ Pa);
b) H_2; c) durch Abpumpen des umgebenden Gases

602 a) fest: Abstände klein, Kräfte groß; flüssig: Abstände klein, Kräfte klein; gasförmig: Abstände groß, Kräfte sehr klein;
b) fest: Volumen definiert, Form fest, Zusammendrückbarkeit klein, innere Reibung sehr groß; flüssig: Volumen definiert, Form veränderlich, Zusammendrückbarkeit klein, innere Reibung klein; gasförmig: Volumen veränderlich, paßt sich an Gefäßform an, leicht zusammendrückbar, innere Reibung sehr klein

603 a), c) Wärme = kinetische Energie der ungeordneten Bewegung sehr
vieler Teilchen;

b) kinetische Theorie der Wärme;

d) als Schwingungsenergie der Atome

604 a) mittlere freie Weglänge;

b) von Teilchenzahl pro Volumen und Teilchengröße;

c) etwa $4 \cdot 10^{-5}$ mm $\ll 1$ mm

605 267 m/s

606 a) 4 mal;   b) nicht

607 a) Zahlreiche elastische Stöße;   b) nein, vgl. 608 b)

608 a) $3,7 \cdot 10^{-12}$ Pa;

b) Temperatur hängt mit Geschwindigkeitsverteilung infolge häufiger
Zusammenstöße zusammen; bei so geringem Druck Stöße selten

609 Versuch von Stern (Atomstrahl auf rotierendem Tisch)

610 a) Aufprall und Reflexion von Molekülen;

b) sehr viele Stöße je Sekunde, vgl. 611

611 $2,33 \cdot 10^{23}$/cm^2 s; Kraft = Impulsänderung/Zeit

612 Sichtbares (großes) Teilchen erleidet unregelmäßige Stöße durch die Wärmebewegung der nicht sichtbaren Nachbarmoleküle.

613 Brownsche Bewegung des Zeigers usw.

614 a) Zahl der unabhängigen Koordinaten zur vollständigen Beschreibung
der Lage des Moleküls;   b) $\frac{1}{2} k T$; k Boltzmann-Konstante

615 a) Im zeitlichen Mittel trifft auf jeden Freiheitsgrad eines Moleküls die
Energie $\frac{1}{2} k T$;   b) Energieaustausch durch häufige Stöße

616 Wegen der kleineren Fallbeschleunigung $\left(\text{etwa } \dfrac{1}{6}\, g\right)$ können Gasmoleküle vom Mond leichter abdiffundieren.

617 Geringe Wärmeausdehnung, geringe Ausdehnungsarbeit

618 Sie steigt mit zunehmender Temperatur.

619 a) $\dfrac{3}{2}\, R$; b) $\dfrac{5}{2}\, R$ (niedere) bzw. $\dfrac{7}{2}\, R$ (hohe Temperatur)

620 Bei einem Teil der Cl_2-Moleküle ist bei $T = 300$ K die Schwingung bereits angeregt, bei H_2 noch nicht.

621 a) Zustandsänderung bei konstanter Temperatur; $T = $ const

b)

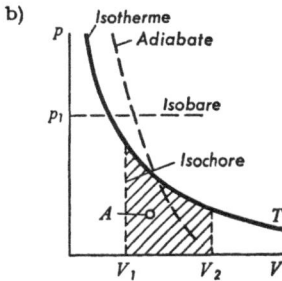

d) isochor: $V = $ const $(= V_1$ oder $V_2)$

c) isobar: $p = $ const $(= p_1)$;

Die Adiabate bezieht sich auf Aufg. 626

622 $A \sim$ Ausdehnungsarbeit von V_1 auf V_2 bei der Temperatur $T = $ const; Skizze vgl. Aufg. 621

623 b) $p_1 V_1 = p_2 V_2$; $p_2 = 1 \cdot 10^5$ Pa

c) $p_1 V_1 = m R_s T_1$; $m = \dfrac{p_1 V_1}{R_s T_1}$;

$$A = -m R_s T_1 \ln \frac{V_2}{V_1} = -p_1 V_1 \cdot 2{,}303 \log \frac{V_2}{V_1} =$$
$$= -5 \cdot 10^5 \cdot 10^{-3} \cdot 2{,}303 \cdot 0{,}699 = -805 \text{ J}$$

werden als Expansionsarbeit vom Gas abgegeben; dafür müssen

d) 805 J als Wärme zugeführt werden.

624 a) Abkühlung auf 182 K = $-$ 91 °C;   b) 12,8 m³

625 Zwei Schritte: 1) isotherme Kompression, T_1 = 293 K,
p_1 = 10^5 Pa p_2 = 10^8 Pa; M = 28; m = 1 kg;
$$R_s(N_2) = \frac{8314}{28} \text{ Ws/kg K} = 297 \text{ Ws/kg K}$$
Kompressionsarbeit: $W_1 = m\,R_s\,T_1 \cdot 2{,}303 \log \dfrac{p_2}{p_1}$ = 6,01 · 10^5 Ws;
2) Erwärmung bei p_2 = const. auf T_2 = 873 K;
$\quad c_p$ = 7/2 R_s = 1040 Ws/kg K
$\quad W_2 = m\,c_p\,(T_2 - T_1)$ = 6,03 · 10^5 Ws
$\quad$Insgesamt sind $W = W_1 + W_2$ = 1,20 · 10^6 Ws zuzuführen

626 a) Ohne Wärmeaustausch mit Umgebung;
$\quad$b) vgl. Skizze zu Aufg. 621

627 Polytrop

628 a) Isotherm, weil von außen noch Wärme = Energie zugeführt und in
$\quad$Ausdehnungsarbeit umgewandelt wird

629 a) 2,84 kg/m³;   b) 2,19 fach

630 Polytrope Kompression

631 Kalt: polytrope Entspannung der Luft

632 606 °C

633 a) Aus der Schallgeschwindigkeit (gemessen nach KUNDT, Aufg. 434)
$$c = \sqrt{\frac{\varkappa\,p}{\varrho}} \, ;$$
$\quad$b) Nach CLEMENT und DESORMES: in einem Gefäß herrscht ein kleiner
$\quad$Überdruck p_1. Durch rasches Öffnen und Schließen eines Hahnes
$\quad$tritt adiabatische Entspannung auf den Außendruck ein. Damit ist
$\quad$eine Abkühlung verbunden. Beim anschließenden Temperaturaus-
$\quad$gleich (isochor) steigt der Druck wieder auf $p_2 < p_1$. Es gilt
$$\varkappa = \frac{p_1}{p_1 - p_2} \, .$$

634 Rasche Druckänderungen, kein Wärmeausgleich mit Umgebung

635 a) Kundtsche Staubfiguren;   b) 1,67

636 a) 1,28;   b) kleiner (ideal: 1,4), vgl. Aufg. 579, 619, 620

637 a) Reales Gas: Anziehungskräfte zwischen den Molekülen merklich;

b) nein

638 a) $\left(p + \dfrac{a}{V^2}\right)(V - b) = R\,T$ (für 1 mol);

b) $\dfrac{a}{V^2}$ Binnendruck infolge Anziehung der Moleküle; b berücksichtigt Eigenvolumen der Moleküle ($b = 4\,V_m$ für starre Kugeln)

c) nein

639 a) Kleiner Druck, hohe Temperatur;

b) Bedingung a) bedeutet: V groß; dann ist $\dfrac{a}{V^2}$ neben p sowie b neben V vernachlässigbar

640 a)

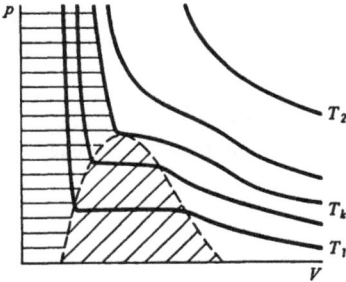

$T_1 < T_k < T_2$

T_k kritische Isotherme;

b) $\equiv$ Flüssigkeit,

//// Flüssigkeit und Gas,

nicht schraffiertes Gebiet: für $T < T_k$ Gas, für $T > T_k$ keine Unterscheidung Gas – Flüssigkeit

c) z. B. längs $T_1 < T_k$ durch Kompression und Abfuhr der entstehenden Wärme.

641 a) Temperaturänderung bei Entspannung ohne Arbeitsleistung;

b) nein

642 a) Abkühlung durch Drosseleffekt; kühles Gas kühlt im Gegenstrom das neu ankommende, bis Verflüssigungstemperatur erreicht ist;

b) Destillation über Rektifizierkolonnen

643 $\eta = \dfrac{\text{Nutzarbeit}}{\text{zugeführte Wärme}}$

644 Nein, sondern wärmer: die Arbeit der Maschine wird in Wärme verwandelt (aus dem geschlossenen Kühlschrank wird Wärme ins Zimmer gepumpt: Abkühlung im Innern).

645 a) Nein; nur bei Ausnutzung einer Temperaturdifferenz;
b) wegen a) nicht

646 Zweiter Hauptsatz der Wärmelehre

647 a) $1 - T_1/T_2$; b) 48,6%; c) Materialfestigkeit bei hohen T

648 Nein, er müßte sonst bei 37 °C Außentemperatur stillstehen. Die chemische Energie aus der Oxidationsreaktion wird nicht über Wärme, sondern direkt in Arbeit verwandelt.

649 Wärmepumpe transportiert Wärme, Strom muß sie erzeugen.

650 a) 1950%; b) 8,53 kWh/Tag; c) 55,6 kWh/Tag

651 Für die statistische „Unordnung" = Zahl der möglichen Verteilungen der Energie eines Systems auf die „Freiheitsgrade" seiner Moleküle.

652 $\Delta S = \dfrac{\Delta Q}{T}$; a) $\Delta S = \dfrac{\text{Verdampfungswärme}}{\text{Siedetemperatur}} = \dfrac{2\,558 \text{ kJ}}{373 \text{ K}} =$
$= 6,05 \text{ kJ K}^{-1}$ für 1 kg H_2O; b) nimmt zu: Unordnung wird größer;

c) $\Delta S = \dfrac{\text{Schmelzwärme}}{\text{Schmelztemperatur}}$

653 Das System ist zu jedem Augenblick im Gleichgewicht: keine endlichen Druck- und/oder Temperaturdifferenzen

654 Ein reversibler Prozeß kann nur unendlich langsam verlaufen.

655 a) In den Atomen: Kern +, Elektronenhülle −;
b) Trennung vorhandener Ladungen verschiedenen Vorzeichens;
c) gegen die Anziehung

656 Positiv, negativ; zwischen gleichartigen Abstoßung, zwischen verschiedenartigen Anziehung

657 a) Ladungstrennung; b) nein; c) nein

658 Zwei gegeneinander leicht bewegliche Metallblättchen werden auseinandergedrückt, wenn sie gleichnamige Ladungen tragen.

659 $5,1 \cdot 10^{11} \text{ N}$

660 $2,24 \cdot 10^{-17} \text{ N}$

661 $Q_m = -\dfrac{Q}{\sqrt{3}} = -0,58 \cdot 10^{-7}$ As, unabhängig von l; nicht neutral

662 a) $1{,}72 \cdot 10^{-4}$ N   b) auf Q_1: $1{,}72 \cdot 10^{-4}$ N zur Mitte hin;
auf Q_4: $0{,}82 \cdot 10^{-4}$ N von der Mitte weg;   auf Q_2 und Q_3:
$1{,}345 \cdot 10^{-4}$ N, unter $108{,}4°$ zur Diagonale $Q_2 - Q_3$, auf die Seite von Q_1

663 a) $6{,}17 \cdot 10^{-24}$ Nm; b) Null

664 a), b) Kraft je Ladungseinheit, $1 \dfrac{\text{N}}{\text{As}} = 1 \dfrac{\text{V}}{\text{m}}$, z.B. mit empfind-
licher Waage zu messen;
c) Vektor

665 Homogen: im Plattenkondensator; inhomogen: um eine geladene Kugel

666 a) 1200 V/m;   b) $D = \varepsilon_0 E = 1{,}06 \cdot 10^{-8}$ As/m²

667 a) auf $\dfrac{U}{\varepsilon_r}$;   b) $\dfrac{E}{\varepsilon_r}$;   c) ja

668 Randfeld inhomogen

669 a) $F = \dfrac{Q_1 Q_2}{4 \pi \varepsilon_0 r^2}$;   b) $E = \dfrac{F}{Q}$, am Ort der Ladung Q_2 erzeugt Q_1

die Feldstärke $E = \dfrac{Q_1}{4 \pi \varepsilon_0 r^2}$;

c) radial von Q_1 weg, wenn $Q_1 > 0$

670 a) $D = \dfrac{Q}{A} = \dfrac{Q}{4 \pi r^2}$;   b) $E = \dfrac{D}{\varepsilon_0} = \dfrac{Q}{4 \pi \varepsilon_0 r^2}$;   vgl. 669

671 712 µF

672 a) $1{,}35 \cdot 10^6$ As;   Gegenladungen hauptsächlich in der Atmosphäre;
b) $3{,}3 \cdot 10^{-6}$ As

673 a), b) Feldstärke — Fallbeschleunigung; Ladung — Masse;
c) Richtung der elektrischen Kraft hängt vom Vorzeichen der Ladungen
ab; bei Massen nur Anziehung

674 Geladene Öltröpfchen von bekanntem Gewicht werden durch Regelung
der Stärke eines vertikalen elektrischen Feldes (Plattenkondensator:
$E = \dfrac{U}{d}$) in der Schwebe gehalten. Es gilt $Q \cdot E =$ Gewicht — Auftrieb;
man findet Q immer nur als ganzes Vielfaches der Elektronenladung.

675 Am Aufpunkt A die Feldstärken von beiden Ladungen $(+ Q, - Q)$ vekto-
riell addieren.
a) $E_a = \dfrac{Q}{4\pi\varepsilon_0} \left[\left(R - \dfrac{l}{2}\right)^{-2} - \left(R + \dfrac{l}{2}\right)^{-2} \right] =$

$$= \frac{M}{4\pi\epsilon_0} \cdot 2R \left(R^2 - \frac{l^2}{4}\right)^{-2}, \text{ in Richtung von } \vec{M}$$

b) $\vec{E}_b = \vec{E}_b^{(1)} + \vec{E}_b^{(2)}$, (1) von $+Q$ weg-, (2) auf $-Q$ hinzeigend.

$$E_b^{(1)} = |\vec{E}_b^{(1)}| = E_b^{(2)} = \frac{Q}{4\pi\epsilon_0} \left(R^2 - \frac{l^2}{4}\right)^{-2}$$

Von A aus erscheint der Dipol unter dem Winkel 2α, mit

$$\sin\alpha = \frac{l}{2} \left(R^2 + \frac{l^2}{4}\right)^{-1/2} = \frac{E_b}{2 E_b^{(1)}}$$

$$E_b = \frac{M}{4\pi\epsilon_0} \left(R^2 + \frac{l^2}{4}\right)^{-3/2}, \text{ parallel zu } \vec{M}$$

c) $\dfrac{l^2}{R^2} \ll 1 : E_a = 2 E_b = \dfrac{2M}{4\pi\epsilon_0} \cdot \dfrac{1}{R^3} \sim \dfrac{1}{R^3}$

d) $\approx 1{,}44 \cdot 10^8$ V/m

676 Auf ein laufendes isolierendes Band werden Ladungen aufgesprüht und an eine Metallkugel von innen her abgegeben. Sie wandern auf die Oberfläche der Kugel, die sich so zu hohen Spannungen auflädt.

677 C steigt $\sim \epsilon_r$

678 a) $\varepsilon_r = \dfrac{C_m}{C_0}$, man mißt $C_m =$ Kapazität eines Kondensators mit, C ohne Dielektrikum;

b) nein: Kondensator entlädt sich (vgl. auch Aufg. 904).

679 a) Wasser (81); b) hohes Dipolmoment der Moleküle

680 a) $2 - 9$; b) 81; c) etwa 10^3

681 a) Ausrichtung der Dipole im Feld;

b) Dipole werden erst durch Polarisation im Feld gebildet;

c) Wasser zu a), Benzol zu b)

682 a) die Wärmebewegung; b) ja

683 $\varepsilon_r = 2{,}2$

684 $F = E \cdot Q$; hier ist aber E das Feld der einen Platte, wie es ohne die Gegenwart der geladenen anderen Platte wäre; Q die Ladung auf der anderen Platte. Ohne die zweite Platte würden sich die Ladungen der ersten Platte auf beide Seiten verteilen, also $D = \dfrac{Q}{2A} = \epsilon_0 E$;

$$E = \frac{Q}{2A\,\varepsilon_0\,\varepsilon_r}; \text{ auf der zweiten Platte ist } Q = D \cdot A = \epsilon_0 E A$$

$$F = \frac{Q^2}{2A\,\varepsilon_0\,\varepsilon_r}; \text{ im zusammengesetzten Kondensator ist } Q = C \cdot U =$$

$$= \frac{\varepsilon_r\,\varepsilon_0\,A \cdot U}{d}, \text{ also } F = \frac{\varepsilon_r\,\varepsilon_0\,U^2\,A}{2\,d^2}; \text{ hier: } F = 13{,}3 \text{ N}$$

685 Vgl. 684. $D = \sqrt{\dfrac{Q^2}{A^2}} = \sqrt{\dfrac{2 F \varepsilon_0 \varepsilon_r}{A}} = 6,9 \cdot 10^{-6} \dfrac{\text{A s}}{\text{m}^2}$; $F = $ Gewicht

686 a) $Q = C \cdot U = Q_1 = C_1 \cdot U_1 = Q_2 = C_2 \cdot U_2$

b) $\dfrac{U_1}{U_2} = \dfrac{C_2}{C_1}$; c) $U_1 + U_2 = \dfrac{Q}{C_1} + \dfrac{Q}{C_2} = U = \dfrac{Q}{C}$;

$\dfrac{1}{C_1} + \dfrac{1}{C_2} = \dfrac{1}{C}$; d) $2,22 \,\mu\text{F}$

687 a) $1,1 \cdot 10^{-8}$ As fließen ab; b) $7,48 \cdot 10^{-7}$ As fließen zu; c) bei
a) ändern sich E und D, bei b) nur D.

688 Kapazität $C = 4 \pi \varepsilon_0 r = 2,23 \cdot 10^{-11}$ F; Feldstärke an der Ober-

fläche $E = \dfrac{D}{\varepsilon_0} = \dfrac{Q}{A \varepsilon_0} = \dfrac{C \cdot U}{A \varepsilon_0} = \dfrac{U}{r} = 2,8 \cdot 10^6$ V/m;

daraus $U = 5,6 \cdot 10^5$ V

b) r erhöhen, anderes (elektronenfangendes) Gas, höherer Druck

689 a) Hohe Feldstärke an der Spitze zieht Ladungen an;
b) Aufsprühen oder Abziehen von Flächenladungen auf Isolatoren
(Papier in Kopiergeräten; Textilien usw.)

690 $0,85 \,\text{pF}$

691 $34,6 \,\text{pF/m}$

692 a) $E_{\text{pot}} = G \cdot h$ bzw. $Q \cdot E \cdot s = Q \cdot U$; hier entsprechen sich G und Q ;
h und U ; $G = m \, g$, Gewichtskraft

b) Potential; 1 V

693 Nur relativ

694 $W = Q \cdot \Delta U$

695 Spannung; Einheit 1 V

696 $1,93 \cdot 19^8$ Ws $= 53,6$ kWh

697 a) $14,4$ Ws; b) 2160 W

698 a) $1,5 \cdot 10^{-2}$ As; b) $3,75$ J; c) $2,55$ m

699 a) $0,1274 \,\mu\text{F}$; b) $2,55 \cdot 10^{-5}$ As; c) $2,55 \cdot 10^{-3}$ Ws

700 $C \approx 2 \cdot 10^{-10}$ F; a) $0,2$ As; b) 10^8 Ws ≈ 28 kWh
c) $3,50$ DM; d) nein

701 a) $C = \dfrac{\varepsilon_0 A}{d}$;   b) $W = \dfrac{Q^2}{2C} = \dfrac{Q^2 d}{2 \varepsilon_0 A}$

   c) $\Delta W = \dfrac{Q^2}{2 \varepsilon_0 A} (d + \Delta x - d) = \dfrac{Q^2 \Delta x}{2 \varepsilon_0 A} = F \Delta x$

   d) $F = \dfrac{Q^2}{2 \varepsilon_0 A}$; vgl. 684! Von d unabhängig

702 $1{,}125 \cdot 10^{-2}$ Ws

703 a) $Q = Q_1 = Q_2 = 5 \cdot 10^{-4}$ As

   b) $U_1 = 100$ V; $U_2 = 50$ V; $W = \dfrac{1}{2} C U^2$

   c) $W = 3{,}75 \cdot 10^{-2}$ Ws; $W_1 = 2{,}5 \cdot 10^{-2}$ Ws; $W_2 = 1{,}25 \cdot 10^{-2}$ Ws

   d) $C = C_1 + C_2 = 15$ μF; $Q = Q_1 + Q_2 = 10^{-3}$ As;

   $U = \dfrac{Q}{C} = 66{,}7$ V; $W = 3{,}33 \cdot 10^{-2}$ Ws

   [e) Es bilden sich Schwingungen aus.]

704 Bewegte elektrische Ladungen

705 6/s

706 a) Ionen, geladene Atome oder Moleküle aus Salzen, Säuren usw.;
   b) Elektronen aus der Hülle der Atome;
   c) Elektronen aus den Atomen des Grundgitters oder von Fremdatomen, Löcher = Elektronenfehlstellen;
   d) Elektronen aus einer Metallkathode;
   e) Elektronen und durch Elektronenstoß ionisierte Atome

707 a), b) Ja: flüssige Metalle, z.B. Hg

708 $3 \cdot 10^{19}$

709 $6{,}25 \cdot 10^{15}$

710 $4 \cdot 10^{-5}$ A

711 a) Einige mm/s;   b) Lichtgeschwindigkeit, $3 \cdot 10^8$ m/s;
   c) Wasser fließt aus der Leitung mit $v < 1$ m/s; eine Druckänderung breitet sich in der Leitung aber mit Schallgeschwindigkeit (etwa 10^3 m/s) aus.

712 a) sowohl + wie −;   b) Elektronen;
   c), d) durch Nachrücken der Elektronen in eine Fehlstelle wandert dieses Loch als + Ladung.

713 $8,39 \cdot 10^7$ m/s; $\quad \dfrac{m\,v^2}{2} = e \cdot U; \quad v = \sqrt{2\,\dfrac{e}{m}\,U}$

714 $3,1 \cdot 10^7$ m/s; $\quad m_\alpha$ vgl. Tab. 8.2

715 $5,7 \cdot 10^{-14}$ m; $\quad W = Q_1 \cdot U = \dfrac{Q_1 \cdot Q_2}{4\,\pi\,\varepsilon_0\,r} ; \quad r = \dfrac{Q_2}{4\,\pi\,\varepsilon_0\,U}$

716 $1,76 \cdot 10^{-5}$ N

717 a) 5000 V/m; b) 25 e V $= 4 \cdot 10^{-18}$ Nm; c) ja

718 a) Isolator: Keine beweglichen Ladungsträger; b) ideales Vakuum

719 a) Polystyrol und andere Kunststoffe; b) Porzellan, Glas, PVC;
c) Kupfer, Silber; b) Germanium, Silizium; e) Salzlösungen, Säuren

720 a) Bei normaler Temperatur in b), glühend in e); b) schwacher Elektrolyt; c) sehr reines destilliertes Wasser leitet sehr schlecht;
d) in a); e) in d); f) in b)

721 a) $I = \dfrac{U}{R}$;
b) Messung von I bei verschiedenen Werten von U; Spannungsmeßgerät mit sehr hohem Innenwiderstand

722 a) 0,25 A; b) 0,75; 1,25; 2,0 V

723 a) $0,825/\Omega$; b) 1,21; 0,49; 0,30 A

724 $0,095\ \Omega$

725 a) 6 V; b) 2,4 V

726 $20\ \Omega$

727 a) Spannungsabfall am Innenwiderstand; b) $1\ \Omega$

728 $1,45$ MΩ vorschalten

729 R_i beim a) Voltmeter möglichst groß: kein Stromverbrauch;
b) Amperemeter möglichst klein: kein Spannungsabfall

730 a) 0,1 V; b) $0,1005\ \Omega$ parallel schalten
c) $1980\ \Omega$ in Reihe schalten

731 a) Normalelement;
b) keine Stromentnahme! Praktischer sind belastbare Netzgeräte sehr konstanter Spannung (mit Halbleiterdioden)

732

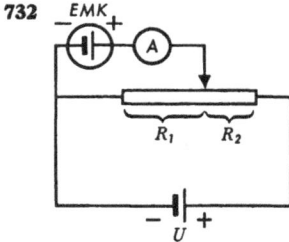

a) Stromlose Messung einer Spannung durch Anlegen einer gleich großen Gegenspannung;

b) $EMK = \dfrac{U}{R_1 + R_2} \cdot R_1$, wenn $I = 0$

733 a)

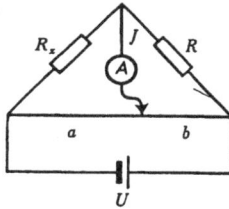

b) $\dfrac{R_x}{R} = \dfrac{a}{b}$, wenn $I = 0$;

c) möglichst gleich groß, also 100 Ω

734 $\varrho = R \cdot \dfrac{A}{l}$ (in Ω m) = ein Millionstel des Widerstandes eines Drahtes von 1 m Länge und 1 mm² Querschnitt

735 $R = \varrho \, \dfrac{l}{A}$

736 a) $\dfrac{A \,(\text{Al})}{A \,(\text{Cu})} = \dfrac{\varrho \,(\text{Al})}{\varrho \,(\text{Cu})} = \dfrac{2,9 \cdot 10^{-8}}{1,75 \cdot 10^{-8}} = 1,66$;

b) $\dfrac{1,66 \cdot \gamma \,(\text{Al})}{\gamma \,(\text{Cu})} = 0,49$

737 Siehe Skizze zu 733; zu messender Widerstand R_x im Temperaturbad

738 a) 226 Ω;   b) 194 Ω bis 269 Ω

739 Widerstand im kalten Zustand klein, Strom groß

740 a) Von $\rho \cdot u$, ρ Dichte, u Beweglichkeit der Ladungsträger,

b) I: $\rho \approx$ const, u, σ sinken; II: ρ steigt, u sinkt, σ sinkt (meist); III: ρ, u, σ steigen; IV: $u \approx$ const, ρ, σ steigen

741 Energie

742 a) Wie in Aufg. 724;

b) Dem Voltmeter 73,5 kΩ vorschalten, dem Amperemeter 0,05 Ω parallel schalten.

743 44,3 A

744 0,79 kW

745 0,158 Nm; $I \cdot U \cdot 0,75 = M_R \cdot \omega$

746 49,1 kgm²

747 12 K; elektrische Leistung = Wärmeenergie/s ($\gg$ Strahlungsleistung)

748 48,5 Ω

749 a) 2,4 Ω; b) 60 W

750 $A > 0,723$ cm², $\Phi > 9,6 \approx 10$ mm

751 Um Wärmeerzeugung (Energieverlust) klein zu halten

752 a) Leitungsverlust $I^2 R$ bei gleicher übertragener Leistung $U I$ um so kleiner, je kleiner I und je größer U sind;

b) Aufwand für Isolierung; c) U

753 Gasstrom kühlt Draht, Widerstand sinkt (Eichung!)

754 a) $I_1 = 0,89$ A; $I_2 = 1,02$ A; $I_3 = 0,85$ A, $I_4 = 1,06$ A;
$I_5 = 1,91$ A; $U_{ab} = 6,18$ V; $U_{cd} = 4,25$ V; b) 38,2 W; c) 1047 Ω

755 a) 48,4 Ω; 4,55 A; b) 24 kWh = $8,64 \cdot 10^7$ Nm
c) 6,4 A

756 a) Ausdehnung eines Drahtes bei Erwärmung durch Strom;
b) nein: Wärmeleistung $\sim I^2$; c) nein, wegen b)

757 a) Auf der Wärmewirkung des Stroms;
b) schmilzt nicht bei der kritischen Stromstärke.

758 55,6 Ω; 3,96 A; $\dfrac{U^2}{R} \cdot \eta = m \cdot C_W \cdot \Delta T$; $C_W = 4187$ J kg^{-1} K^{-1}

759 Elektrische Energie $I \cdot U \cdot t = W = m \cdot C \cdot \Delta T = $ Wärmeenergie, kalorimetrisch bestimmt; Wärmeverlust korrigieren

760 I. Masse der abgeschiedenen Stoffe proportional der geflossenen Ladung, $m = g \cdot I \cdot t$; II. für verschiedene Ionenarten verhalten sich die Faktoren g (in I) wie die Äquivalentgewichte: $g_1 : g_2 = \dfrac{A_1}{n_1} : \dfrac{A_2}{n_2}$; $A = $ Atomgewicht (bzw. Molekulargewicht), $n = $ Wertigkeit

761 $4,99 \cdot 10^{-2}$ mol; $9,98 \cdot 10^{-5}$ kg; $1,12 \cdot 10^{-3}$ m³

762 1,118 mg

763 9,15 Dpf

764 a) $2 \cdot 10^{-3}$ kg; $22{,}4 \cdot 10^{-3}$ m^3; b) nein

765 a) $4{,}5 \cdot 10^{24}$ Moleküle; b) 0,762 kg Al$_2$O$_3$; 0,404 kg Al

766 a) 2435 A; b) 17,5 DM; c) 33%

767 0,6 cm^2

768 b) 60 As; c) 19,68 mg; d) 62,4 mg; e) 10,45 cm^3

769 a) $2{,}5 \cdot 10^{-6}$ m/s; b) $4 \cdot 10^{-3}$ A/cm^2

770 Zwei verschiedene Leiter tauchen in Elektrolyt; die Tendenz, als + Ionen in Lösung zu gehen, ist bei beiden verschieden stark; daher laden sie sich gegeneinander auf.

771 Ein relatives Maß für die Tendenz, als + Ion in Lösung zu gehen

772 a) Unedles geht leichter in Lösung; b) das weniger edle

773 $1{,}845 \cdot 10^{22}$

774 9720 Ws; $3 \cdot 0{,}732 \approx 2{,}2$ g

775 a), b) EMK = Spannung im stromlosen Zustand, Klemmenspannung =
= EMK $- I \cdot R_i$ bei Stromentnahme I; R_i = innerer Widerstand der Stromquelle

776 Galvanischer Überzug mit einer Deckschicht, die den Stromfluß durch Ausbildung einer Gegenspannung hemmt.

777 Zur Vermeidung der Polarisation

778 a) Metallfolie mit Oxidüberzug als Isolator und Dielektrikum;
b) hohe Kapazität je Gewicht;
c) auf richtige Polung

779 Geringe Polarisation, kleiner Innenwiderstand

780 a) Bequeme Herstellung einer definierten Eichspannung;
b) −Pol: Hg + Cd, darüber CdSO$_4$-Kristalle; +Pol: Hg, darüber Hg$_2$SO$_4$-Paste; Elektrolyt CdSO$_4$-Lösung;
c) keine Stromentnahme! (Vgl. Aufg. 731).

781 a) Galvanisches Element, bei dem die chemische Veränderung der Elektroden bei der Stromentnahme durch einen umgekehrt gepolten Ladestrom wieder rückgängig gemacht wird;
b) Bleiakkumulator; Nickel-Cadmium-Akkumulator

782 Ni-Akku robuster als Pb-Akku, aber teurer und pro gespeicherte Energie etwas schwerer

783 a) b) $+$ Pol: $PbSO_4 + SO_4 + 2 H_2O \rightleftarrows PbO_2 + 2 H_2SO_4$
$-$ Pol: $PbSO_4 + H_2 \rightleftarrows Pb + H_2SO_4$; $\rightarrow$ Ladung, $\leftarrow$ Entladung
c) 0,446 kg; d) auf der positiven

784 Elektroden überziehen sich mit unlöslicher Sulfatschicht.

785 Beim Laden entsteht schwere Schwefelsäure: Dichte steigt.

786 a)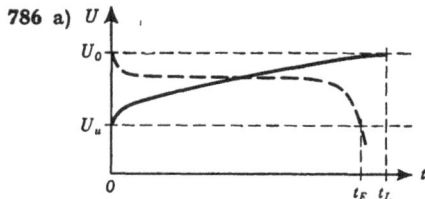

Ladekurve
--- Entladekurve

b) $I_L =$ Ladestrom, $t_L =$ Ladezeit bis zum Erreichen der Endspannung U_0;
$I_E =$ Entladestrom; $t_E =$ Entladezeit bis zum Erreichen der (vorgegebenen) Spannung U_u. Stromausbeute $= \dfrac{I_E \cdot t_E}{I_L \cdot t_L}$;

c) Energieausbeute $= \dfrac{\text{aufgenommene Energie}}{\text{abgenommene Energie}}$
$\left(\text{Energie bei veränderlicher Spannung: } W = \int I \cdot U \, dt\right)$

787 a) Speichervermögen für elektrische Ladung;
b) Amperestunden (Ah)

788 7,2 h

789 Akku: 108 kJ/kg; Kondensator: $2,7 \cdot 10^{-3}$ kJ/kg;
Dieselöl: 10^4 kJ/kg

790 Feldemission; Glühemission; Photoemission; Stoß durch energiereiche Teilchen

791 a) Hohe Feldstärke an Spitzen; b) Kathode: Spitze mit Radius r;
Elektronen fliegen geradlinig zum kugelförmigen Leuchtschirm,
Radius R; Vergrößerung $= \dfrac{R}{r}$; c) bis 10^7

792 a) Wärmebewegung der Elektronen überwindet Anziehungskräfte;

b) Abtrennarbeit der Elektronen aus dem Metall;

c) gering: Li, hoch: Pt

793 a) Verstärkerröhre; Bildröhre; Röntgenröhre

b) hohe Stromdichte; geringe Austrittsarbeit

c) Elektronen treten nur aus der heißen Elektrode aus, wenn sie −Pol ist.

794 a)

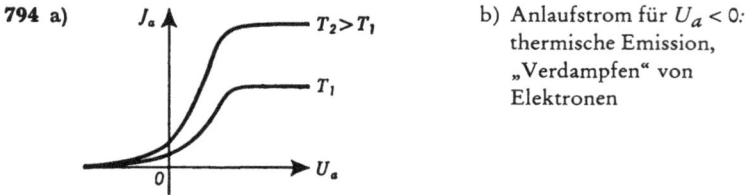

b) Anlaufstrom für $U_a < 0$: thermische Emission, „Verdampfen" von Elektronen

795

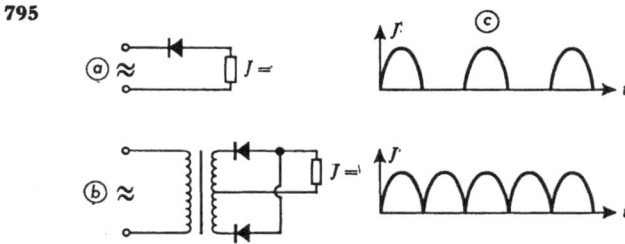

796 a) Durch ein Gitter zwischen Kathode und Anode, mit veränderlicher Spannung gegen die Kathode;

b)

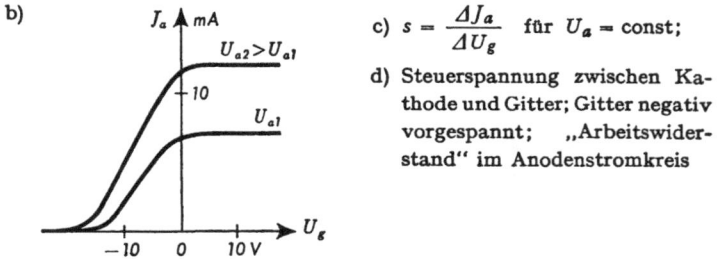

c) $s = \dfrac{\Delta J_a}{\Delta U_g}$ für $U_a =$ const;

d) Steuerspannung zwischen Kathode und Gitter; Gitter negativ vorgespannt; „Arbeitswiderstand" im Anodenstromkreis

797 Steuergitter: Steuerung des Anodenstromes; Schirmgitter (+): Abzug negativer Raumladung; Bremsgitter (−): Zurückstoßen von Sekundärelektronen aus der Anode

798 a) Elektronenstrahl durchläuft einen Ablenkkondensator, erleidet dort eine Kraft proportional der Feldstärke ~ Ablenkspannung;

b) Fernsehröhre; Oszilloskop (-graph)

799 a) $1{,}325 \cdot 10^7$ m/s;   b) $0{,}875$ mm/V $\approx 0{,}9$ mm/V

800 7150 V; anderes Prinzip: magnetische Ablenkung (vgl. 833)

801 a) Steuerung eines Stromes durch Licht;

b)

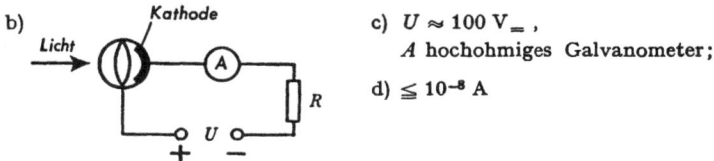

c) $U \approx 100$ V$_=$, A hochohmiges Galvanometer;

d) $\leqq 10^{-8}$ A

802 a) Primäres Photoelektron wird durch eine Spannung (etwa 100 V) beschleunigt und schlägt aus einer „Prallelektrode" mehrere Sekundärelektronen heraus, die wieder beschleunigt werden;

b) etwa 10^6 in 10 Stufen

803 Freie Ladungsträger

804 a) Hohe Temperatur (thermischer Stoß); Elektronenstoß; ionisierende Strahlen;

b) Ionen und Elektronen

805 Erzeugte Ionen verhindern statische Aufladung, die Staub anzieht.

806 Nachweis ionisierender Strahlen

807 a) Hohe elektrische Spannung zwischen einem Draht und umgebendem Metallrohr, Gasfüllung;

b) primäre Ionen werden beschleunigt, erzeugen im Stoß Ionenlawine. Bei großem Strom bricht die Versorgungsspannung an einem Vorwiderstand zusammen (Löschen).

808 Zufällig vorhandene Ionen werden im Feld beschleunigt. Wenn (bei niedrigem Druck) die freie Weglänge groß genug ist, nehmen sie so viel kinetische Energie auf, daß sie weitere Moleküle im Stoß ionisieren können.

809 Elektronen aus der Kathode werden beschleunigt und ionisieren im Stoß Luftmoleküle. An der heißen Anode verdampfen positive Ionen.

810 Wolken sind gegenüber der Erde geladen (Ladungstrennung beim Zerreißen von Wassertröpfchen); bei etwa 10^9 V erfolgt ein Überschlag.

811 Steigt, weil bei höherer Temperatur Ladungsträger im Stoß erzeugt werden (Wärmebewegung). Ohmsches Gesetz gilt nicht.

812 Widerstand sinkt mit steigender Temperatur (fallende Charakteristik); Vorschaltwiderstand begrenzt den Strom. Vgl. 811.

813 Geringere Wärmeentwicklung bei gleicher Lichtleistung im Sichtbaren.

814 a), c) A, B verschiedene Metalle;

b) $U \sim T_2 - T_1$

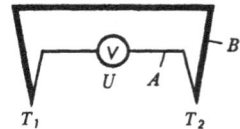

815 a) Metall, Halbleiter, lichtdurchlässige Metallschicht;

b) etwa $100\,\Omega$;   c) arbeitet ohne Hilfsspannung

816 a) Hochohmig;   b), c) niederohmig

817 Photoelement + Galvanometer oder Photowiderstand + Spannungsquelle + Galvanometer (Strommesser)

818 a) Halbleiter;   b) Selen, Silizium, Bleisulfid

819 a) Inhomogen;   b) ja; nicht in der Nähe von Eisen

c) Nord-Süd, etwa 65° gegen Horizontale (Inklination);

d) um senkrechte und waagrechte Achse drehbare Magnetnadel

820 a) Komponente parallel Erdoberfläche;

b), c) an den (magnetischen) Polen gleich null

821 a) $\dfrac{A}{m}$;   b) konzentrische Kreise um den Leiter

822 a) $10^3\,\text{A/m}$;   b) $1{,}26 \cdot 10^{-3}\,\text{Vs/m}^2$;   c) Ringspule

823 Null; vgl. 824! Das Rohr ist aus lauter parallelen „Drähten" bestehend zu denken, die von gleich großen Strömen in gleicher Richtung durchflossen werden. Je zwei einander gegenüberstehende liefern in der Achse gleich große, aber entgegengesetzte Beiträge zur magnetischen Feldstärke, so daß das resultierende Feld $H = 0$ wird.

824 a) Null;   b) $\dfrac{2\,I}{d\,\pi}$

825 Helmholtz-Spulenpaar

826 Ein gerader Leiter mit Strom I erzeugt im Abstand r das Feld $H = \dfrac{I}{2\,r\,\pi}$;

mit $\mu_0\,H = B = 10^{-3}\,\text{Vs/m}^2$,

$$H = \frac{B}{\mu_0} = \frac{10^{-8}}{4\,\pi \cdot 10^{-7}} \ \text{A/m, folgt } I = 5 \cdot 10^4 \ \text{A}$$

827 a) $I = \dfrac{e}{T} = \dfrac{1,6 \cdot 10^{-19}}{10^{-16}} \ \text{A} = 1,6 \ \text{mA}$;

b) Feld in der Mitte eines Kreisstroms:

$$H = \frac{I}{2\,r} = \frac{1,6 \cdot 10^{-3}}{2 \cdot 10^{-10}} \ \text{A/m} \ 8 \cdot 10^6 \ \text{A/m}; \quad B = \mu_0 H \approx 10 \ \text{T}$$

828 a) $5 \cdot 10^{-4}$ A;   b) $5 \cdot 10^{-3}$ A/m

829 $16,1$ A/m

830 $0,09$ N/m

831 a) $H = \dfrac{I_1}{2\,r\,\pi} = 15,9 \ \text{A/m}$;   b) Lorentz-Kraft

$$F = B \cdot Q \cdot v = \frac{\mu_0 I_1}{2\,r\,\pi} \cdot I_2 \cdot t \frac{l}{t} \ ;$$

$$\frac{F}{l} = \frac{\mu_0 I_1 I_2}{2\,r\,\pi} = 4 \cdot 10^{-4} \ \text{N/m}$$

832 $0,5$ N

833 $0,8$ m

834 a) keine,   b) senkrecht,   c) nein

835 Zentrifugalkraft = Lorentzkraft: $\dfrac{m\,v^2}{r} = e\,v\,B$; $r = \dfrac{m\,v}{e\,B}$;

Umlaufzeit $T = \dfrac{s}{v} = \dfrac{2\,r\,\pi}{v} = \dfrac{2\,\pi\,m}{e\,B}$, unabhängig von v und r

836 a) $1,14$ mm;   b) $4,86$ cm

837 a) $d = 2\,r = \dfrac{2\,m\,v\,\sin\alpha}{e\,\mu_0 H} = 4,52 \cdot 10^{-3}$ m;   mit $\alpha = 30°$.

Vgl. 835, wobei $B = \mu_0 H$, $v \sin\alpha$ = Geschwindigkeits-Komponente senkrecht zum Magnetfeld; $v \cos\alpha$ = Geschwindigkeits-Kompo-nente parallel zum Feld. Umlaufzeit $T = \dfrac{2\,m\,\pi}{e\,\mu_0 H}$;

b) Weg in Feldrichtung in der Zeit T: $s = v \cos\alpha \ T = 2,46$ cm;

c) die „spezifische Ladung" e/m der Elektronen

838 a) (Polwender);

b), c) Hauptschlußmotor: großes Anzugsmoment, für Fahrzeuge; Ne-benschlußmotor: konstante Drehzahl bei wechselnder Belastung, für Maschinen

839 a), b) Dreheisen- (I) und Drehspulinstrument (II);
c) I quadratisch, II linear; d) I

840 $2 \cdot 10^{-6}$ Nm

841 Spule dreht sich über einen größeren Bereich in konstantem Magnetfeld H; Drehmoment $\sim I \cdot H$

842 Drehspulinstrument mit Elektromagnet, $H \sim U$, Drehmoment $\sim I \cdot H$
$\sim I \cdot U =$ Leistung (vgl. Aufg. 841)

843 a) Ja; b) $U = R_i \cdot I$ anstelle von I auftragen; $R_i =$ Innenwiderstand

844 Langer, gewichtsloser Zeiger: hohe Anzeigeempfindlichkeit

845 a) Der Induktionsstrom fließt so, daß er die ihn verursachende Zustandsänderung hemmt; b) Energiesatz

846 Vgl. Aufg. 847, 850); andere Methode: Hall-Effekt

847 $1,26 \cdot 10^{-4}$ Vs

848 a) Ballistisches Galvanometer; b) große Schwingungsdauer

849 a) $3,78 \cdot 10^{-2}$ Vs; b) $1,89 \cdot 10^{-2}$ Vs

850 16,1 A/m

851 a) $1,52 \cdot 10^{-2}$ Vs; b) $2,98 \cdot 10^{-5}$ As

852 a) Induktion in einem Leiter, der im Magnetfeld bewegt wird;
b) Wirbelstrombremse;
c) in Transformatoren (Energieverlust durch Stromwärme);
d) Unterteilung des Transformatorkerns in voneinander isolierte,
schlecht leitende Bleche

853 a) $B_0 = \mu_0 H$; b) $B_m = \mu_r B_0$; Eisen: vgl. 855c)

854 μ_r, B_0, B_0 für leere Spule

855 a) Wenig kleiner, b) wenig größer als 1; c) $> 10^2$, nicht konstant

856 a) Paramagnetische Stoffe werden in Richtung größerer, diamagneti-
sche in Richtung kleinerer Feldstärke gezogen;
b) Kochsalz diamagnetisch, Kupfersulfat paramagnetisch

857 a) hart: breite, weich: schmale Hysteresiskurve;
b) $H_c =$ Stärke des Gegenfeldes, das die bei $H = 0$ noch zurück-
bleibende Induktion B_r zum Verschwinden bringt;
c) von der thermischen und mechanischen Vorbehandlung

858 Ummagnetisierungsarbeit pro Volumeneinheit (von der Sättigungs-induktion $+ B$, auf $- B$,)

859 a) Schlank, kleine Ummagnetisierungsarbeit, kleine Verluste;
b) breit und hoch, große Remanenz und Koerzitivkraft

860 a) Kleine Kristallbereiche einheitlicher Magnetisierungsrichtung;
b) ganzer Körper hat einheitliche Magnetisierungsrichtung;
c) Dichte der orientierbaren Elementarmagnete (Elektronen)

861 Ferromagnetisches Material (z. B. Eisenoxid) im Tonband wird im Rhythmus der Tonschwingungen magnetisiert; Abnahme durch Induktion

862 Erwärmen über Curiepunkt; Anlegen eines allmählich auf die Amplitude Null abnehmenden magnetischen Wechselfeldes

863 Schädigung durch entstehenden Induktionsstoß hoher Spannung

864 Bifilar (gegensinnig)

865 30 Vs

866 10^3

867 Permeabilität nähert sich einem Sättigungswert, Induktivität nimmt als Folge davon ab.

868 a) 9 Ws;   b) $10^{-2} \approx e^{-5}$; $\dfrac{R}{L} \cdot t = 5, t = 1s$

869 Prinzip: Spule dreht sich im Magnetfeld, dabei wird Spannung wechselnder Richtung induziert.

870 a) Scheitelspannung: während einer Periode erreichte maximale Spannung ($=$ Amplitude); $U_{eff} = \sqrt{\overline{U^2}}$, $\overline{U^2} = U^2$ über eine Periode gemittelt; beim Sinusstrom: $U_{eff} = \dfrac{U_{max}}{\sqrt{2}}$;
b) der Effektivwert

871 $U_0 = 220 \cdot \sqrt{2}$ V ≈ 311 V

872 0,0134 V

873 Spannung kann über Transformatoren dem jeweiligen Zweck angepaßt werden.

874 Erhöhung der Induktion

875 Vermeidung von Wirbelströmen (vgl. Aufg. 852d); geringer ohmscher Widerstand

876 a) 1100 kW;   b) 50 kW

877 a) Der Aufwand für die Isolation;
b) Gewicht und Preis setzen eine Grenze.

878 8 Windungen

879 a) 0,11 A;   b) Wärmeerzeugung in Wicklung und Kern

880 a) Leitendes Schmelzgut bildet die eine Wicklung eines Transformators, wird durch Induktionsstrom erhitzt; b) direkte Stromzufuhr.

881 Die mit der Frequenz des Wechselstroms schwankenden magnetischen Kräfte bewegen die Wicklung etwas in ihrem Takt (50 Hz, hörbar).

882 Im Kupferring wird beim Einschalten ein gegensinniger Strom induziert; Spule und Ring stoßen sich dann ab.

883 Wicklung kann durchbrennen: Gleichstromwiderstand R viel kleiner als Wechselstromwiderstand $\sqrt{R^2 + \omega^2 L^2}$

884 0,62 A

885 a) Ja;
b) die Kapazität der Wicklung wird bei hohen Frequenzen wirksam $\left(R_C = \dfrac{1}{\omega C} \text{ sinkt} \right)$

886 a) Hitzdrahtinstrument: Kapazität und Induktivität sehr klein: Anzeige frequenzunabhängig;
b) Wechselstrom erwärmt Widerstandsdraht, Temperatur wird mit Thermoelement und Gleichstromgalvanometer gemessen.

887 Der Spannungsverlauf sei $U = U_0 \sin \omega t$; dann gilt für den Strom

a) $I_R = I_{R_0} \sin (\omega t)$, gleichphasig mit Spannung; $I_{R_0} = \dfrac{U_0}{R}$;

b) $I_L = I_{L_0} \sin \left(\omega t - \dfrac{\pi}{2} \right)$, Strom hinkt um die Phasenverschiebung $\dfrac{\pi}{2}$ hinter der Spannung nach; $I_{L_0} = \dfrac{U_0}{\omega L}$;

c) $I_C = I_{C_0} \sin \left(\omega t + \dfrac{\pi}{2} \right)$, Strom am Kondensator läuft der Spannung um $\dfrac{\pi}{2}$ voraus; $I_{C_0} = U_0 \omega C$

888 a) $X_C = \frac{1}{C} \cdot \frac{1}{\omega}$, Hyperbel;　b) $X_L = L\omega$, Gerade;

c), d) $Z_s = \omega L - \frac{1}{\omega C}$; $Z_p = \left(\omega C - \frac{1}{\omega L}\right)^{-1}$;

für $\omega L = \frac{1}{\omega C}$ (Resonanz): $Z_s = 0,\ Z_p = \infty$

889 Unendlich

890 a) $51{,}4\ \Omega$; b) $2{,}33$ A; c) 219 W

891 $\tan \varphi = -\frac{1}{\omega C R} = -\frac{636\ \Omega}{R}$; $\varphi = -\arctan \frac{636\ \Omega}{R}$; R in Ω

892 „Blindstrom" heizt die Zuleitungen auf Kosten des Kraftwerks.

893 Keine, weil $\cos\varphi = 0$

894 a) $220\ \Omega$; b) $8{,}35\ \mu$F; kein Elektrolytkondensator für Wechsel-spannung; c) bei: a) 110 W; bei: b) 55 W;

895 a) $Z_1 = 25{,}1\ \Omega$; $Z_2 = 52\ \Omega$; b) $Z = 77{,}5\ \Omega$; c) Z_1

896 a) $I_1 = I_4 = 0{,}43$ A; $I_2 = I_3 = 0{,}87$ A; b) $1{,}5$ H;
c) $1{,}1$ A

897 a) $I_{\text{eff}} = 20$ A; $Z = 80\ \Omega$; $R_0 = 60\ \Omega$; $L = 2{,}82 \cdot 10^{-3}$ H;
b) $1\ \mu$F; c) $P = 42{,}6$ kW, Blindleistung $= 0$

898 a) $\omega = 2\pi f = 3{,}62 \cdot 10^6$ Hz; $C = \frac{1}{\omega^2 L} = 3{,}82 \cdot 10^{-10}$ F $= 382$ pF;
b) $Z(f) = Z(575\ \text{kHz}) = R = 10\ \Omega$;

c) $Z(f_1) = Z(585\ \text{kHz}) = \sqrt{R^2 + \left(\omega_1 L - \frac{1}{\omega_1 C}\right)^2} = 26\ \Omega$

mit $\omega_1 = 3{,}68 \cdot 10^6$ Hz und $X = \omega_1 L - \frac{1}{\omega_1 C} = 24\ \Omega$

d) ja: $Z(f_1) : Z(f) = \sqrt{R^2 + X^2} : \sqrt{R^2} = \sqrt{1 + \frac{X^2}{R^2}}$ hängt von R ab.

e) Verhältnis wird größer, wenn R kleiner wird; also R möglichst klein machen!

899 795 kHz

900 Ladung fließt von einer Kondensatorplatte durch die Induktivität zur anderen Platte und zurück; während des Stromflusses wird ein Magnetfeld aufgebaut; die Energie „pendelt" zwischen dem elektrischen Feld des Kondensators und dem Magnetfeld der Spule; sie wird allmählich im ohmschen Widerstand in Wärme umgesetzt.

901 Pendel: $T = 2\pi\sqrt{\dfrac{m}{D}}$; Schwingkreis $T = 2\pi\sqrt{L\,C}$; es entsprechen sich: $m \to L$ (Trägheit der Masse bzw. des Magnetfelds); $D \to \dfrac{1}{C} = \dfrac{U}{Q}$

902 a) Resonanz;

b) Scheinwiderstand über ω: zwei Maxima, deren Abstand mit dem Kopplungsgrad zunimmt;

c) induktive, kapazitive, Widerstands-Kopplung

903 Rückkopplung zum Ersatz verlorener Energie

904 a) $f = \dfrac{1}{2\pi}\sqrt{\dfrac{1}{L\,C}}$; $\lambda = 2\,d$; $d =$ Abstand benachbarter Spannungsbäuche auf der Lecherleitung, z. B. mit Lämpchen nachgewiesen; damit $c = f \cdot \lambda$;

b) $3 \cdot 10^8$ m/s ; c) $\dfrac{c}{\sqrt{\varepsilon_r}}$

905 a) Querschnitt des Bündels im Abstand $r = 10^4$ m: $A = \left(\dfrac{r \cdot \varphi}{2}\right)^2 \pi =$

$= 3{,}14 \cdot 10^4\,\text{m}^2$; auf 1 m² fallen $P = \dfrac{1}{3{,}14 \cdot 10^4}\,\text{kW} \approx 3{,}2 \cdot 10^{-5}\,\text{kW}$

b) bei ebener Reflexion scheint der Auffangschirm in doppelter Entfernung zu stehen; auf ihn fallen dann $\dfrac{P}{2^2} \cdot 3 = 2{,}4 \cdot 10^{-5}\,\text{kW} = 24\,\text{mW}$

906 Bester Empfang: auf der Mittelsenkrechten zur Verbindungslinie der Türme: keine Wegdifferenz der beiden Wellenzüge. Kein Empfang, wenn Wegdifferenz $\Delta\lambda = \dfrac{\lambda}{2}$

907 a) cm bis dm; b) dm; c) m; d) einige 10^2 m bis ≈ 2 km

908 a) Lange Wellen folgen der Erdkrümmung;

b) kurze nicht, werden aber in der Ionosphäre zur Erde zurückreflektiert;

c) bei a) geringe, b) starke Schwankungen des Empfangs

909 Modulation: Steuerung der Amplitude einer Hochfrequenzwelle durch niederfrequente Spannungsänderung am Gitter einer Verstärkerröhre. Demodulation: Gleichrichtung der modulierten Welle, akustische Wiedergabe der niederfrequenten Schwankungen des entstandenen Gleichstroms; UKW: Frequenzmodulation

910 a) Andernfalls fließt im Metall Strom, der Energie verbraucht.

b) $4{,}5 \cdot 10^9$ Hz $= 4{,}5$ GHz

911 $F = eE = eE_0 \sin \omega t;$ $\quad a_y = \dfrac{F}{m} = \dfrac{e}{m} E_0 \sin \omega t$ (Feld in y-Richtung

gelegt). Sinusschwingung mit Amplitude y_0 in y-Richtung:

$y = y_0 \sin (\omega t + \varphi);$ $\quad \varphi = $ Phasenverschiebung von y gegenüber F;

$v_y = \omega y_0 \cos (\omega t + \varphi);$ $\quad$ größte Geschwindigkeit für $\cos (\omega t + \varphi) = 1$:

$v_{max} = \omega y_0;$ größte kinetische Energie $W = \dfrac{m}{2} v_{max}^2 = \dfrac{m \, \omega^2 \, y_0^2}{2};$

$a_y = -\omega^2 y_0 \sin (\omega t + \varphi) = \dfrac{F}{m} = \dfrac{e}{m} E_0 \sin \omega t;$ $\quad \varphi = \pi,\ y_0 =$

$= \dfrac{e}{m} \cdot \dfrac{E_0}{\omega^2};$ $\quad$ mit $\dfrac{e}{m} = 1{,}759 \cdot 10^{11}$ As/kg, $\quad E_0 = 10^4$ V/m;

$\omega = 6{,}28 \cdot 10^8$ Hz folgt $\quad y_0 = 4{,}5$ mm;

a) $y = -4{,}5 \cdot \sin (6{,}28 \cdot 10^8 \, t)$ mm;

b) $W = 3{,}56 \cdot 10^{-18}$ Nm $= 22{,}2$ eV, reicht zur Ionisierung von H

911A a) $t_i = (m_i/2eU)^{1/2} (2l + s);$ b) $\approx 0{,}12$ µs

912 $2 \, a$

913 Vereinigung a) auf der Achse, Abstand $\dfrac{r}{2}$ vom Scheitel;

b) Vereinigung näher beim Scheitel; c) Parabel

914 a) Im Brennpunkt;

b) parabolisch: auch achsferne Strahlen werden parallel zur Achse.

915 3,36 mm

916 a) Gemessene Entfernung: Brechungsindex des Wassers ($= 1{,}33$);

b) ja

917 Von schräg oben kommende Lichtstrahlen werden in der heißen Luft-schicht dicht über dem Boden wieder nach oben umgelenkt.

918 $n_K = n_F;$ n_F ist i. allg. leichter zu messen als n_K

919 a) $\sin \alpha_g = \dfrac{1}{n_F}$ für Übergang Flüssigkeit $\rightarrow$ Luft; b) Lichtleiter (-bündel)

920 a) (Totalreflexion);

b) Bildumkehr, kurze Baulänge

921 Direkt: alles außerhalb und innerhalb des Wassers; dazu über Reflexion: im Wasser den Bereich, der mit Totalreflexion an der Oberfläche zu erreichen ist.

922 Bei Totalreflexion

923 Lichtstrahl läuft in der zu messenden Probe parallel zu einer Fläche eines Glaswürfels, mit der die Probe in Kontakt ist. Gemessen wird der Grenzwinkel, unter dem im Glaswürfel noch Licht zu beobachten ist = Grenzwinkel der Totalreflexion für den umgekehrten Strahlengang.

924 Probe als planparallele Schicht zwischen zwei Glasprismen; beobachtet wird der Grenzwinkel der Totalreflexion an dieser Schicht für einen durchgehenden Lichtstrahl.

925 γ = brechender Winkel, δ Ablenkung bei symmetrischem Durchgang; dann gilt $\quad n = \dfrac{\sin \frac{1}{2}(\gamma + \delta)}{\sin \frac{1}{2}\gamma}$

926 a) Änderung der Brechzahl mit der Frequenz des Lichts;
    b) Spektrum bei der Brechung von weißem Licht an geschliffenem Glas

927 a) Langwelliges (rotes) Licht durchdringt Dunst besser als kurzwelliges;
    b) Brechung der Strahlen beim schrägen Durchgang durch die Atmosphäre

928 Sphärometer

929 6 cm

930 a) Stufenlinse mit ringförmigen Zonen;
    b) Beleuchtungsoptik; Sucher in Photoapparaten

931 a) 0,46 mm   b) 54 cm

932 $1,44 \cdot 10^{-3}$ s

933 12,6 cm

934 $\dfrac{1}{a'} - \dfrac{1}{a} = \dfrac{1}{f'}$;   Messung von a und a'
    $\left(\text{oder von } \dfrac{a}{a'} ; \quad \text{oder nach BESSEL}\right)$

935 220 km

936 a) Sammellinse (f_1') und Zerstreuungslinse (f_2') im Abstand $|f_1'| - |f_2'|$;
    b) zwei Sammellinsen im Abstand $|f_1'| + |f_2'|$;
    c) Beobachtung der Brennebene des Spiegels mit Okularlinse (Lupe) über kleinen Umlenkspiegel

937 $v = \dfrac{\tan \varepsilon'}{\tan \varepsilon}$; ε' = Sehwinkel mit, ε ohne Fernrohr

938 Dünne, nicht sphärische Linse zur Korrektion der sphärischen Aberration bei Teleskopen mit sphärischem Spiegel

939 63 cm; 20 mal

940 a) Kurzbrennweitiges Objektiv erzeugt vergrößertes Bild, das mit einer Lupe (Okular) betrachtet wird;

b) wie beim Fernrohr, Aufg. 937;

c) $v = 40 \cdot \dfrac{d}{f_L} = 500$; d = deutliche Sehweite = 25 cm

941 a) Öffnungsfehler, Koma, Astigmatismus, Bildfeldwölbung, Verzeichnung, Farbfehler;

b) Kombination mehrerer Linsen, deren Fehler sich innerhalb gewisser Grenzen kompensieren

942 Strahlen vereinigen sich a) auf, b) hinter, c) vor der Netzhaut; Korrektion zu b) Sammellinse, c) Zerstreuungslinse als Brille

943 $\dfrac{1}{f_0} = D_0$ = Brechkraft des Auges;

$\dfrac{1}{f'} = D$ = Brechkraft der Brille,

mit Brille: $-\dfrac{1}{a_1} + \dfrac{1}{b} = D_0 + D$; $a_1 = -0{,}25$ m; $D_0 - \dfrac{1}{b} =$

$= -\dfrac{1}{a_1} - D = 1{,}25/\text{m}$; bei gleicher Bildweite b ohne Brille:

$-\dfrac{1}{a_2} = D_0 - \dfrac{1}{b} = 1{,}25/\text{m}$; $a_2 = -0{,}8$ m; er hält also die Zeitung 80 cm vom Auge

944

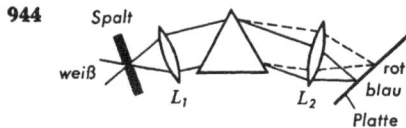

945 a), b) Kondensor bildet Lichtquelle durch das Diapositiv hindurch in das Projektionsobjektiv ab: weiter Lichtkegel der Lampe wird erfaßt;

c) $d \geqq$ Diagonale des Diapositivs, möglichst kleiner Abstand;

d) $f_K = \dfrac{1}{2} f$ (Abbildung der Lampe 1 : 1)

946 $f_1' = 24$ cm; $f_2' = -50$ cm; $a' = 1{,}44$ m; $\beta' = -2{,}05$

947 a) 40 cm rechts von Linse 2;   45 cm groß;   verkehrt;

b) 28,4 cm rechts von Linse 3; 1,58 cm groß; aufrecht. Hinweis: Ort und Größe des von der ersten Linse allein erzeugten Bildes ermitteln; dessen „Dingweite" bezüglich der zweiten Linse bestimmen und die Abbildung berechnen; usw.

948 a) Interferenzversuch;   b) Beugung von Licht am optischen Gitter; c) Transversalwellen sind polarisierbar

949 Nein: Überlagerungserscheinungen bei Wellen

950 Beugung beruht auf Interferenz von Elementarwellen, die an Hindernissen entstehen; Brechung beruht auf verschiedener Geschwindigkeit in verschiedenen Medien.

951 Vgl. Aufg. 952! Intensität fällt mit zunehmender Ordnung k rasch ab.

952 a) Nebenmaxima für $\sin \alpha_k = \left(k + \dfrac{1}{2}\right) \dfrac{\lambda}{b}$, $k = 1, 2, 3 \ldots$

(N. B.! anders als beim Gitter!); Minima für $\sin \alpha = k \cdot \dfrac{\lambda}{b}$;

b) wenn $\sin \alpha$ merklich > 0,   d. h. $\lambda \approx b$

953 Weil im allgemeinen die Blendendurchmesser $\gg \lambda$ sind, also $\dfrac{\lambda}{b} \approx 0$; vgl. Aufg. 952!

954 a) Auflösungsvermögen charakterisiert durch den Winkelabstand, den zwei Dingpunkte haben müssen, um getrennte Bilder zu ergeben;

b) durch Beugung;   c) Objektivdurchmesser;

d) Spiegeldurchmesser;   e) numerische Apertur

955 Winkelauflösungsvermögen bei sehr großem Abstand: $\widehat{a} \approx \dfrac{\lambda}{D}$;

$\widehat{\alpha} = \dfrac{d}{r} = \dfrac{5 \cdot 10^4}{5 \cdot 10^9} = 10^{-5}$; $\lambda \approx 500\,\text{n m} = 5 \cdot 10^{-5}\,\text{cm}$; $D = \dfrac{\lambda}{\widehat{a}} = 5\,\text{cm}$

956 a) Wegen der großen Wellenlänge (Beugung am Spiegelrand!);

b) $\widehat{\alpha} \approx 2,1 \cdot 10^{-3}$, $\alpha \approx 9'$

957 a) Immersionsflüssigkeit zwischen Ding und Objektiv;

b) sehr kleine (Materie-)wellenlänge der bewegten Elektronen

958 Vergrößerung der numerischen Apertur und damit des Auflösungsvermögens

959 Überlagerung von Kreiswellen, die von beiden Spalten ausgehen. Verstärkung, wenn Wegunterschied = ganzes Vielfaches von λ

960 567 nm; $\sin\alpha \approx \tan\alpha$ (wegen $\alpha \ll 1$)

961 a) 589 nm; b) gelb-orange (Na-Licht)

962 a) $\bar{a} = 5,4 \cdot 10^{-2}$, entspricht 3,09°; b) 10,8 cm

963 Für λ_1: $\sin\alpha_1 = \dfrac{7 \cdot 10^{-5}\ \text{cm}}{10^{-3}\ \text{cm}} = 7 \cdot 10^{-2} \approx \tan\alpha_1$;

Abstand des Maximums 1. Ordnung von der nullten Ordnung beim Schirmabstand a: $x_1 = a\,\tan\alpha_1 \approx a \cdot 7 \cdot 10^{-2}$; für λ_2: $x_2 = a \cdot 4 \cdot 10^{-2}$;
$x_1 - x_2 = 10\ \text{cm} = a\,(7 - 4) \cdot 10^{-2}$; $a = 3,33$ m

964 Interferenz von Lichtwellen, die an der Ober- bzw. Unterseite der Ölschicht reflektiert wurden und deshalb einen Gangunterschied haben.

965 b) $n_S = \sqrt{n_G} = 1,18$

966 Anwendung der Interferenz

967 Messung der Abweichung einer Fläche von der eines daraufgelegten Probeglases; Messung der „Rauhtiefe" an polierten Flächen

968 5,9 μm

969 Interferenz der im Abstand d an aufeinanderfolgenden Netzebenen reflektierten Wellen. Verstärkung für $\sin\gamma_m = \dfrac{m}{2} \cdot \dfrac{\lambda}{d}$;
γ_m = Winkel Strahl−Kristallfläche, m = Ordnung

970 Polarisation

971 Alle Polarisationsrichtungen vorhanden

972 Verschiedene Polarisation der Wellen

973 a) Reflexion an nichtleitenden Stoffen unter $\tan\alpha = n$; reflektiertes Licht ist parallel zur Oberfläche polarisiert; n = Brechungsindex (BREWSTER)

b) Doppelbrechung liefert zwei verschieden polarisierte Strahlen; im NICOL-Prisma wird einer davon seitlich wegreflektiert;

c) orientierte Jodmoleküle in Kunststoff-Folien absorbieren nur Licht einer bestimmten Polarisationsrichtung (Dichroismus);

d) an trüben Medien gestreutes Licht ist polarisiert

974 a) Verschiedener Brechungsindex für Licht verschiedener Polarisationsrichtung;
b) Kalkspat; Glimmer

975 a) Vgl. Aufg. 973c)!   b) Vgl. 973b)!

976 $\tan \alpha = n$; $\alpha = 58° 5'$ zum Lot

977 a) An der Wasseroberfläche reflektiertes Licht blendet; es ist polarisiert
(vgl. 973a) und kann deshalb ausgefiltert werden (973c);
b) senkrecht

978 Spannungsoptik; Messung des Zuckergehalts in Lösungen; Stereoskopie

979 a) beide Augen sehen etwas verschiedene Bilder;
b) Übereinanderprojektion beider Bilder mit verschieden polarisiertem
Licht; Betrachtung durch Polarisationsfilter, die für jedes Auge
nur das zugehörige Bild durchlassen.

980 a) $\dfrac{A_0}{\sqrt{2}}$; $\dfrac{I_0}{2}$;   b) Zeigerlänge $\sim \cos^2\varphi$

981 a) Manche Stoffe drehen die Polarisationsrichtung von durchgehendem
Licht; Drehvermögen $\vartheta = \dfrac{\varphi}{c\,l}$; φ = Drehwinkel, c = Konzentration, l = Schichtdicke;
b) Konzentration von Zuckerlösungen;
c) Lichtquelle, Polarisator, Probe, Analysator und Winkelmeßein-
richtung

982 a) Ja;   b) nur näherungsweise für $v_{rel} \ll c$
c) an leuchtenden Atomstrahlen; im Spektrum rasch bewegter Fixsterne
(vgl. Aufg. 983); im Mößbauer-Effekt (γ-Strahlen)

983 $\approx$ 8000 km/s

984 55 000 km/s

985 a) Candela (cd) = 1/60 der Lichtstärke von 1 cm² Fläche eines „Schwarzen Strahlers" mit der Temperatur des erstarrenden Platins.
b), c) 1 Lumen (lm) wird von einer punktförmigen Lichtquelle von 1 cd
in den Raumwinkel 1 ausgestrahlt.

986 1 Stilb (sb) = 1 cd je cm² leuchtende Fläche

987 $E = \dfrac{I}{r^2}$

988 Wenn die leuchtenden Flächen aneinandergrenzen

989 Ein Fettfleck auf Papier wird von der einen Seite aus dem Abstand r_1 durch die Lampe I_1 beleuchtet, von der anderen Seite durch I_2 (Abstand r_2). Wenn er für das Auge verschwindet, gilt $\dfrac{I_1}{r_1^2} = \dfrac{I_2}{r_2^2}$

990 a) $E_2 = \dfrac{16}{9} E_1 = 1,78 E_1;$ b) $E_3 = E_2 \cos 30° = 1,54 E_1$

991 a) $E = \Phi/A'$;

    b) 1 Lux (lx) herrscht auf einer Fläche, die von 1 cd aus 1 m Abstand beleuchtet wird.

992 a) 2700 cd,   b) 75 cd

993 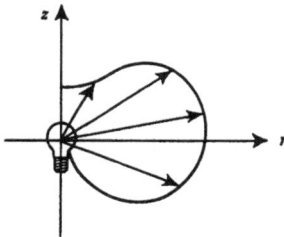   a) (rotationssymmetrisch um z);

    b) z.B. mit einem Photoelement

994 $8 \cdot 10^{-2}$ sb

995 a) Ebenfalls 25 sb. Für alle Abbildungen ist $A \cdot \omega = $ const ($A = $ Fläche des Bildes, $\omega = $ Raumwinkel, in dem der Lichtstrom Φ fließt); dann ist auch die Leuchtdichte $\dfrac{\Phi}{A\,\omega} = $ const.

    b) nein

996 Ungefähr glockenförmig zwischen $\lambda = 400$ und 700 nm, Maximum bei 550 nm

997 }
998 } Siehe 996

999 a) Photographisch; photoelektrisch; Anregung von Lumineszenz (Leuchtschirm);

    b) photographisch bis $\lambda \lesssim 1,2$ μm, photoelektrisch bis $\lambda \lesssim 10$ μm; durch Wärmewirkung für alle Wellenlängen

1000 a) Mit thermischen Empfängern;

    b) nein: Empfindlichkeit hängt stark von der Wellenlänge ab.

1001 In Klammern ist die ungefähre langwellige Grenze (in m) angegeben: γ-Strahlen (10^{-12}), Röntgen (10^{-8}), Ultraviolett $(4 \cdot 10^{-7})$, sichtbares Licht $(7 \cdot 10^{-7})$, Infrarot (10^{-3}), Mikrowellen (10^{-2}), Ultrakurzwellen (1), Kurzwellen (10^2), Rundfunk (10^4)

1002 Aus einem bestimmten Metall werden Photoelektronen nur durch Licht oberhalb einer charakteristischen Grenzfrequenz frei gesetzt.

1003 a) $3,5 \cdot 10^{-19}$ Ws $= 2,255$ eV

b) $2,17 \cdot 10^8$ Ws $= 1,355 \cdot 10^{27}$ eV

1004 b) $9,2 \cdot 10^5$ m/s; c) $h\nu = W + E_{kin}$; E_{kin} mit Gegenfeld messen; 2 Messungen mit ν_1, ν_2 liefern 2 Unbekannte: W und h

1005 Beugung am Kristallgitter (vgl. Aufg. 969)

1006 a) (Glühkathode, wassergekühlte Anode im Vakuum; $U \approx 10^5$ V);

b) Härte $\sim \dfrac{1}{\lambda} \sim U$; c) $6,2 \cdot 10^{-12}$ m;

d) elektromagnetische Transversalwellen, durchdringen leichte Stoffe, ionisieren die Luft, schwärzen die photographische Schicht;

e) schädigen Körperzellen; Abschirmung durch Blei;

f) weiche, sie werden vom Körper stärker absorbiert.

1007

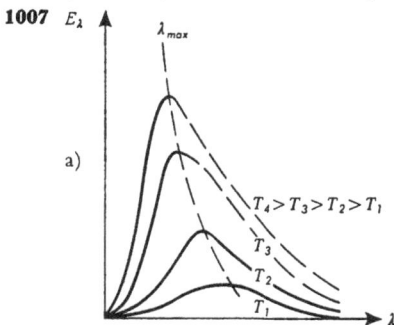

b) alle, außer der Sonne

a)

$T_4 > T_3 > T_2 > T_1$

1008 $\lambda_{max} \cdot T = $ const (vgl. Aufg. 1007): mit steigender Temperatur verschiebt sich das Intensitätsmaximum nach kürzeren Wellen.

1009 a) Vergleich der Strahlungsdichte des zu messenden Körpers mit derjenigen eines schwarzen Körpers bekannter Temperatur;

b) 10^3 K; c) 10^4 K

1010 a) 6000 K; b) 3000 K; c) Glühlampe

1011 Temperatur eines schwarzen Strahlers, dessen Licht „farbrichtig" wiedergegeben wird

1012 Beugungsversuche an Gasen oder dünnen Kristallen

1013 Wellennatur bewegter Teilchen (Materiewellen)

1014 $0,778 \cdot 10^{-10}$ m

1015 $3,97 \cdot 10^{-14}$ m $\approx 4 \cdot 10^{-14}$ m

1016 $\lambda = \dfrac{h}{m\,v} \lll$ Gitterkonstante: keine merkliche Beugung

1017 $U = 2\,r_n\,\pi = n\,\lambda = \dfrac{n\,h}{m\,v}$; $\quad r_n = \dfrac{n\,h}{2\,\pi\,m\,v}$, $n = 1, 2, 3 \ldots$

1018 Ein atomares Teilchen kann einen Energieberg, den es nach der klassischen Mechanik nicht überschreiten kann, mit einer gewissen Wahrscheinlichkeit durchdringen.

1019 $5,33 \cdot 10^{-23} \dfrac{\text{kg m}}{\text{s}}$

1020 Vom Lichtquant werden Impuls und Energie auf das Elektron übertragen; dadurch sinkt wegen $E = h\,v$ seine Frequenz.

1021 Frequenzen der Spektrallinien geben Aufschluß über Energiedifferenzen zwischen verschiedenen stationären Zuständen des Atoms.

1022 Graphische Darstellung der Energiezustände

1023 Durch Stoß mit energiereichen Teilchen oder Lichtquanten

1024 Spektralanalyse: jedes Element sendet charakteristische Wellenlängen aus.

1025 Aus den Spektren

1026 Vgl. 1024

1027 Glühender Körper: kontinuierliches Spektrum, leuchtendes Gas (Dampf): charakteristisches Linienspektrum

1028 a) Energie wird von Atomen nur in Quanten $h\,v$ umgesetzt;
b) in den Spektren

1029 a) Vgl. 1031, erlaubte Radien siehe 1032!
b) $T_n = -\dfrac{Ry}{n^2}$; $\quad Ry = $ RYDBERGkonstante; $\quad n = 1, 2, 3 \ldots$

1030 Elektrische Kraft: $F_{el} = -\dfrac{e^2}{4\pi\varepsilon_0 r^2} = -\dfrac{2{,}31\cdot 10^{-28}}{r^2}$ N , r in m;

Gravitation: $F_G = -G^* \dfrac{m_p\, m_e}{r^2} = -\dfrac{1{,}02\cdot 10^{-67}}{r^2}$ N , r in m

$F_G : F_{el} \approx 10^{-40} \ll 1\%$ unabhängig von r

1031 a) $F_z = -\dfrac{m\,v^2}{r} = F_{el} = -\dfrac{e^2}{4\pi\varepsilon_0 r^2}$; daraus $v = \sqrt{\dfrac{e^2}{4\pi\varepsilon_0 m}\cdot\dfrac{1}{r}}$

b) $E_{kin} = \dfrac{m}{2}v^2 = \dfrac{e^2}{8\pi\varepsilon_0 r}$; $E_{pot} = -\dfrac{e^2}{4\pi\varepsilon_0 r} = -2E_{kin}$

c) $E = E_{kin} + E_{pot} = -\dfrac{e^2}{8\pi\varepsilon_0 r} = -E_{kin} = -\dfrac{1{,}14\cdot 10^{-28}}{r}$ Nm, r in m

d) $E_{kin} : E_{pot} = -\dfrac{1}{2}$,   e) unabhängig von r

1032 a) Vgl. 1031 c! $E_1 = -2{,}15\cdot 10^{-18}$ Nm;

$E_2 = -0{,}535\cdot 10^{-18}$ Nm; $E_3 = -0{,}239\cdot 10^{-18}$ Nm

b) $E_3 - E_2 = 0{,}296\cdot 10^{-18}$ Nm $= h\,\nu$; $\nu = 4{,}46\cdot 10^{14}$ Hz

(experimentell: $4{,}56\cdot 10^{14}$ Hz)

c) $1:4:9 = 1^2 : 2^2 : 3^2$;   45,9 nm

1033 a) Vgl. 1032 c! $r_2 : r_4 : r_5 = 2^2 : 4^2 : 5^2$;

daraus $r_4 = \dfrac{9}{4}r_2 = 8{,}48\cdot 10^{-10}$ m; $r_5 = 13{,}25\cdot 10^{-10}$ m;

$E_4 - E_2 = h\,\nu_{(4-2)} = \dfrac{h\,c}{\lambda_{(4-2)}} = \dfrac{6{,}625\cdot 10^{-34}\cdot 3\cdot 10^8}{4{,}86\cdot 10^{-7}}$ Nm $=$

$= 4{,}08\cdot 10^{-19}$ Nm;

$E_4 = E_2 + 4{,}08\cdot 10^{-19}$ Nm $= (-5{,}36 + 4{,}08)\cdot 10^{-19}$ Nm $=$

$= -1{,}28\cdot 10^{-19}$ Nm

ähnlich mit $\lambda_{(5-2)}$: $E_5 = -0{,}78\cdot 10^{-19}$ Nm;

b) $E_5 - E_4 = \dfrac{h\,c}{\lambda_{(5-4)}} = 0{,}5\cdot 10^{-19}$ Nm;

$\lambda_{(5-4)} = 3{,}97\cdot 10^{-8}$ m $= 3{,}97\ \mu$m (infrarot)

1034 $\approx 1{,}3\cdot 10^{-12}$ m

1035 a), b) Masse und positive Ladung im Kern, Kerndurchmesser etwa 10^{-14} m; negative Elektronenhülle, Durchmesser etwa 10^{-10} m

1036 Nein, Hülle deformierbar

1037 a) Kernladungszahl = Zahl der Elektronen;

b) auf ähnlicher Besetzung der äußersten Elektronenbahnen;

c) Alkali: ein besonders locker gebundenes Elektron; Edelgas: abge-schlossene Elektronenschale

1038 Überwiegend el. Coulombkräfte zwischen den Ionen

1039 Die „Bindungselektronen" gehören mehreren Atomen gemeinsam an

1040 a) Hohe elektrische Leitfähigkeit;

b) ein Kristallgitter; die äußersten Elektronen der Atome sind im ganzen Kristall leicht beweglich

1041 < 6 eV ≈ 590 kJ/mol

1042 a) Infrarot;   b) $1{,}86 \cdot 10^3$ N/m

1043 a) $0{,}035 \cdot 10^{-10}$ m vom Cl-Kern entfernt;

b) $2{,}6 \cdot 10^{-47}$ kgm²;   c) $\mu = \dfrac{m_1\, m_2}{m_1 + m_2} = 1{,}62 \cdot 10^{-27}$ kg

1044 a) $5{,}9 \cdot 10^{-25}$ Nm;   b) $4{,}14 \cdot 10^{-21}$ Nm; d.h. ca. 10^4 mal so groß;

c) nur sehr geringe Orientierung erzielbar

1045 a) Protonen und Neutronen;

b) Proton: $Q = + 1$ e;   Neutron: $Q = 0$; $m_P \approx m_N \approx 10^{-27}$ kg;

c) Kernladungszahl;

d) Atome mit gleicher Protonen-, aber verschiedener Neutronenzahl;

e) Uranisotop mit Massenzahl 238, Ordnungszahl 92, 92 Protonen, $238 - 92 = 146$ Neutronen

1046 a) Ihren Drehimpuls; b) nein; c) ja

1047 Spontaner Zerfall von Atomkernen unter Aussendung von Strahlung: α; $\beta = \beta^-$; β^+; γ; n. Natürliche Strahler: ^{238}U, ^{232}Th, ^{40}K, ^{222}Rn (Gas), mehrere Ra-Isotope, u. a. künstliche Strahler: ^{24}Na (β^-), ^{30}P (β^+), ^{131}I (γ), ^{239}Pu(n) und weitere „Transurane"; Erzeugung durch Kernreaktionen, vor allem mit Neutronen.

1048 a) $n(t) = n(0) \cdot e^{-\lambda t}$

b) die Zeit $t = T_{1/2}$, nach der $n(t) = \frac{1}{2}\, n(0)$ ist; $\lambda \cdot T_{1/2} = \ln 2 \approx 0{,}693$

c) nein

1049 j sei ein Tochterkern von i; im „Gleichgewicht" ist $n_j = $ const, $dn_j/dt = 0 = $ Bildungsrate aus i minus Zerfallsrate $= \lambda\ _i n_i - \lambda\ _j \cdot n_j$; daraus

$\lambda_i \cdot n_i = \lambda_j \cdot n_j = \lambda_k \cdot n_k = \cdots$ bzw. $n_i/T_{1/2,i} = n_j/T_{1/2,j} = \ldots =$
$n_1/T_{1/2,1}$; 1: Mutternuklid.

1050 a) Aktivität zur Zeit $t = 0$: $a(0) = \lambda \cdot n(0)$, zur Zeit t: $a(t) = \lambda \cdot n(t)$
$= \lambda \cdot n(0) \cdot \exp(-\lambda t)$; mit $\lambda = \ln2/T_{1/2}$ (vgl. Aufg. 1048):

$$\frac{a(0)}{a(t)} = \exp(\lambda t); \quad t = \frac{1}{\lambda} \ln \frac{a(0)}{a(t)} =$$

$$= \frac{5700\,\text{a}}{\ln 2} \cdot \ln \frac{16,1}{11,3} \approx 2910\,\text{a}$$

b) Autoabgase enthalten CO_2 aus $> 10^6$ a altem Erdöl mit ^{14}C–Aktivität
≈ 0

1051 a) α: He^{++}-Kerne ($2p$, $2n$); β: Elektronen; γ und Röntgen: elektromagnetische Strahlung

b) α- und γ-Strahlen werden im Magnetfeld nach verschiedenen Richtungen abgelenkt, γ nicht

c) durch ihre ionisierende Wirkung, mit Nebelkammer, Blasenkammer, Zählrohr, Szintillationszähler, Halbleiterdetektoren

d) Neutronen ionisieren nicht. Nachweis indirekt über Kernreaktionen, die ihrerseits zu α-, β- oder γ-strahlenden Nukliden führen

1052 Durch Stoßionisation werden Ladungen („Keime") gebildet, an die sich Nebeltröpfchen anlagern.

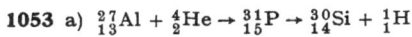

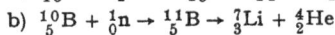

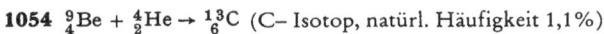

1053 a) $^{27}_{13}Al + ^4_2He \rightarrow ^{31}_{15}P \rightarrow ^{30}_{14}Si + ^1_1H$

b) $^{10}_5B + ^1_0n \rightarrow ^{11}_5B \rightarrow ^7_3Li + ^4_2He$

1054 $^9_4Be + ^4_2He \rightarrow ^{13}_6C$ (C– Isotop, natürl. Häufigkeit 1,1%)

1055 A = Atomgewicht (Massenzahl), Z = Ordnungszahl im Periodensystem = Kernladungszahl

a) A: $+4$, Z: $+2$; b) $+2$, $+1$; c) $+1$, $+1$; d) $+1$, 0;
e) -4, -2; f) -1, -1; g) 0, -1; h) -1, 0; i) 0, $+1$

1056 a) Etwa $1:1$; b) Neutronenüberschuß (vgl. 1045)

1057 Sie zerfallen rasch radioaktiv.

1058 a) Stabile Kerne werden durch Neutronenbeschuß radioaktiv;

b) Medizin: Ersatz für teures Radium; Technik: als intensive Quelle für γ-Strahlen (Werkstoffprüfung; Härten von Polymeren)

c) radioaktive Abfälle von Atomreaktoren

1059 a) Durch Einfangen von Neutronen werden Kerne instabil;
b) Positronen

1060 „Markierung" von Stoffen zur Verfolgung ihres Weges, z. B. im Stoffwechsel; γ-Strahlenquellen zum Durchstrahlen großer Werkstücke zwecks Prüfung

1061 Langlebige Strahler bilden Gefahrenquellen für die Gesundheit.

1062 a) Neutronen sind nicht geladen und werden deshalb von den Atomkernen nicht abgestoßen;
b) sie durchdringen Materie fast ungehindert.

1063 $5,75 \cdot 10^{-14}$ m; (Kernkräfte noch vernachlässigbar)

1064 Bei der Spaltung eines Urankerns durch ein Neutron werden mehrere Neutronen frei, die weitere Kerne spalten können (Kettenreaktion).

1065 a) $\dfrac{m}{2} v^2 \approx \dfrac{R}{L} \cdot T = k\,T$;   b) $1,8 \cdot 10^{-10}$ m

1066 a) Zusammenstoß mit Atomkernen;
b) Impulssatz, vgl. Aufg. 240: beste Energieübertragung zwischen gleich großen Massen;
c) schweres Wasser; Graphit (leicht; kein Einfang)

1067 a), b) Verwandlung von Masse in Energie

1068 a) Die Masse des Atomkerns ist um Δm kleiner als die Summe der Massen seiner Bestandteile (Nukleonen);
b) Bindungsenergie $= \Delta m\, c^2$;
c) je größer Δm je Nukleon, um so stabiler ist der Kern.

1069 $2,86 \cdot 10^7$ eV

1070 Nein: $\Delta m = \dfrac{\Delta E}{c^2} \approx 4 \cdot 10^{-10}$ kg

1071 a) $1,64 \cdot 10^{-13}$ Nm;   b) $1,2 \cdot 10^{20}/$s

1072 $2,8 \cdot 10^9$ kg

1073 $6,7 \cdot 10^{-8}$

1074 $4,1 \cdot 10^{15}$ Nm

1075 $1,71 \cdot 10^5$ kg; die Erde strahlt aber auch Energie ab

1076 a) $2,2 \cdot 10^{-30}$ kg;   b) $\approx 2\, m_e$;
c) gute Übertragung von Energie bei ähnlichen Massen

1077 $1,2 \cdot 10^5$

1078 a) Impulssatz;   b) $\dfrac{m_2}{m_1 + m_2}$ wegen $p_2 = -p_1$

1079 $1,47$ eV; vgl. Aufgabe 1020

1080 a) Abschirmung durch große Massen (Blei; Beton);
   b) wenn langlebige Strahler im Körper abgelagert werden

1081 a) a = Zahl der Zerfälle je Sekunde, Einheit $1 s^{-1} = 1$ Bq (Becquerel)
   D: von der Strahlung auf 1 kg Materie übertragene Energie, Einheit
   1 Wskg$^{-1} = 1$ Jkg$^{-1} = 1$ Gy (Gray); alte Einheit: 1 rad $= 10^{-2}$ Gy;
   $\dot{D} = dD/dt$ (Gys^{-1}); q: für die Strahlenart charakteristischer Faktor;
   $q = 1$ für Röntgen-, γ- und β-Strahlung; $D_q = q \cdot D$, Einheit $1 \cdot 1$ Gy
   $= 1$ Sv (Sievert); alte Einheit: 1 rem $= 10^{-2}$ Sv; J: je Masseneinheit des
   bestrahlten Stoffes erzeugte elektrische Ladung gleichen Vorzeichens, Einheit 1 C kg^{-1}; alte Einheit (nur für Luft unter Normalbedingungen): 1 R (Röntgen) $= 2,58 \cdot 10^{-4}$ C kg^{-1}; $\dot{J} = dJ/dt$ (C kg^{-1}s^{-1});
   b) für Strahlenschäden maßgeblich: $D_q = q \cdot D$; leichter meßbar: J bzw.
   $J = \dot{J} \cdot t$; t: Zeit; in alten Einheiten: D/rad $\approx J$/R;
   c) nein
   d) $D_q = q \cdot D$, $q = 1$, $D_q = 1 \cdot 0,2$ Sv $= \dfrac{2}{3}$ Jahresdosis

1082 $H(x) = H_0 \cdot e^{-0,5 \, x}$;
   $H_{,0}$ ohne, $H(x)$ mit x cm Bleischutz;

$$x = 2 \ln \frac{H_0}{H(x)} = 2 \ln \frac{3 \cdot 10^{-5} \cdot 2,4 \cdot 10^2 \cdot 5 \cdot 3,6 \cdot 10^3}{5 \cdot 10^{-2}} \text{ cm} \approx 15,7 \text{ cm}$$

Karl Hammer

Grundkurs der Physik

Teil 1: Mechanik – Wärmelehre

6., verbesserte Auflage 1991. 215 Seiten,
198 Abbildungen, 25 Tabellen
ISBN 3-486-22107-8

Aus dem Inhalt: Mechanik fester Körper – Mechanik der Flüssigkeiten und Gase – Mechanische Schwingungen und Wellen – Wärmelehre.

Teil 2: Elektrizitätslehre – Optik – Atomphysik

5., verbesserte Auflage 1994. 236 Seiten,
303 Abbildungen
ISBN 3-486-22576-2

Aus dem Inhalt: Elektrizitätslehre, Elektrische und magnetische Felder – Elektrizitätsleitung in Festkörpern, Flüssigkeiten, Gasen und im Vakuum – Optik. Ergänzung und Erweiterung der geometrischen Optik – Wellenoptik – Strahlungsgesetze – Photometrie – Atomphysik. Atombau und Spektrallinien – Kernphysik. Kernmodelle – Kernumwandlung.

Oldenbourg

Jearl Walker

Der fliegende Zirkus der Physik

Fragen und Antworten

6. Auflage 1994. 305 Seiten,
DM 32,–/öS 250,–/sFr 32,–
ISBN 3-486-22793-9

Dieses einzigartige Buch bringt eine Sammlung von Problemen und Fragen aus der physikalischen Alltagswelt. Teils lustig, teils tiefgründig wird über Blitz und Donner, Sanddüne und Seifenblasen, Sonnenbrillen und Wasserleitungen, Eier und Teetassen, Colaflaschen und Zucker berichtet. Dies ist ein neuer, unkonventioneller Weg, die Physik kennenzulernen, indem man beginnt, über alltägliche Erscheinungen nachzudenken.
619 Probleme und Fragen zum Lesen, Nachdenken, Diskutieren, Knobeln.

Im Fachbuchhandel oder über den
R. Oldenbourg Verlag, Postfach 80 13 60, 81613 München

Oldenbourg